Jan Báča · Auf Wundspur und Schweißfährte

Jan Báča

Auf Wundspur und Schweißfährte

Ausbildung und Einsatz
von Jagdhunden zur Nachsuche

Mit 16 Fotos und 17 Zeichnungen

BLV Verlagsgesellschaft München
Verlag ›Das Berglandbuch‹ Salzburg

Übersetzung: Walther Niedl
Bearbeitung: Walter Helemann

Titel der tschechischen Originalausgabe:
»Dohledávky a Dosledy«

Satz und Druck: Holzer, Weiler
Bindearbeiten: Conzella, Urban Meister, München

Printed in Germany · ISBN 3-405-11568-X

Inhaltsverzeichnis

Vorwort

»Unsere jagdliche Kynologie hat in den letzten Jahren eine derartige Entwicklung erfahren, daß nur jener dieses Fachgebiet annähernd zu überschauen vermag, der unentwegt nach Quellen neuer Erkenntnisse sucht. Dabei zeigt sich, daß als Folge der veränderten jagdlichen Verhältnisse sich auch manche Voraussetzungen für eine möglichst erfolgreiche Ausbildung und Führung unserer Jagdhunde geändert haben. Es ist nicht gerade eine erfreuliche Tatsache, daß viele Hunde in der jagdlichen Praxis die an sie gestellten Forderungen nicht erfüllen; Mindestforderungen, die gestellt werden müssen. Es ist besser, solche Wahrheiten zu bekennen und aus ihnen die Folgerungen zu ziehen, als sie zu vertuschen. Wir sind darum überzeugt, daß die Herausgabe des vorliegenden Buches jeder begrüßen wird, dem ein guter Leistungsstand unserer Jagdhunde am Herzen liegt, zugleich aber auch Ethik und Wirtschaftlichkeit unserer Jagd.«

Diese Worte, die der tschechischen Originalfassung des vorliegenden Buches vorangestellt sind, gelten genau so auch für unsere hiesigen Verhältnisse. Bei der Bearbeitung des Inhaltes für den deutschen Leser wurden die jagdlichen, organisatorischen und gesetzlichen Gegebenheiten in der Bundesrepublik Deutschland entsprechend berücksichtigt, vor allem die einschlägigen Prüfungsbestimmungen für Jagdgebrauchshunde, von denen das Wichtigste in einem Anhang eigens zusammengefaßt ist.

Die reichen Erfahrungen des Verfassers über die »Arbeit nach dem Schuß« auf Wundspur und Schweißfährte und über die zweckmäßige Abrichtung der verschiedensten Jagdhunde zu dieser Arbeit werden auch bei uns für jeden Hundeführer, ganz besonders aber für den Anfänger von großem Wert sein. Dem erfahrenen Abrichter wird auffallen, wie ungewöhnlich großen Wert der Verfasser auf die »Individualwittrung« auch im Zusammenhang mit Schleppe und künstlicher Schweißfährte legt und daß die Übungsarbeit am langen Riemen auf der Fährte *gesunden* Wildes, entsprechend unserer »Hirschmannschule« für Hochwild, bei ihm auch auf der Hasenspur und sogar auf dem Federwildgeläuf fester Bestandteil der Abrichtung ist – also in weit höherem Maße als bei uns allgemein gebräuchlich.

Klar stellt der Verfasser die Grundvoraussetzung für erfolgreiche Nachsuchen heraus: das Anleiten des Hundes zu *ruhiger, besonnener und konzentrierter*

Folge am langen Riemen mit tiefer Nase auf Fährte, Spur und Geläuf, und zwar auch als Grundlage für spätere freie Verlorensuchen.

Den Abrichtegrundsatz der »kleinen Schritte«, des allmählichen Fortschreitens von leichteren zur immer schwierigeren Aufgaben und des ständigen Übens und Wiederholens des Gelernten, wendet der Verfasser auch dem Leser gegenüber konsequent an – und das macht seine Anleitung gerade für den Anfänger besonders hilfreich.

Seit der längst vergriffenen (und auf das Schalenwild beschränkten) Schrift »Sünden rings um die Schweißarbeit« von Rudolf Friess ist auch kaum eine so eindringliche Darstellung des richtigen Verhaltens von Schütze und Hundeführer bereits *vor* der Nachsuche, angefangen vom Schuß bis zum Deuten der Schußzeichen, erschienen. Deshalb gehört dieses Buch nicht nur in die Hand des Hundeführers selbst, sondern sollte von jedem Jäger gelesen werden – denn der Erfolg oder Mißerfolg vieler Nachsuchen wird vom Jäger als Schütze, von seiner Aufmerksamkeit, seiner Sachkenntnis oder seiner Nachlässigkeit und Unwissenheit, entscheidend beeinflußt, bereits bevor der Hund eingesetzt wird.

Spur- und Fährtenarbeit

Allgemeines über Fährtenarbeit

Die Jagd bietet dem Jäger nicht nur Vergnügen und zahlreiche unvergeßliche Erlebnisse; sie belastet ihn auch mit verschiedenen Pflichten. Eine dieser Verpflichtungen ist die Nachsuche, das *Aufsuchen* und *Auffinden* von erlegtem oder angeschossenem Wild. Diese Pflicht kann zweifellos als eine der wesentlichsten bezeichnet werden; einmal aus ethischen Motiven, zum andern aus Gründen der Volkswirtschaft.

Weil nun aber der Mensch mit seinen unvollkommenen Sinnen und seiner unzureichenden körperlichen Leistungsfähigkeit nicht im Stande ist, selbst alles erlegte oder angeschossene Wild zur Strecke zu bringen, bedient er sich der Hilfe des Jagdhundes. Jeder Hund hat eine Fähigkeit zu riechen (Wittrungsvermögen, »Nase«) und dadurch dem Wild auf Fährte, Spur oder Geläuf zu folgen, die für uns Menschen als »Augenwesen« ganz unvorstellbar ist. Wenn diese Fähigkeit bei den verschiedenen Hunderassen — und individuell bei Angehörigen derselben Rasse — auch unterschiedlich ausgeprägt ist, können doch die meisten Hunde nach richtiger Ausbildung und Anleitung Erstaunliches auf diesem Gebiet leisten. Dem Hund von heute fehlt allerdings meist eines der wichtigsten Antriebsmomente, so zuverlässig und ausdauernd zu suchen und zu spüren, wie dies sein Urahn konnte und noch heute Raubtiere in freier Wildbahn vermögen: *der Hunger*. Um so mehr müssen wir unsere Hunde durch eine besondere Ausbildung systematisch und sorgfältig für die Arbeit auf Wundspur und Schweißfährte abrichten, soll nicht der bisherige, unerfreuliche Zustand fortbestehen, daß nämlich sehr viele — um nicht zu sagen die meisten — zu Nachsuchen verwendeten Jagdhunde in der Praxis desto schlechtere Leistungen aufweisen, je länger sie eingesetzt werden. Das gilt besonders für alle die Jagdhunde, die nicht, wie die eigentlichen Schweißhunde, streng als »Nachsuchenspezialisten« abgerichtet und geführt werden, sondern die zu vielseitiger Verwendung »vor« und »nach dem Schuß« bestimmt sind.

Wie wir unseren Hund auf Spur, Schleppe und Schweißfährte ausbilden und wie wir ihn grundsätzlich für diese Arbeit vorbereiten, das sagen uns zahlreiche Lehrbücher. Darum beschränken wir uns hier diesbezüglich auf einen kurzen Abriß der hauptsächlichsten Grundsätze.

Einflüsse auf die Fährtenwittrung

Im Zusammenhang mit der Arbeit des Hundes auf der Spur werden die verschiedensten Gerüche wirksam; einige von ihnen direkt, wie z. B. die Körperwittrung von Wild, andere indirekt. Die Arbeit des Hundes wird zudem noch von verschiedenen anderen Faktoren beeinflußt.

Jedes Lebewesen hat seinen bestimmten individuellen Körpergeruch. Durch diesen unterscheidet es sich von anderen Artgenossen, wie natürlich erst recht von Lebewesen anderer Art. So z. B. hat ein alter Rammler seine Wittrung, die anders ist als jene anderer Rammler, Häsinnen oder Junghasen, die sich aber insgesamt als artspezifische Hasenwittrung deutlich von der Wittrung z. B. eines Wildkaninchens, eines Rebhuhns oder einer Krähe unterscheidet. (Solche gröberen Unterschiede sind ja auch unserer menschlichen Nase zugänglich.)

Wichtig für die Spur- und Fährtenarbeit unserer Hunde ist aber vor allem die »persönliche«, individuelle Wittrung des einzelnen Wildes; denn nur diese kann für den Hund die »Markierung« (das Leitsignal) sein, an die er sich zu halten hat, wenn er Erfolg haben soll. Darum muß der Junghund bereits an Spuren *gesunden* Wildes die Individualwittrungen unterscheiden lernen. Die Arbeit auf der Schleppe und auf der künstlichen Schweißfährte kommt als notwendiger Lernbehelf dazu.

Ein solcher Hund wird kaum versagen; denn richtig abgeführt, interessiert ihn dabei keine andere Wittrung, vor allem auch nicht die anderen Wildes, das die Fährte kreuzte, auf der er arbeitet. Ist der Hund von Anfang an richtig geführt, richtet er sich nur nach der besonderen Eigenwittrung »seiner« Fährte, auf die er angesetzt wurde, und wird so absolut verläßlich »spurtreu« bei Leistungsprüfung wie in der Praxis

Das bestätigt ein Vorfall, wie er auf Prüfungen gar nicht so selten vorkommt: Eine Deutsch-Kurzhaar-Hündin im 5. Feld arbeitete bei einer Gebrauchsprüfung auf der Fuchsschleppe. Den Fuchs aber, der am Ende der Schleppe abgelegt war, beroch sie nur, nahm ihn aber nicht auf. Als aber der Wind die Wittrung jenes Fuchses brachte, mit dem die Schleppe tatsächlich gelegt worden war (die Richter hatten ihn in der Nähe an einen Baum gehängt), lief die Hündin stracks zu diesem Fuchs, packte ihn und brachte ihn ihrem Führer. Der abgelegte Fuchs hatte sie nicht interessiert, denn er hatte eine andere Eigenwittrung. (Unsere Prüfungsordnungen nehmen auf diese Möglichkeit bei der Schleppenarbeit ausdrücklich Bezug. Siehe Anhang Seite 173!)

In der Österreichischen Fachzeitschrift »Der Jagdhund« (Heft 5, Mai 1969) beschreibt Dr. Rudolf Rauscher folgenden Vorfall: Bei einer Hundeprüfung nahm ein Prüfling eine Hasenschleppe gut an und arbeitete sie genau, trotzdem kehrte er ohne Hasen zurück. Nach abermaligem Ansetzen brachte er den Hasen — aber auch die Schnur, mit der dieser geschleppt worden war. Der Richter, der die Schleppe gelegt hatte, klärte den Sachverhalt folgendermaßen: Der Hund kam richtig auf der Schleppe, übersprang den abgelegten »Ersatzhasen«, entdeckte den Richter in seinem Versteck und wollte ihm den »richtigen« Hasen abnehmen. Der jedoch ließ den Hasen nicht los. Erst beim zweiten Ansetzen des Hundes, als sich das gleiche wiederholte, gab er den Schlepphasen frei. Dazu ergänzt Dr. Rauscher, daß er »etwas ganz ähnliches als Führer bei Suchen auf Fasanschleppen« erlebt habe.

Solche Erfahrungen haben gelehrt, daß es falsch ist, am Ende der Schleppe ein Ersatzwild abzulegen. Jedenfalls aber muß das tatsächlich geschleppte Stück Wild von der Schleppschnur befreit und ebenfalls frei vor dem Versteck des Schleppenlegers abgelegt werden, damit der Hund es ungehindert bringen kann. So schreiben es auch die jetzt gültigen Prüfungsordnungen vor.

Wir sollen diesen Grundsatz auch nicht damit umgehen, daß wir z. B. eine künstliche Schweißfährte mit Rinderblut legen und am Ende dieser Schweißfährte irgend einen ausgestopften Balg ablegen, den wir vielleicht noch mit Rinderblut beschmiert haben. Wir sollen unseren Hund nicht mutwillig verwirren. Wenn wir ihn auf künstlicher Schweißfährte oder Schleppe arbeiten, sollten wir am Ende keinen Ersatzgegenstand ablegen, der keinen Bezug zur Fährtenwittrung hat. Besser ist es in solchen Fällen, die Arbeit mit höchstem Lob zu beenden und den Hund von der Kunstfährte abzutragen.

Neben der Eigenwittrung hat jedes Lebewesen den Geruch seiner Art. So haben alle Feldhasen eine »Hasenwittrung«, sie ist für alle Feldhasen *arteigen* (spezifisch). So wie man bisher Schleppenarbeit übt und prüft, wird der Großteil der Jagdhunde nach dem Unterscheidungsvermögen allein der Artwittrung beurteilt. Das bedeutet, daß ein Hund eine Schleppe arbeitet, die mit einem Hasen gelegt worden ist, und daß man dem Hund angewöhnt hat, den am Ende der Schleppe liegenden Hasen ohne Zögern aufzunehmen und zu bringen, auch wenn als »Bringhase« ein anderer als der »Schlepphase« niedergelegt wurde.

Die »Nase« des Hundes unterscheidet aber auch krankes Wild von gesundem, das heißt die Wittrung des Wildes ändert sich mit der physischen oder auch psychischen Verfassung (»Krankwittrung«, »Angstwittrung«). Auch die Trächtigkeit oder das Säugen sind Zustände, die der Hund mit seinem Geruchssinn wahrzunehmen vermag. Der Hund erkennt schließlich auch, ob ein Stück Wild eine alte Verletzung hat, selbst dann, wenn die Verletzung ausgeheilt ist. Dies bestätigen Vorkommnisse aus der Praxis, aber auch Ergebnisse jener Forschung, die sich mit der Frage befaßt, ob der Hund in der Lage ist, zu erkennen, ob ein Mensch von einer Krankheit befallen ist, von deren Vorhandensein er keine Ahnung hat. Auch das Alter eines Stückes Wild dürfte in der Wittrung zum Ausdruck kommen und für die Hundenase wahrnehmbar sein.

Eine Schleppe oder künstliche Fährte bietet einen Komplex verschiedenster Gerüche, einen *»Mischduft«* aus der Wittrung des Wildes oder Schweißes, dem Geruch des Menschen (worunter nicht nur der Körpergeruch zu verstehen ist, sondern auch der Geruch des Schuhwerks, der Schuhcreme, der Kleidung u.a.m.), schließlich aber auch aus den Duftspuren der Erde, zertretener Kleintiere, gequetschter Pflanzen u.a.m.

Neben den verschiedensten Gerüchen wird die Spurarbeit des Hundes auch durch andere Umstände beeinflußt, die beim Hund Orientierungsreflexe auslösen: Der Hund hört Menschen reden, rufen oder pfeifen, vernimmt das Bellen eines Hundes, einen Schuß oder dergleichen mehr, bemerkt flüchtiges Haarwild oder abstreichendes Flugwild usw.

Jede Wahrnehmung ist für den Hund anfänglich neu, zumindest im Zusammenhang mit seiner Arbeit auf der Spur, und der Hund muß sie erst in Beziehung auf diese einordnen lernen. Mit diesem Sammeln von Eindrücken gewinnt der Hund Erfahrungen und lernt, sich diesen anzupassen. Diese Erfahrungen sammelt er teils aus eigenem Erleben, gleichsam durch »Selbstunterricht«, teils durch Schulung. Wir wollen erreichen, daß sich der Hund auf einen bestimmten Geruch konzentriert und dabei andere störende Gerüche und Eindrücke ausmustert.

Die Schleppe

Versuche auf kombinierten Schleppen

Beim noch unerfahrenen Hund kommt es vor, daß er, sobald ein gesundes Stück Wild die Spur eines kranken Wildes kreuzt, auf diese gesunde Spur überwechselt. Das ist nicht erwünscht, weil dabei in der Regel das beschossene Stück Wild nicht gefunden wird. Um die unterschiedliche Anziehungskraft der häufigsten Wildarten auf unsere Jagdhunde festzustellen, und damit auch die Stärke des störenden Einflusses bei der Spurarbeit, machten einige Hundeführer mit ihren Hunden Versuche auf Schleppen, bei denen die Hauptschleppe ein- oder zweimal durch eine Verleitungsschleppe gekreuzt wurde, die man mit einer anderen Wildart gelegt hatte. Aus diesen Versuchen gewann man folgende Erkenntnisse:

Die Wittrung von Feldhase, Karnickel, Fasan und Wildtauben ist dem Hund angenehm. Wenn ein Stück dieser Wildarten die Schleppe eines Wildes kreuzt, dessen Wittrung dem Hunde unsympathisch ist, neigt er dazu, auf die Schleppe mit der beliebteren Wittrung überzuwechseln.

Die Wittrung von Krähen, Eichelhäher, Greifvögeln, Bläßhuhn, Wildenten, Schnepfen, von Fuchs, Katze und anderem Raubzeug und Raubwild ist dem Hund unangenehm. Kreuzt ein Exemplar dieser Tierarten die Spur oder Schleppe des vorher angeführten Wildes, wechselt der Hund normalerweise nicht von dieser auf die unangenehm empfundene über, sondern beharrt auf der »wohlriechenderen« Duftspur. (Für raubwildscharfe Hunde gehört die Raubwildwittrung allerdings zu den »angenehmen« Düften und stellt eine dementsprechend kräftige Verleitung dar.)

Versuchsschleppen, gekreuzt
durch Verleitungsschleppen

1. Anschuß
2. am Ende der Schleppe abgelegtes Wild
3. Hauptschleppe
4. Verleitungsschleppe
5. Windrichtung

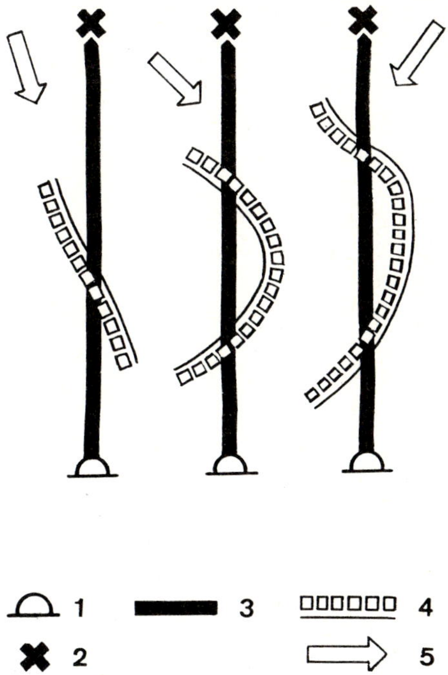

Feldhase, Hauskaninchen und Wildkaninchen sind einander im Geruch zwar ähnlich, die Hundenase unterscheidet sie aber nicht nur, sondern ihre Wittrung hat auf den Hund unterschiedliche Anziehungskraft. So ist der Hund geneigt, von der Feldhasenschleppe auf die des Kaninchens umzuschlagen. Von einer Kaninchenschleppe auf die kreuzende Feldhasenschleppe überzuwechseln, kam bei den erwähnten Versuchen nicht vor.

Kreuzt die gesunde Spur eines lebenden Wildes eine Schleppe, wirkt dies auf den Hund aufregend; auch auf Hunde, die sonst vor Wild ruhig sind und konzentriert auf der Schleppe arbeiten.

Schweiß wirkt auf alle Hunde noch weit verlockender als eine Schleppe; sie bemühen sich, der Schweißspur zu folgen.

Die Hunde verhielten sich gleich, ob nun Haupt- und Verleitungsschleppen mit verschiedenartigem Haar- oder Federwild gezogen wurden, oder ob die eine Schleppe von Haarwild, die andere von Federwild stammte. Ausschlaggebend für das Verhalten der Hunde war ausschließlich, ob die Verleitungsschleppe eine Wittrung anbot, die als angenehm oder unangenehm empfunden wurde.

Einen Hund, der die Absicht zu erkennen gibt, der Verleitungsschleppe zu folgen, zwingen wir, auf der Hauptschleppe weiterzusuchen. Wenn sich dieser Vorgang einigemale wiederholt hat, hört der Hund schließlich auf, die Verleitungsschleppe zu beachten. Beim Kreuzungspunkt markiert er zwar die Verleitung, folgt aber ohne Einwirkung des Führers der Hauptschleppe. Diese Erfahrung ist sehr wertvoll für die Abrichtung zu zuverlässiger Spur- und Fährtenarbeit.

Eine neue Art des Schleppenlegens

Das Abführen auf der Schleppe muß sich den Nachsuchen in der Revierpraxis weitestgehend annähern. Die Schleppe muß befreit werden von den ihr anhaftenden Unzulänglichkeiten und sollte der Spur, die ein krankes Stück Wild hinterläßt, möglichst nahekommen. Dabei muß solch eine »Kunstspur« dem Hund einen *einheitlichen Eindruck einer bestimmten Eigenwittrung* vermitteln, angefangen vom Markieren des »Anschusses« über das Legen der Schleppe selbst bis zu dem Wild, das an ihrem Ende liegt. Nur solche Schleppen können wir Übungsschleppen für die Praxis nennen. Erst dann, wenn der Hund zuverlässig auf Übungsschleppen arbeitet, können wir mit ihm beginnen, Prüfungsschleppen zu arbeiten.
Beim Legen von Übungsschleppen zieht der Mensch, der Schleppenleger, das Wild nicht hinter sich her, sondern er geht *neben* der Schleppspur und berührt mit dem an einem Stecken befestigten Wild mehr oder weniger *leicht* den Boden. Ich selbst habe vor Jahren das Legen einer Schleppe mittels eines Steckens ausprobiert. An ihm war ein Mechanismus befestigt, dessen Funktion aus der nebenstehenden Darstellung ersichtlich ist. Die Vorrichtung umklammert das Wild so zuverlässig, daß es ohne Panne möglich ist, die ganze Schleppe vom »Anschuß« an durch Auftupfen des Wildes auf den Boden zu legen und schließlich, am Ende der künstlichen Wundspur, das Wild in gewünschter Lage, nach Lockern der Klammer, liegen zu lassen. Auf diese Weise findet der Hund weder am »Anschuß«, noch unmittelbar auf der Schleppspur eine menschliche Spur.
Für die Praxis genügt es auch, wenn man in einen Stecken (je nach Stärke 2–5 m lang) am dünnen Ende eine offene Öse einschraubt oder einfach einen Spalt schneidet. Das Schleppwild hängt man dann in die Öse oder klemmt es in den Spalt so, wie es uns für das Markieren des »Anschusses«, Tupfen der Schleppe und Ablegen am Ende am zweckmäßigsten erscheint.

Wie bringen wir dem Hund das Ausarbeiten der Schleppe bei?

Der Jagdhund soll für die Nachsuche auf Niederwild zuverlässig und spursicher werden, er darf sich vom Anschuß an um keine kreuzende Spur eines anderen Wildes kümmern und durch keinerlei störende Einflüsse ablenken lassen. Dies erreichen wir einmal durch Dämpfen solcher Störfaktoren, zum anderen dadurch,

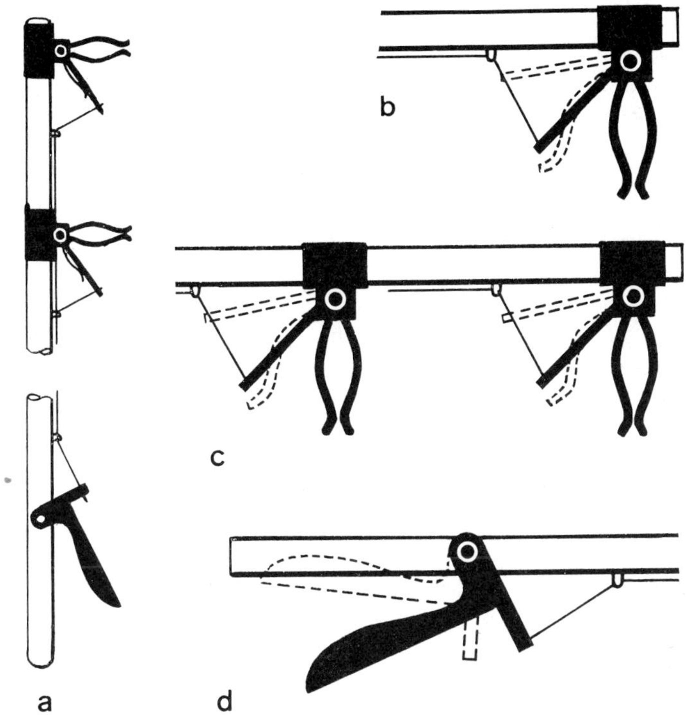

Klammervorrichtung zum Befestigen von Schleppwild an einer langen Stange

a) unteres und oberes Ende der Stange
b) und c) Funktion der Halteklammern
d) Drückgriff zum Betätigen der Halteklammern durch Seilzug

daß wir beim Hund ein zuverlässiges Unterscheidungsvermögen ausbilden, so daß er der Eigenwittrung des Wildes vom Anschuß an über die ganze Schleppe ohne Zaudern zu folgen vermag.

Die Abrichtung anhand der Eigenwittrung ist deshalb so wichtig, weil dieser Duft z. B. eben nur einem *bestimmten* Hasen anhaftet. Wenn man das Unterscheidungsvermögen nur auf die *Art,* nicht jedoch auf das *Einzelwesen* ausbilden würde, also auf eine Wittrung, die *allen* Feldhasen anhaftet, würde jede die Schleppe kreuzende Hasenspur den suchenden Hund ablenken und u. U. zur Verfolgung der kreuzenden Spur verführen. Dies gilt vor allem für den noch wenig erfahrenen Hund, für den eine *frische* Gesundspur noch verlockender erscheint als eine ältere Wundspur.

Wollen wir unserem Hund die Unterscheidung der Eigenwittrung beibringen, muß er vorab lernen, andere Geruchseindrücke zu verdrängen. Dies erreicht man stufenweise. Allmählich beginnen dann die anderen Gerüche für den Hund an Reiz zu verlieren. Schließlich existieren sie für den Hund überhaupt nicht mehr, und er richtet sich nur noch nach jenem Geruch, auf dessen Verfolgung er »geeicht« wurde, somit nach der Eigenwittrung desjenigen Wildes, an dessen Spur er angesetzt wurde.

Sicheres Unterscheidungsvermögen als angestrebtes Ziel wird stufenweise ausgebildet. Dazu ist es notwendig, das Interesse an der Wittrung des verfolgten Wildes zu verstärken und so einer möglichen Reaktion auf andere Dufteinflüsse vorzubeugen.

Direkte Verstärkung des Interesses an der »erwünschten« Wittrung erreichen wir z. B. damit, daß wir den Hund loben, wenn er ruhig und richtig der Schleppe nachhängt oder wenn er Haken sorgfältig ausarbeitet und andere Spuren, welche die Schleppe kreuzen, nicht beachtet, und wenn er bei Schuß oder Anruf zunächst zwar den Kopf hebt, ihn dann aber sogleich wieder auf die Spur senkt und weitersucht.

Indirekt verstärken wir das Unterscheidungsvermögen dadurch, daß wir den Hund mit straffem Riemen daran hindern, auf eine kreuzende Spur, sei sie von Mensch oder Tier, abzuweichen, wobei wir ihm mahnend zureden und ihn gegebenenfalls von der Verleitung auf die »Pflichtspur« hinziehen.

In gleicher Weise verfahren wir, wenn der Hund einen Haken überspringt, Wild nachhetzen will, das in unmittelbarer Nähe der Schleppe hochgeworden ist, oder in Fällen ähnlicher Art.

Ein festes, zuverlässiges Unterscheidungsvermögen individueller Gerüche muß der Junghund entwickeln, *bevor* man mit ihm beginnt, auf der natürlichen Wundspur krankgeschossenen Wildes zu arbeiten. Dies ist einfach deshalb nötig, weil wir in der jagdlichen Praxis meist nicht wissen können, ob der Hund der richtigen Spur oder Fährte folgt und wir ihn deshalb oft nicht im richtigen Augenblick durch Loben im Sucheifer unterstützen oder ihn korrigierend von einer Verleitung abhalten können.

Die störenden Einflüsse bei der Nachsuche sind vielfältig. Darum muß der Hund vorher in der Abrichtung gelernt haben, daß nur unbeirrtes Verfolgen der Ansatzspur – also der besonderen Eigenwittrung dieser Spur – Erfolg bringt. *Reicher Wechsel von Ort, Zeit, Form und Länge der Aufgaben beim Legen der Schleppen trägt wesentlich dazu bei, daß sich der Hund die nötige Hartnäckigkeit im Halten der Schleppen verhältnismäßig schnell aneignet.*

Dabei sind folgende Grundregeln zu beachten:

Spuren bzw. Fährten gesunden Wildes soll unser Lehrling grundsätzlich *nur am Schweißriemen oder an der langen Feldleine* ausarbeiten. Niemals dürfen wir ihn an gesundem Wild schnallen, geschweige denn, ihn auf Sicht hetzen lassen. Unsere heutigen Jagdhunde haben so viel Passion, daß es sich völlig erübrigt, sie irgendwelches Wild, den Feldhasen nicht ausgenommen, hetzen zu lassen, wie man das in früheren Zeiten empfohlen hatte. Wenn ein Hund einen Hasen hetzt und dieser kommt ihm abhanden, oder er macht während der Hatz einen zweiten hoch, so wird er bald diesen zweiten, bald einen dritten hetzen, und es macht dann große Mühe, einem solchen Hund die Ruhe vor dem Wild anzuerziehen. Und was der Hauptschaden dabei ist: mit dem Überwechseln (»Changieren«) von einem Hasen auf den anderen wird der Hund nur verdorben, und am Ende ist er dann nicht mehr imstande, eine Hasenspur über längere Strecken sicher auszuarbeiten – eine Grundvoraussetzung für sicheres Verlorenbringen.

Wenn es darauf ankommt, daß der Hund bei der Anlagenprüfung sein Interesse an der Spur, gegebenenfalls auch seinen Spurlaut beweist, genügt es mit Sicherheit, wenn man ihm knapp vor der Prüfung ein paarmal Gelegenheit zur freien Arbeit auf der Hasenspur gibt. Dabei setzt man ihn mit Vorbedacht auf die Spur eines einzelnen Hasen, den der Hund *nicht gesehen* hat. Nur die Wittrung der *Spur* soll seine ganze Aufmerksamkeit erregen.

Wesentlich ist, daß wir nach Möglichkeit oft die Gelegenheit zum Verfolgen gesunder Hasenspuren *am Riemen* nützen. Dabei ist es besser, Spuren auf kurzen Strecken arbeiten zu lassen, bei denen wir absolut sicher sind, daß der Hund der richtigen Spur nachhängt, als den Hund auf einer vermeintlichen Spur weit suchen zu lassen, ohne dabei die Gewißheit zu haben, daß der Hund die richtige hält.

In solchen zweifelhaften Fällen enthalten wir uns besser jedweder lobenden Ermunterung. Unseren Hund sollen wir *nur dann loben, wenn wir mit Bestimmtheit wissen, daß er richtig arbeitet.* Wenn er eine falsche Spur annimmt, müssen wir ihn korrigieren. Diese Möglichkeiten sind uns allerdings nur dann geboten, wenn wir die Spur in ihrem Verlauf genau kennen oder kontrollieren können.

Die Qualität der Arbeit unseres Hundes ist abhängig von den angewölften Anlagen und der bisherigen Abrichtung. Diese beginnt mit der Untersuchung des »Anschusses«, setzt sich fort in der Verfolgung einer künstlich gelegten Spur und endet mit dem Aufnehmen und Herbeitragen des gefundenen Wildes.

Der »Anschuß« darf nur mit der Wittrung jenes Wildkörpers markiert sein, mit dem die Schleppe auch tatsächlich gelegt worden ist. Den Duft des verletzten Oberbodens, der dadurch entstanden ist, daß wir den Wildkörper am Platz des »Anschusses« einigemale gewendet haben, können wir außer acht lassen, zumal dann, wenn wir den Anschuß nur schwach markieren und damit den Hund zwingen, die geringen Duftspuren genau zu untersuchen.

Bei den beschriebenen Übungsschleppen markieren wir den »Anschuß« so, daß wir, drei bis fünf Meter unterm Wind stehend, den an einem Stab befestigten Wildkörper am Boden herumdrehen. Den Hund führen wir dann von der anderen Seite zum »Anschuß«, so daß er in dessen näherer Umgebung mit Menschenwittrung überhaupt nicht in Berührung kommt. Wolle oder Federn des geschleppten Wildes rupfen wir nicht aus, um damit den »Anschuß« kenntlich zu machen. Beim Herumdrehen des Wildkörpers am »Anschuß« bleibt immer etwas Haar, ein paar Federchen oder Schweiß zurück. Unbedingt erforderlich ist aber,

daß man dem Hund *genügend Zeit läßt, den »Anschuß« gründlich zu untersuchen!*
Während unser Hund den »Anschuß« prüft, dürfen wir ihn keinesfalls stören. Schließlich geht es bei dieser Untersuchung darum, daß er die Wittrung des Wildes gründlich aufnimmt, um deren besondere Merkmale zu erkennen.
Wenn wir den Hund zum »Anschuß« führen, zeigen wir ihm mit der Hand den Platz und wiederholen leise die Aufforderung: »Such verloren!« Wenn daraufhin der Hund den »Anschuß« mit Interesse prüft, darf man nicht versäumen, ihn ruhig zu loben: »So ist's brav ... so ist's gut ..., brav mein Hund!«, wobei wir ihn den »Anschuß« weiter erforschen lassen. Erst dann, wenn der Hund Interesse zeigt, der Spur zu folgen, fordern wir ihn mit ruhiger Stimme weiter auf: »Such verloren!«
Der Geruch nach Schweiß und der Duft des Wildkörpers entfacht im Hund den Jagdinstinkt derart, daß er, anstatt ruhig auf der Schleppe zu arbeiten, am liebsten lospreschen würde. Das verhindern wir mit der leisen Beschwichtigung: »Langsam ... langsam!« und halten dabei den Hund am Riemen zurück.
Damit sich der Hund daran gewöhnt, eine Spur *langsam und gelassen* zu verfolgen, markieren wir die Schleppe nicht mehr, als dies ein krankes Stück Wild tun würde. Dadurch zwingen wir den Hund, die Schleppe langsam zu arbeiten und erziehen ihn damit, die Wittrung ausschließlich aus der Schleppspur anzusaugen.
Wenn dann der Hund ruhig der Schleppe folgt, loben wir ihn wieder mit ruhigem Tonfall: »So ist's brav ..., brav mein Hund! ... Such verloren!«
In diesem Anfangsstadium der Abrichtung gelten also auch für die Arbeit auf der Schleppe von Haar- und Federwild die gleichen Grundsätze wie für die Riemenarbeit auf der Schweißfährte: Ruhe und Konzentration!
Die *freie* Arbeit auf der Schleppe als Vorbereitung auf das eigentliche Verlorenbringen kommt erst später, wenn die Abrichtung im Bringen abgeschlossen ist und der Hund sich daran gewöhnt hat, jeder Schleppe mit ruhiger Konzentration zu folgen.
Die Prüfungsordnungen, wie eine Reihe fachlicher Veröffentlichungen, weisen oft darauf hin, daß man Schleppspuren oder Schweißfährten *mit* dem Wind zu legen habe. Dadurch aber, daß auch Biegungen, Haken, ja sogar Schlaufen vorgeschrieben wurden, hat man die grundsätzliche Forderung, immer *mit* dem Wind zu schleppen, gegenstandslos gemacht. Zweck des Legens von Schleppen mit dem Wind soll sein, den Hund dazu zu bringen, mit tiefer Nase der Wundspur zu folgen. Bei unserer Art Schleppen zu legen, werden dem Hund ohnehin nur schwache und wenige Duftmarken geboten; es ist deshalb unwesentlich, ob mit oder gegen den Wind geschleppt wurde – der Hund muß sich jedenfalls mit tiefer Nase auf die Wittrung konzentrieren.
Wenn nun der Hund, auf einer Spur *gegen* den Wind, beginnt schneller zu werden, ist es an uns, ihn durch Zureden zu bremsen. Begegnet der Hund, bei plötz-

lich veränderter Windrichtung, der Spur des Schleppenlegers, haben wir ihn zu korrigieren und bringen ihm so Gelassenheit bei; so lernt er dann, den Geruch der Menschenspur zu meiden und sich erst recht auf die Wittrung des Wildes zu konzentrieren. Dabei bedarf es unsererseits nur der Bemerkung: »Aber ..., aber ..., wo ist die Spur? Die Spur?! ... Such' schön weiter ...!« Hat der Hund dann die Schleppsur wieder gefunden, wird er natürlich gelobt: »So ist er brav ..., brav mein Hund ..., da ist die Spur ... da!«
Ebenso verhalten wir uns, wenn die Suche eine Stelle erreicht, an der die Schleppe absichtlich von einer Menschenspur oder sonstigen Verleitung gekreuzt wird. Der Hund wird stutzen und am Kreuzungspunkt die Verleitung verweisen. Sobald der Hund drei bis fünf Schritte von der Schleppspur abweicht, korrigieren wir ihn unter Tadel: »Was machst du da ...! Wo ist die Spur? ... Such' verloren!« Dabei deuten wir auf die Schleppspur und geleiten ihn hin. Ist der Hund dann wieder richtig, anerkennen wir dies mit den Worten: »Da ist die Spur ..., da ist die Spur! Brav mein Hund ... brav ...!«
Ähnlich verhalten wir uns, wenn der Hund am Kreuzungspunkt mit einer Verleitungsschleppe den Gehorsam verweigert und der verlockenderen neuen Wittrung folgen will. Da ertönt unser energischer Zuruf: »Was ist das ... Wo ist die Spur?! ... Zur Spur! ..., zur Spur!«, und zugleich ziehen wir ihn am Riemen herbei. Wenn der Hund sich daraufhin der Schleppe wieder zuwendet, bekommt er sogleich wieder ein Lob: »So ist's brav, mein Hund!«
Bei Anlage einer Übungsschleppe ziehen wir das Wild nicht, sondern berühren den Boden mit dem Wildkörper nur stellenweise, wie schon erwähnt. Das zwingt den Hund dazu, seine Aufmerksamkeit ständig auf die Schleppe zu konzentrieren, besonders dann, wenn wir mit den Berührungen des Bodens weitere Sprünge markiert haben. Mit Federwild berühren wir den Boden beim Legen einer Schleppe nur ganz leicht. Auf jeden Fall hinterlassen wir dabei, was ja verständlich ist, nie jedesmal genau die gleiche Menge Wittrung. Das ist ein Vorteil, denn die Geruchseindrücke sind dadurch von ständig wechselnder Intensität. Sobald ein schwächerer Duft ständig gleichmäßig einwirkt, schwächt sich der Reiz ab, bis er völlig erlischt. Demnach sinkt die Kraft einer solchen Empfindung bis zum Nullwert. Bei der Arbeit auf der Spur bzw. Schleppe kommt es jedoch zu keiner derartigen Gewöhnung, im Gegenteil, hier häufen sich die Eindrücke, was in deren Unterbrechung und unterschiedlicher Intensität seine Ursache hat.
In der jagdlichen Praxis verhält sich dies ähnlich. So hinterlassen z. B. die Vorderläufe des Feldhasen eine Wittrung anderer Intensität als seine Hinterläufe. Auf diese Weise gewinnt der Hund bei der getupften Übungsschleppe, durch das wechselnde Wahrnehmen verschiedener Geruchseindrücke eine tiefere und nachhaltigere Vorstellung. Gerade dies ist die Grundlage zur Erarbeitung einer zuverlässigen Unterscheidung einer Spurwittrung. Ist dies erreicht, dann wird der Hund, in Übereinstimmung mit seinen anderen Erfahrungen, die er bei der Arbeit auf Übungsschleppen gewonnen hat, ein sicherer Fährtensucher.

Die Grundlage jeder Spuren- und Fährtenarbeit ist das Führen an der Leine, an der langen Feldleine oder am Schweißriemen. Darum dürfen wir mit dem Hund bei seiner Abrichtung auf künstlicher oder natürlicher Spur und Fährte nur in dieser Weise arbeiten. Aber auch dann, wenn er in der Praxis einer Wundspur nachhängt, sollen wir ihn *so lang wie irgend möglich am Riemen* behalten. Erst dann, wenn der Hund gelernt hat, ruhig und konzentriert die irreführendsten und verzwicktesten Spuren auszuarbeiten, erst dann dürfen wir ihn frei arbeiten lassen. Das aber auch nicht sofort vom Anschuß an, sondern erst nach 20 bis 30 Schritt.

Für diesen Zweck eignet sich auch für die Arbeit am Niederwild am besten der Schweißriemen. Auf Prüfungsschleppen beginnen wir erst dann zu üben, wenn der Hund gelernt hat, absolut sicher auf Übungsschleppen zu arbeiten. Das bedeutet, daß er sich bereits eine feste Unterscheidung der Eigenwittrung wenigstens einiger Wildarten angeeignet hat, die wir uns am leichtesten für Übungszwecke zu besorgen vermögen. Das Schwierigste, dabei aber Wichtigste, hat der Hund also bereits hinter sich.

Bei den Prüfungsschleppen muß der Hund vor allem jene Gerüche unterscheiden lernen, die durch das Nachziehen des Wildkörpers in den Fußspuren des Schleppenlegers entstehen. Damit wir das dem Hund etwas erleichtern, legen wir die ersten Prüfungsschleppen am Anfang so wie eine Übungsschleppe mit Hilfe eines Steckens, wenden den Wildkörper am »Anschuß« und tupfen mit ihm den Anfang der Schleppe, um erst nach etwa 60 Schritten das Wild vom Stock abzunehmen und es am Bindfaden hinter uns herzuziehen.

Dieses vorübergehende Kombinieren einer gewohnten Übungsschleppe mit der Art einer Prüfungsschleppe erleichtert dem Hund das Einarbeiten auf die Anforderungen, die eine Schleppe bei der Prüfung stellt.

Zur Wittrung der Prüfungsschleppe kommt dann allerdings noch der Menschengeruch und der Duft des verwundeten Bodens. Beide Gerüche kennt der Hund von den Übungsschleppen mit Verleitungsspuren, die zu meiden er gelernt hatte. Es ist darum für den Hund kein Problem, diese beiden Duftarten auch bei den Prüfungsschleppen zu verdrängen und sich allein auf die Eigenwittrung des Wildes zu konzentrieren.

Die Grundsätze für den Ablauf, wie wir bei der Arbeit auf einer Schleppe verfahren, wie wir den Hund loben, tadeln, korrigieren u.a.m., gelten für beide Arten von Schleppen gleichermaßen.

Vorteile der neuen Methode

Aus eigener Erfahrung wissen wir, daß Hunde, die für die Praxis wie zur Prüfung nach den vorgenannten Grundsätzen abgeführt wurden, zuverlässig arbeiten. Trotzdem möchten wir das nicht unbedingt für richtungsweisend ansehen, zumal es dabei ja nicht allein auf den Hund ankommt, sondern auch auf den Abrichter und Führer. Die Erfahrung eines Einzelmenschen muß nicht unbedingt allgemeine Gültigkeit haben. Darum ist es erforderlich, jede neue Sache zuerst einmal zu überprüfen, ehe man sie bewertet. Deshalb haben wir mehrere erfahrene, langjährig erfolgreiche Abrichter und Führer von Vorsteh- und Schweißhunden der verschiedensten Rassen sowie Besitzer von Zwingern und Zuchtstationen um ihre Mitarbeit gebeten und ihnen, gleichsam als Unterlage für eine Überprüfung, nachstehende kurze Anweisung gegeben:
Schleppen mit Kleinwild für junge Hunde. Der Zweck solcher Schleppen ist, dem Junghund beizubringen, daß er immer und unter allen Umständen der Eigenwittrung des Wildes folgt. Außerdem lernt der Hund dabei, gelassen und gewissenhaft einen Anschuß zu untersuchen, sich an den dort und in der Spur hinterlassenen Duft des Wildes zu halten und schließlich auf der Schleppe ruhig und ohne Hast zu arbeiten. Der Hund muß die Erfahrung gewinnen, daß er immer dann, wenn er die Wittrung eines Wildes auf der Schleppe verfolgt, an ihrem Ende genau dieses Wild vorfindet, und daß er gelobt, gestreichelt und mit einem Fleischbröckchen belohnt wird, wenn er es gefunden hat.

Die Schleppe ist anfangs *mit* dem Wind anzulegen, später, wie sich dies eben anbietet und welcher Art die Verletzung des Wildkörpers ist, ohne Rücksicht auf die Windrichtung, aber unter Berücksichtigung des Geländes und der vorhandenen Deckung. Wir verfahren dabei stufenweise: Zuerst auf Böden, die mit Gras bewachsen sind, später auf Böden ohne Bewuchs, dann auf Nadelstreu in Stangenhölzern und kombiniert, teils im Feld, teils im Wald, im Altholz mit Unterwuchs und auf Waldböden ohne Unterwuchs und dergleichen mehr. Am Anfang soll man in möglichst wildfreiem Gelände üben, später dort, wo Wild vorkommt und seine Einstände hat, schließlich im wildreichsten Teil des Revieres. Zum Anfang legt man einige einfache Schleppen, dann Schleppen mit kreuzenden Verleitungsschleppen anderer Wildarten, und das alles bei unterschiedlichem Wetter, zu verschiedenen Tageszeiten und bei verschiedenen Windrichtungen.

Zum Legen der Schleppe verwendet man alle Arten von Kleinwild, Haar- wie Federwild, Nutzwild, Raubwild und Raubzeug.

Genau wie der Mensch, so lernt auch unser Hund aus Fehlern. Darum benützen wir beim Einüben der Arbeit auf der Schleppe zusätzlich Verleitungsspuren, damit uns Gelegenheit geboten ist, den Hund zu korrigieren und ihn so daran zu gewöhnen, daß er unbedingt der Hauptschleppe zu folgen hat, jener, an die er angelegt worden ist. Um nun den Verleitungsreiz zu erhöhen benützen wir für die Verleitungsschleppe möglichst eine Wildart, die dem Hund angenehm ist, und

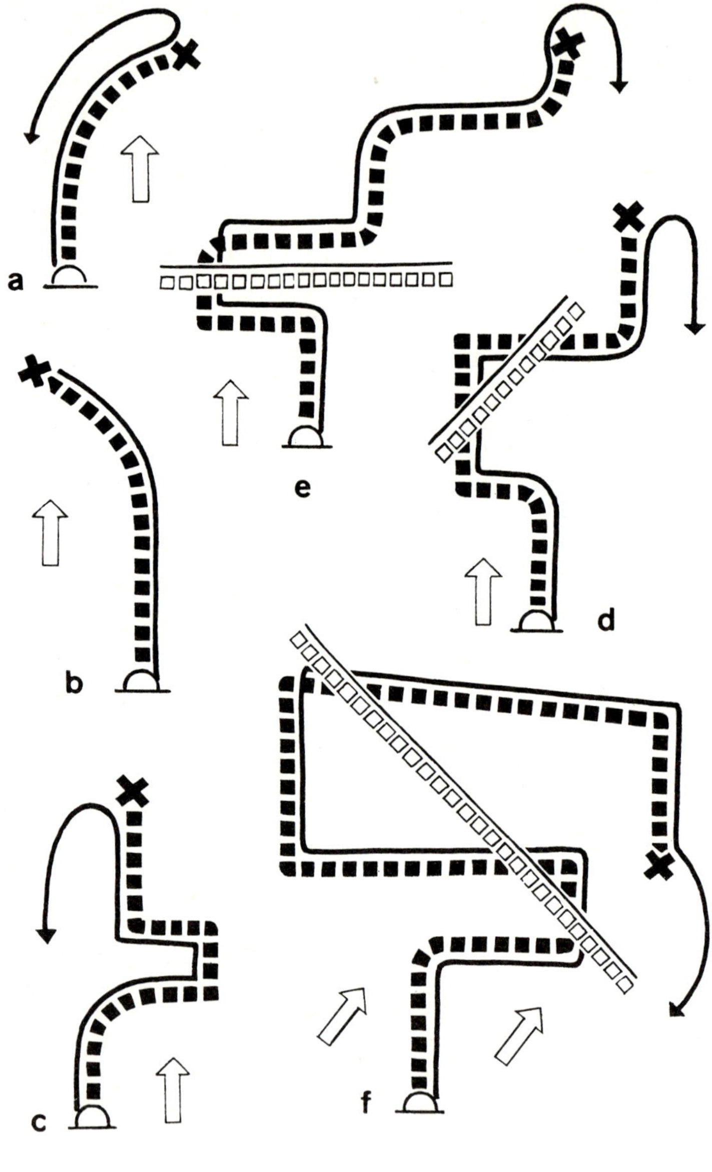

für die Hauptschleppe im Gegensatz dazu Wild, welches ihm unangenehm ist. So kreuzen wir z. B. die Hauptschleppe einer Katze mit einer Fasanenschleppe, mit einer geschleppten Taube, einem Kaninchen o. dgl.

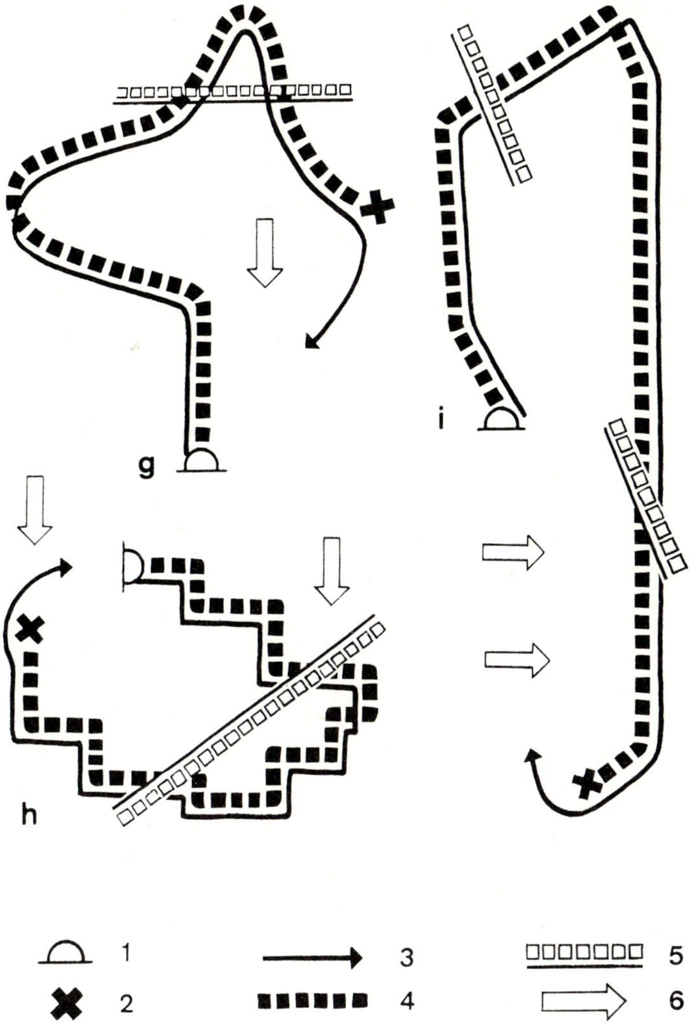

Schematische Darstellung von Übungsschleppen. Die Schleppen a—c sind ohne Verleitungsschleppen, die übrigen (d—i) mit Verleitungsschleppen angelegt.

1. Anschuß
2. am Ende der Schleppe abgelegtes Wild
3. Spur des Schleppenlegers
4. Hauptschleppe
5. Verleitungsschleppe
6. Windrichtung

Verleitungsschleppen müssen wir nicht über lange Strecken legen; es genügen 15 bis 20 Schritt vor und etwa 20 Schritt nach der Kreuzung mit der Hauptschleppe. Es ist auch nicht nötig, am Ende der Verleitungsschleppe Wild abzulegen, es schadet aber nicht, wenn wir, ähnlich wie bei der Hauptschleppe, am Ende den Wildkörper liegen lassen.
Auch die Verleitungsschleppen legen wir mittels einer Stange. In unmittelbarer Nähe der Kreuzung mit der Hauptschleppe tupfen wir jedoch nicht mehr, sondern *ziehen* den Wildkörper über den Boden. Es geht doch darum, daß die Verleitungsschleppe mit ihrem Duft den Hund ablenken soll. Verleitungsschleppen können auch *parallel* zur Hauptschleppe laufen, und zwar in einem Abstand von etwa 5—10 Meter, je nach Wind und Gelände. Jedenfalls muß die Verleitung so nahe an der Hauptschleppe liegen, daß sie ihren Zweck erfüllt, nämlich den Hund zum Abirren von der Hauptschleppe zu verleiten.
Haken legen wir in unterschiedlichen Abständen und bei jeder Schleppe auf andere Weise. Dies gilt besonders vom ersten Haken, den wir einlegen, einmal z. B. 20 Meter vom »Anschuß«, ein andermal 5 oder 50 Meter usw.
An den unterschiedlichen Zustand der *Verwesung* eines Wildkörpers gewöhnen wir den Hund dadurch, daß wir ein und denselben Wildkörper für mehrere Male als Schleppwild benützen.
An einem Tage lassen wir unseren Hund höchstens drei Schleppen von unterschiedlicher Länge, verschiedener Beschaffenheit und an unterschiedlichen Plätzen arbeiten, und das stets mit größeren Pausen. Wenn ein Hund über zwei Tage auf Schleppen gearbeitet hat, soll er am dritten Tag keine Schleppe angeboten kommen. In einer Woche lassen wir unseren Hund höchstens sechs Schleppen ausarbeiten.
Wenn ein Hund eine natürliche Wundspur im Anschluß an die Abrichtung mit Erfolg arbeiten soll, muß sich die Übung auf der Schleppe dem Ernstfall in der jagdlichen Praxis möglichst annähern. Bei den ersten zwei, drei Schleppen berühren wir den Boden kräftiger und tupfen öfter mit dem Wildkörper, damit — besonders zu Beginn der Schleppe — der künstlichen Wundspur intensivere Witterung anhaftet. Am Ende der Schleppe wird dann der Wildkörper abgelegt, und zwar ohne den Bindfaden, mit dem er an der Stange befestigt war. Die ersten Schleppen soll man möglichst mit frischem Wild durchführen. Benützen wir dabei ein Hauskaninchen oder eine Taube bzw. eine Haus- oder Wildente, töten wir das Tier erst kurz vor dem Legen der Schleppe. Die späteren Schleppen lassen wir mit steigender Verzögerung von zunächst 5, dann 10 Minuten usw. arbeiten. Ist dann unser Hund so weit, daß er eine 2—3 Stunden alte Schleppe einwandfrei arbeitet, legen wir eine Schleppe am Abend und lassen sie erst am nächsten Morgen ausarbeiten. Die Arbeit erschweren wir vor allem dadurch, daß wir die künstliche Wundspur mehr und mehr auskühlen lassen.
Schleppen für die Praxis werden vom Hund immer am Riemen gearbeitet, gleichgültig, ob die Schleppe mit oder ohne kreuzende Verleitungsschleppen angelegt

ist. Solche Schleppen können wir mit Vorteil auch selbst legen. Wir brauchen in diesem Falle dann die Schleppe nicht so häufig zu markieren, da wir deren Verlauf ja kennen. Wir können dabei den Hund auch besser korrigieren.

Vor der Prüfung

Ein Hund, welcher so auf Schleppen für die Praxis eingearbeitet ist, eignet sich die Besonderheiten der Prüfungsschleppen spielend an. Die erste Schleppe, welche so gelegt ist, wie üblicherweise Prüfungsschleppen gelegt werden, das heißt mittels Nachziehen des Wildkörpers in den Fußstapfen des Schleppenlegers, wird unser Hund zunächst etwas langsamer arbeiten, die nächsten aber in zunehmendem Maße schneller.

Der für die Prüfung abgerichtete Hund beherrscht inzwischen ja auch bereits das *Bringen,* er muß sich auf der Prüfung als »Verlorenbringer« zeigen, also *frei* auf der Schleppe arbeiten und das selbständig gefundene Wild seinem Führer zutragen. Alle Einarbeit auf der Schleppe ist ja nur Vorbereitung zu dieser Verlorenbringerarbeit des fertigen Gebrauchshundes. Die dabei nötige *freie* Arbeit steht nicht in Widerspruch zu der eingehenden Abrichtung *am Riemen* auf Gesundspur und Schleppe: Diese ist Voraussetzung, um dem Hund die nötige Ruhe und Konzentration für schwierige Arbeiten auf der natürlichen Wundspur zu vermitteln. Prüfungsschleppen sollten am besten von einem Gehilfen gelegt werden, möglichst sogar von wechselnden Gehilfen. Wenn wir die Prüfungsschleppen selbst legen, ist zu empfehlen, daß wenigstens einige Schleppen vor der Prüfung durch einen Gehilfen gelegt werden, nämlich deshalb, damit der Hund auf die Wittrung eines unbekannten Schleppenlegers bei der Prüfung vorbereitet ist. Zwei bis drei Tage vor der Prüfung lassen wir den Hund zum letzten Mal auf Schleppen arbeiten. Am Riemen arbeitet der Hund eine Schleppe jetzt natürlich gut. Es kann aber geschehen, daß er die freie Suche nicht zu unserer Zufriedenheit absolviert. In diesem Falle legen wir etwa nach einer Stunde noch eine kürzere und leichtere Schleppe. Der Hund wird sie dann sicher einwandfrei arbeiten. Dafür loben wir ihn dann noch auffälliger als sonst und belohnen ihn mit einem Leckerbissen. Am gleichen Tag üben wir dann grundsätzlich nicht mehr weiter.

Ein derart vorbereiteter Hund wird die Prüfung auf der Schleppe mit Sicherheit erfolgreich bestehen. Bevor dann die Jagden beginnen, bereiten wir unseren Hund auf die Weise vor, daß wir ihn Schleppen, gekreuzt durch Verleitungsschleppen, frei ausarbeiten lassen. Je mehr derartiger Schleppen ein Hund einwandfrei ausarbeitet, desto zuverlässiger wird er bei den Jagden erlegtes Wild finden und krankes zur Strecke bringen.

Als Anleitung für die neue Art, Schleppen zu legen, dienen beigefügte schematische Darstellungen von Schleppen für die Praxis und für Prüfungen. Anhand

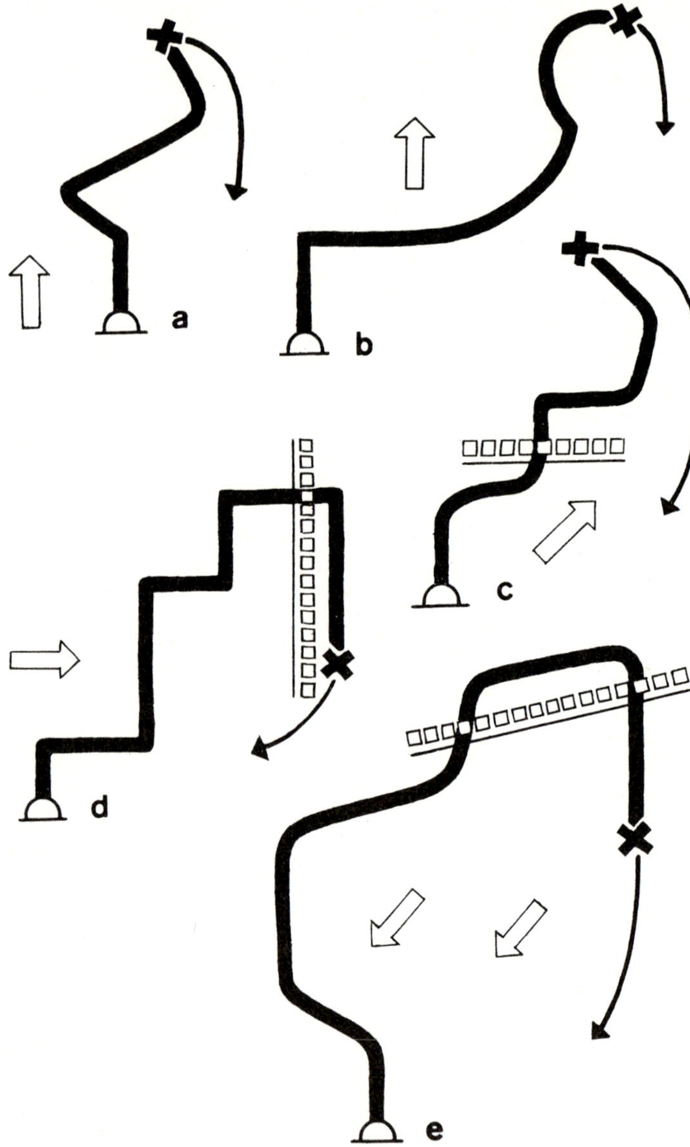

dieser Skizzen wird deutlich gemacht, wie die Anlage einer Schleppe gedacht ist, wie Verleitungsschleppen angelegt sein sollen unter Berücksichtigung der Windrichtung und wie lang Schleppen sein sollen. Diese Details sind nämlich für die Übung der Nachsuche sehr wesentlich und bilden darum einen erheblichen Teil

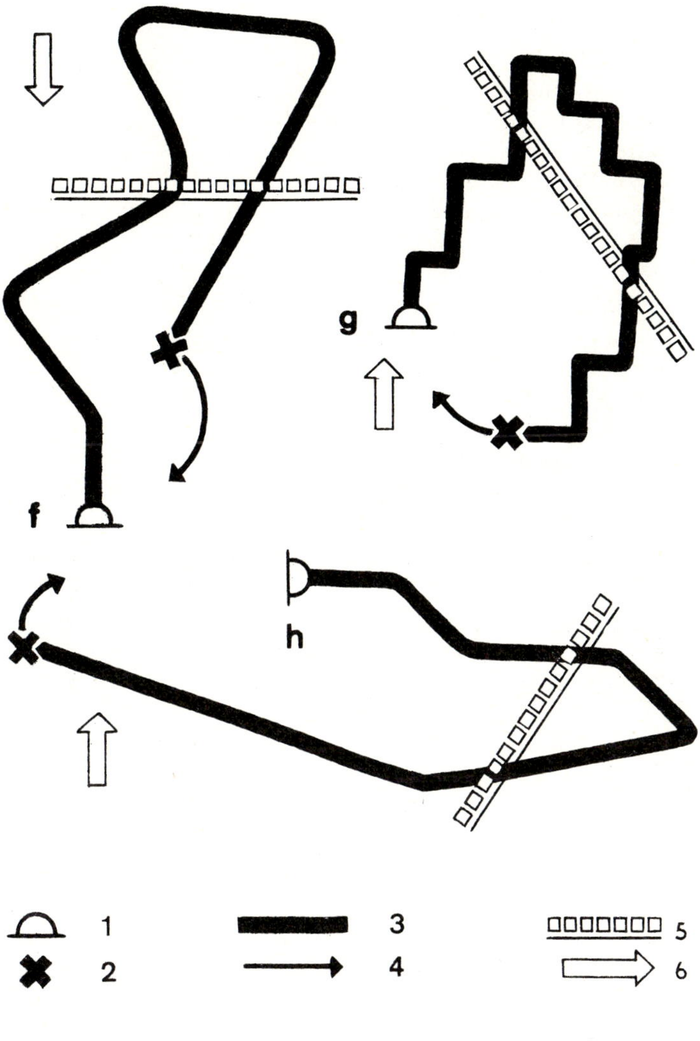

Schleppen zur Vorbereitung auf die Prüfung (a und b ohne, c—h mit Verleitungsschleppen)

1. Anschuß
2. am Ende der Schleppe abgelegtes Wild
3. Hauptschleppe, zugleich Spur des Schleppenlegers
4. Rückweg des Schleppenlegers zum Anschuß
5. Verleitungsschleppe
6. Windrichtung

der ganzen Abrichtung. Jede Vereinfachung der Schleppe, jede Milderung der gestellten Aufgabe erleichtert das Training und kürzt die Abrichtungszeit, damit wird aber der mögliche Abrichtungseffekt verringert und damit die Leistung des Hundes.
Die Skizzen der einzelnen Schleppentypen sind von der einfachsten bis zur schwierigsten angeordnet und bilden damit einen gewissen Anhalt für den Abrichter. Grundsätzlich ist zu beachten, daß immer *zuerst* die Hauptschleppe gelegt wird und erst nach dieser die Verleitungsschleppen.
Es versteht sich von selbst, daß für eine gründliche Abrichtung unseres Hundes diese Grundformen von Schleppen, welche hier abgebildet sind, nicht genügen. Wir legen unter Anlehnung an diese Grundformen weitere Schleppen, welche wir dem vorhandenen Gelände anpassen, und wir verwenden diese Grundformen einmal im Feld, dann im Wald, dann in Abwechslung von beiden, und schließlich legen wir diese Schleppen in Revierteilen unterschiedlicher Wilddichte. Diese Variationen genügen mit Sicherheit, um unseren Hund zu einem spursicheren Verlorenbringer zu erziehen.

Erprobung und Fortbildung

Soll unser Hund ein zuverlässiger Verlorenbringer von Niederwild werden, muß er zunächst einmal gründlich abgerichtet und richtig geführt werden. Ist diese Voraussetzung gegeben, muß man ihm des öfteren die Gelegenheit bieten, sein Können unter Beweis zu stellen. Außerdem aber setzt man ihn, zumal in den ersten Jahren seiner Feldpraxis, immer wieder auf Schleppen an, damit er sich seine Leistungsfähigkeit erhält und wirklich ein zuverlässiger Verlorensucher bleibt. Durch öfters wiederholte Arbeit unseres Hundes auf Schleppen können wir dies überprüfen. Solche Möglichkeiten einer Nachprüfung werden vor allem jene Abrichter und Führer begrüßen, die ihren Hund immer vollwertig leistungsfähig haben wollen.
Wenn uns unser Hund einen Eichelhäher oder ein Eichhörnchen apportiert, die er im Schuß fallen sah, ist dies weder ein Beweis seiner Fähigkeiten als Verlorenbringer, noch kann dies als Überprüfung seiner Leistungsfähigkeit gelten. *Seine Zuverlässigkeit können wir am besten auf schwierigen Schleppen nachprüfen.* Dabei ist die Jahreszeit völlig nebensächlich; in der Schonzeit begnügt man sich mit der Verwendung eines Hauskaninchens oder man schleppt Haustauben, Hühner, Rabenvögel oder ähnliches.
Nach Anlage der Hauptschleppe und einer Verleitungsschleppe nach unseren Grundregeln, führen wir den Hund am Riemen zum »Anschuß«. Hat der Hund den »Anschuß« richtig untersucht, lassen wir ihn auf der Hauptschleppe weiterarbeiten. Irrt er von dieser ab, korrigieren wir ihn, wie bei der Abrichtung beschrieben.

Beachtet unser Hund Verleitungen lediglich durch flüchtiges Bewinden oder kurze Folge, nach der er sich dann selbst verbessert, ist er als zuverlässig und spursicher anzusehen. Irrt er aber da und dort ab und kehrt erst nach unserem Einwirken zur Hauptschleppe zurück, bedarf er dringend der Auffrischung seiner Leistungsfähigkeit.

Wenn der Hund verbessert werden muß, ist es erforderlich, ihn an Verleitungsschleppen mit unterschiedlichem Schleppwild zu trainieren.

Leistet sich aber der Hund bei seiner Arbeit auf der Schleppe noch andere Fehler, überspringt er beispielsweise Haken, geht er zu schnell, beginnt er zu faseln u. ä., müssen wir mit ihm von Anfang an das Suchen auf der Schleppe ordentlich üben. Ein Überholungstraining oder Nachbesserungsübungen machen natürlich nicht so viel Mühe wie eine völlig neue Abrichtung. Wollen wir aber einen zuverlässigen Verlorensucher, bleibt uns nichts anderes übrig. Im übrigen ist dies doch wohl die moralische Pflicht eines jeden Hundehalters, der seinen vierbeinigen Jagdgehilfen als Verlorenbringer gebrauchen will.

Wollte man alle Hunde, die als Verlorenbringer gebraucht werden, einer Überprüfung unterwerfen und würde man aus dem Ergebnis solcher Nachprüfung die richtigen Schlüsse ziehen, darf man annehmen, daß aus allen diesen Hunden zuverlässige Verlorenbringer werden könnten.

Natürliche und künstliche Wundfährte

Die Nachsuche

Das Aufspüren von erlegtem oder angeschweißtem Wild stellt an den Jagdhund wie auch an seinen Führer außerordentliche Anforderungen. Wenn wir dies behaupten, haben wir allerdings nicht jenen Hund im Sinn, der im Feld beschossenes Wild nur auf Sicht, wenn er es fallen sah, keineswegs aber auf der Spur nachsucht, oder einen solchen, der im Walde auf Entfernung einiger Zehnmeter einen Hasen apportiert. Genau so wenig denken wir dabei an kurze Totsuchen auf »warmer«, d. h. frischer Schweißfährte von Schalenwild. Wir haben vielmehr einen *zuverlässigen Verlorenbringer* von Niederwild im Auge sowie den *zuverlässigen Schweißhund,* der es fertigbringt, selbst bei außergewöhnlich schwierigen, langen und alten Schweißfährten, dank seiner angewölften und erworbenen Fertigkeiten wie ausgezeichnete Nase, Ausdauer, Fährtenwille und Fährtensicherheit, die Beute zu finden. Schußfestigkeit sowie bei Anblick aller Arten von Wild absolute Ruhe und Gehorsam gehören selbstverständlich auch dazu. Den Hund zu solch einem verläßlichen Verlorenbringer oder Schweißhund auszubilden, ist eine Aufgabe, die wir nur dann mit Erfolg bewältigen können, wenn wir uns mit unserem Hund bereits von seiner frühesten Jugend an mit Liebe und ohne Rücksicht auf Zeit und Mühe, die zweifellos dazu nötig sind, befassen. Dies setzt allerdings auch voraus, daß wir genügend Abrichte-Erfahrung, Geschick und Führungspraxis haben. Außerdem müssen wir erfahrene Jäger und nach Möglichkeit gewandte Schützen sein. Ist dies nicht der Fall, liegt es vorrangig an uns, wenigstens theoretische Kenntnisse auf diesen Gebieten zu erwerben, vom eigenen Hund und vom Wild zu lernen und sich als Schütze zu üben. Dabei müssen wir allerdings sehr selbstkritisch verfahren und unser eigenes Verhalten wie auch die Anforderungen dem angestrebten Ziel unterstellen. Und dieses Ziel ist: *Ich will meinen Hund zu einem zuverlässigen Verlorenbringer oder Schweißhund abrichten.*

Solange unser Hund in der Nachsuche von Niederwild oder bei der Schweißarbeit nicht firm ist, darf uns die Jagd nicht Zweck, sondern muß uns Abrichtungsmittel sein. *In dieser Ausbildungszeit des Hundes jagen wir nicht zu unserem Vergnügen, der Strecke wegen, sondern deshalb, um unserem Hund Möglichkeiten der Schulung und Vervollkommnung seiner Fähigkeiten zu bieten.*

Der erste Grundsatz, an den wir uns bei Verlorensuche und Schweißarbeit unter allen Umständen halten müssen, ist weitestgehende *Selbstbeherrschung.* Wir müssen unsere Jagdpassion in den Griff bekommen, unsere Erregbarkeit, Unduldsamkeit und Ungeduld; denn selbst die geringfügigste Unruhe in uns beeinflußt die Arbeit des Hundes abträglich. Unser Hund wird dann gleichfalls unruhig, ungeduldig und unduldsam, beginnt zu toben und sprunghaft zu arbeiten. Damit er in der Lage ist, auch die kompliziertesten Spuren und Fährten auszuarbeiten, muß er natürlich ausdauernd, dabei aber gelassen, ruhig und bedächtig arbeiten.

Es kann der Fall eintreten, daß uns die Arbeit unseres Hundes nicht befriedigt; sei es, daß er zu oberflächlich arbeitet oder übereilt der Fährte folgt oder aus anderen Gründen. Auch dann müssen wir uns beherrschen und den Hund grundsätzlich behutsam behandeln, entsprechend seiner individuellen, charakterlichen Veranlagung. Auf der Schweißfährte vermeiden wir jedwede Handlung, welche den Hund abschrecken könnte oder in der Lage wäre, ihm die Freude an der Arbeit zu verderben.

Die Art unseres Verhaltens und unserer Einwirkungen muß auf der natürlichen Schweißfährte oder Wundspur die gleiche sein wie beim Üben der künstlichen Fährte bzw. Schleppe. Wollen wir, daß uns der Hund z. B. Schweißtropfen verweisen soll, halten wir ihn leicht zurück und fordern ihn freundlich auf, uns Schweiß zu zeigen. Wollen wir unserem Hund das beibringen, umfassen wir sanft seine Nase und drücken sie mit Vorsicht und Gefühl, niemals mit Gewalt, auf den sichtbaren Schweißtropfen oder in ein Wundbett.

Bei Nachsuchen sind wir auf unsere Kenntnisse, vor allem aber auf die Tüchtigkeit unseres Hundes angewiesen. *Verlorensuche und Schweißarbeit werden nur dann erfolgreich sein, wenn wir unseren Hund kennen, wenn wir seine »Sprache« verstehen,* die Ausdrucksweise seines Mienenspiels, seiner Bewegungen und seines Benehmens im Ganzen. Beim Hund am Schweißriemen beachten wir jede Kleinigkeit, die es uns ermöglicht, Rückschlüsse auf die Richtigkeit seiner Arbeit zu ziehen.

Wir haben in unserem Hund stets unseren Freund und treuen Gehilfen zu sehen, und demgemäß sollen wir mit ihm umgehen.

Mag sein, daß wir ihn bei verschiedenen anderen Arbeiten anzufeuern pflegen; bei der Nachsuche, von seltenen Ausnahmen abgesehen, müssen wir dies unterlassen. Die jagdliche Passion des Hundes – des jungen ganz besonders – ist durch alles, was mit dieser Arbeit zusammenhängt, an sich schon derart angeheizt, daß es meist nötig ist, den Hund eher zu beschwichtigen als ihn zu ermuntern.

Die Arbeit unseres Hundes dirigieren wir durch Worte und Winke. Tadelnder und mahnender Zuruf sollen die einzigen »Strafen« sein. Wer andere Strafmittel anwendet, wie Zerren oder Reißen mit dem Schweißriemen, verekelt dem Hund die Arbeit auf der Schweißfährte derart, daß er früher oder später diese Arbeit verweigern wird. Wer zur Dämpfung seines ungezügelten Temperamentes

andere Abschreckmittel einsetzt und als Strafe verwendet, ihn gar mit der Leine oder dem Schweißriemen schlägt, der verdirbt ihn.
Bei der Arbeit auf der Schweißfährte benützen wir vor allem den Schweißriemen. Mit jedem Junghund, insbesondere wenn er heftiges Temperament zeigt, arbeiten wir zunächst am kurzen, d. h. kurzgehaltenen Riemen. Legt er sich in den Riemen, lassen wir ihm den Willen. Beginnt er aber sprunghaft, hastig zu arbeiten, liegt es an uns, ihn zu beschwichtigen, zurückzuhalten, und zwar allmählich unter gutem Zureden und Wiederholung des Wortes: »langsam! langsam!«, niemals durch grobes Zurückreißen.
Die Arbeit auf der Schweißfährte muß für den Hund möglichst angenehm ablaufen. Deshalb muß es unser Bemühen sein, dem Hund diese Arbeit möglichst sympathisch zu machen, keinesfalls dürfen wir ihn verprellen. Arbeitet er gut, müssen wir ihn loben, wenn er z. B. die Nase tief über der Fährte trägt, wenn er Trittsiegel verweist und dergleichen. Hat uns dann unser Hund zum verendeten Stück geführt, loben wir ihn besonders ausdrucksvoll und machen ihn genossen.
Manche Hunde sind auf der Schweißfährte ganz besonders empfindlich, sind unterschiedlich empfänglich für Belobungen und erst recht für unpassende Behandlung. Ein Rüdemann, der solche Sonderheiten seines Hundes nicht kennt und bei der Abrichtung und Führung nicht darauf eingeht, wird ihn in der Regel verderben. Aus diesem Grunde ist es allein richtig, daß jeder mit seinem Hund Schweißfährten selbst ausarbeitet und ihn niemals für Nachsuchen ausleiht. Richtet allerdings einer an uns das Ersuchen, mit unserem Hund ein krankgeschossenes Stück Wild nachzusuchen, haben wir dies selbstverständlich gern zu erfüllen.

Wir schießen auf Wild

Wild haben wir so zu beschießen, daß es nach Möglichkeit im Feuer bleibt; dies um der Kreatur lange Qualen zu ersparen, zugleich aber auch um eine Entwertung des Wildprets zu verhindern. Voraussetzung dafür ist, daß wir mit einer Waffe, die uns liegt, geeignet nach Kaliber und Ladung, auf angemessene Entfernung schießen und den Schuß richtig anbringen. Ist das Wild trotzdem angeschweißt und bleibt nicht im Feuer, müssen wir uns als Hundeführer bei der Nachsuche bewähren.
Wir erlegen unser Wild entweder mit Schrot oder mit dem Büchsengeschoß, der »Kugel«. Das Treffergebnis hängt aber nicht nur von der Waffe und ihrem Geschoß ab, sondern ebenso vom Schützen, und dabei nicht allein von seiner seelischen, sondern auch körperlichen Verfassung. Ich will versuchen, auf einige Umstände hinzuweisen, die für Erfolg oder Mißerfolg eines Schusses entscheidend sein können, sowohl beim Schrot- wie auch beim Kugelschuß.

Der Schrotschuß auf ein bewegliches Ziel

Auf bewegliche Ziele schießen wir in der Regel mit der Flinte. Dieser Schuß erfordert nicht so genaues Zielen wie ein Kugelschuß, da durch die Schrotgarbe ein verhältnismäßig großer Bereich getroffen wird. So deckt die Ladung einer Patrone mit 2,5-mm-Schrot auf 35 Meter einen Kreis von 1,5 Meter Durchmesser. Der tödliche Bereich für fliegendes oder laufendes Niederwild ist allerdings erheblich kleiner. Mit jenen Schroten, welche sich außerhalb dieses tödlichen Bereiches befinden, wir nennen sie Randschrote, dürfen wir nicht rechnen, denn entweder treffen sie das Wild überhaupt nicht oder wenn, dann nicht tödlich. Auf jeden Fall hat ein nur von Randschroten getroffenes Wild einiges zu erleiden.

Außer der Streuung der Schrotgarbe muß man auch noch andere Ursachen bedenken, welche die Treffermöglichkeit und die Schußwirkung beeinflussen. Beim Flugwild sind dies die Entfernung, die Fluggeschwindigkeit, die Flugrichtung quer, vom oder zum Schützen, streicht es in oder über der Augenhöhe des Schützen, steigt oder fällt es, streicht es schräg und dergleichen mehr. Dabei hat man keine Zeit zu langem Überlegen und Zielen.

Verhältnismäßig leichter sind Schrotschüsse auf Haarwild. Dieses bewegt sich auf der Erde verhältnismäßig stetig und in gleichbleibender Ebene, so daß wir z. B. beim Schuß auf den Hasen nur berücksichtigen müssen, in welche Richtung – zum Schützen, vom Schützen oder quer – er läuft.

Beim Schrotschuß auf ein bewegliches Ziel haben sich drei Methoden eingebürgert:

Vorziehen oder Vorhalten: Der Schütze zielt beim Anbacken, u. zw. unterschiedlich, je nachdem der Hase quer läuft, direkt auf ihn zuläuft oder von ihm wegläuft. Dabei wird das Wild schnell ins Ziel gefaßt, übers Korn verfolgt, und je nach Entfernung und dem Tempo des Wildes wird im entscheidenden Augenblick um ein entsprechendes Maß flink vorgezogen und gefeuert; dabei befindet sich die Flinte im Augenblick des Schusses in Ruhe.

Mitziehen: Der Schütze zielt auf das flüchtige Wild, zieht dann vor das Wild, folgt mit der Flinte den Bewegungen des Wildes und schießt. Beim Lösen des Schusses wird die Bewegung der Flinte nicht unterbrochen.

Schnappschuß (oder der hingeworfene Schuß): Dabei faßt der Schütze das flüchtende Wild nicht ins Ziel, sondern backt an und wirft den Schuß auf jene Stelle, an der die Schrotgarbe zugleich mit dem Wild eintreffen wird. Diese Methode zu schießen ist eine Abart des Vorhaltens. Man bedient sich ihrer vor allem bei Drückjagden im Walde auf schmalen Schneisen, wo es unmöglich ist, mitzuziehen oder vorzuhalten.

Entscheidend für den Erfolg beim Flintenschießen sind Form und Abmessungen des Schaftes im Verhältnis zu den Körpermaßen des Schützen, vor allem zu jenen des Oberkörpers, der Arme, Hände und Finger. Wenn wir mit geschlossenen Augen in Anschlag gehen, muß das Korn auf der Mitte der Schiene und inmitten

des Bildes sitzen, das sich uns rechts und links von der Schiene bietet. Nur mit einer Flinte, die »liegt«, wird der Schütze gute Trefferergebnisse erreichen. Auf jeden Fall macht es sich bezahlt, wenn man beim Flintenkauf den Schaft nach Maß anfertigen läßt, denn »der Lauf schießt, aber der Schaft trifft«.
Soll das Wild im Feuer liegen bleiben, muß es vom Kern der Schrotgarbe getroffen werden. Ein häufiger Fehler ist es, wenn der Schütze am Ziel »kleben« bleibt. Bei dieser Art zu zielen und schießen, vermag der Schütze, je nach Fluchtgeschwindigkeit, Entfernung usw. des Zieles, das Wild bestenfalls anzubleien. Meist wird er fehlen.

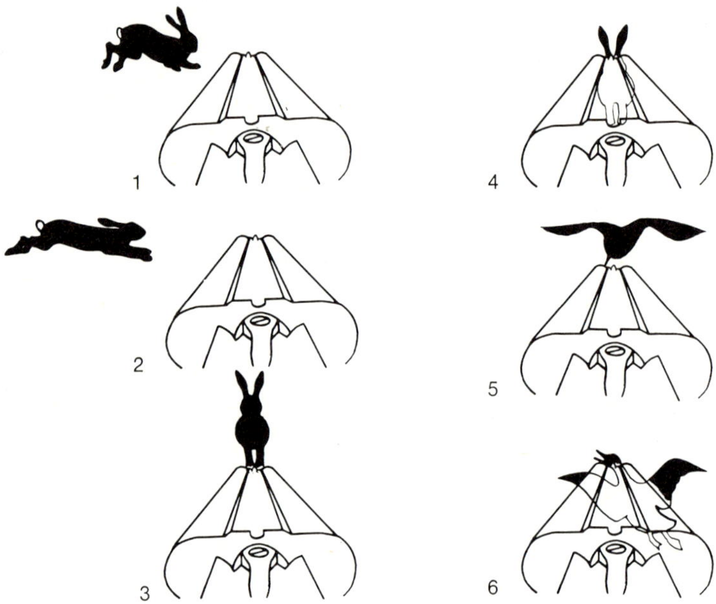

Abkommen beim Flintenschießen auf bewegliche Ziele

1. schräg wegflüchtender Hase
2. quer flüchtender Hase
3. Schuß auf Hase spitz von vorn
4. Schuß auf Hase spitz von hinten
5. Schuß auf entgegenstreichendes Flugwild
6. Schuß auf aufstehendes Flugwild

Ein Fehler ist es auch, wenn wir zwar mit der Flinte im Vorhalt mitziehen, jedoch im Augenblick, da der Schuß bricht, und wäre es nur für den Bruchteil einer Sekunde, innehalten. So schießen wir unweigerlich hinters Ziel. Das können wir am besten bei einer Jagd über trockene Felder feststellen, wenn es hinterm Wild staubt; ähnlich, wenn Wild über Sand oder Schnee flüchtet.

Auch das Schießen will gelernt sein. Zuerst üben wir den Anschlag bei richtiger Stellung, dann während des Gehens, beides zunächst auf feste Ziele, später auf bewegliche; dabei genügt es, einen kleineren Gegenstand, an einem dünnen Faden aufgehängt, in pendelnde Bewegung zu versetzen. Schließlich üben wir den Anschlag auf feste Ziele mit geschlossenen Augen. Wenn wir dann die Augen öffnen, muß das Korn im gewählten Ziel sitzen. Soweit sich uns die Möglichkeit bietet, üben wir am Schießplatz. Das alles will natürlich nicht besagen, daß nur jener ein guter Schütze wird, der auf diese Weise schießen lernt. Wie bei allem, so auch beim Schießen, wesentlich ist die Begabung.
Beim Flintenschießen handeln wir nach dem Grundsatz, Niederwild so zu treffen, daß es im Feuer liegt. Es genügt nicht nur zu treffen, wir müssen *gut* treffen! Auf die verschiedenen Niederwildarten schießen wir, deren jeweiliger Körpergröße angemessen und der Jahreszeit entsprechend, mit den passenden Schrotstärken und nur auf jene Entfernung, bei der ein gut sitzender Schrotschuß auch die erforderliche Wirkung zeigt, um das Wild sofort zu töten. Auch bei Beachtung all dieser Ratschläge werden wir noch genug Gelegenheit haben, mit unserem Hund Wild nachzusuchen.

Der Kugelschuß

Beim Kugelschuß zielen wir in der Regel auf ruhig stehendes Wild. Das genaueste Zielen ermöglichen uns richtig justierte optische Zielhilfen, Zielfernrohre. Zielfernrohre haben Zieleinrichtungen (Absehen) verschiedenster Systeme und unterschiedlicher Vergrößerung. Für den normalen Jagdgebrauch eignet sich am besten ein Zielfernrohr mit vierfacher Vergrößerung und vergüteter Optik.

Andererseits hat ein Zielfernrohr auch Nachteile, so vergrößert es z. B. die Unruhe im Anschlag des Schützen, weil beim Zielen auch unbedeutende Abweichungen übermäßig verdeutlicht werden. Aus diesem Grunde verwenden manche Schützen einen Zielstock oder entsprechende Unterlagen, wenn sie mit Zielfernrohr schießen. Wer beim Schuß ruhig ist und sich zu beherrschen versteht, kann auf jagdlich vertretbare Entfernungen mit dem Zielfernrohr sehr gut ohne solche Hilfsmittel schießen. Dieser freihändige Schuß ist die Leistungsspitze eines Schützen. Erste Voraussetzung beim freihändigen Schießen ist auch für die Büchse: sie muß ausgewogen sein und »liegen«.

Eine Büchse liegt dem Schützen oder »fällt gut ins Ziel«, wenn nach dem Anschlag mit geschlossenen Augen der Schütze das Korn im Ziel erblickt. Dies hängt vom Schaft ab, und darum gilt für die Büchse das gleiche wie für die Flinte: kaufe eine Büchse mit Schaft nach Maß! Beim Anschlagen soll der Schaft immer glatt und leicht hochgleiten und erst am richtigen Platz, gleichsam von selbst, innehalten. Beim Anschlag soll der Schaft der Wange fest anliegen, von der Hand kraftvoll umgriffen.

Das sicherste Mittel gegen innere Unruhe, gegen Zittern der Hände und Wackeln der Waffe ist der Schuß mit Unterlage, der aufgelegte Schuß. Die Unterlage soll weich sein. Ein gespannter Draht, ein Baum, Holz oder blanker Stein federn; in diesem Falle gehört zwischen Lauf und Unterlage die Hand, welche die Federung nicht überträgt.

Die Kugel tragen wir so an, daß das beschossene Wild möglichst im Feuer (oder nach kurzer Todesflucht) verendet. Dies setzt voraus, daß wir ein Geschoß verwenden, welches der Härte des Wildes angemessen ist.

Ein guter Schuß ist der Kammerschuß (»Blattschuß«). Er ist fast immer tödlich, und das Wildpret wird kaum entwertet. Wenn die Kugel auf der Blattschaufel oder knapp hinter ihr sitzt, wird die Lunge, oft gleichzeitig auch das Herz zerstört, also die unmittelbar lebenswichtigen Organe. Der Schuß darf allerdings nicht zu hoch sitzen, sonst zerstört er mit dem Ausschuß teilweise hochwertiges Wildpret am Ziemer.

Bei Schüssen spitz von vorn werden neben der Lunge auch noch Leber, eventuell Pansen und Gescheide getroffen, ebenso bei Schrägschüssen. Diese Schüsse, soweit sie Verdauungsorgane verletzen, sind unerwünscht, denn Wildpret, welches mit Pansen- oder Darminhalt verunreinigt ist, verdirbt schnell. Auch Wildpret von Schalenwild, welches lange nachgesucht wurde, gegebenenfalls erst am nächsten Tag zur Strecke kam, ist minderwertig, zumal in Zeiten erhöhter Tageswärme, wo es leicht anbrüchig wird. Aus all diesen Gründen ist es notwendig, daß wir Schalenwild mit Bedacht beschießen, auch wenn es nicht immer möglich sein sollte, solche unerwünschten Schüsse zu vermeiden. Kommt es zu solchen Treffern, lassen wir eine angemessene Zeit verstreichen und setzen dann einen zuverlässigen Schweißhund auf die Wundfährte.

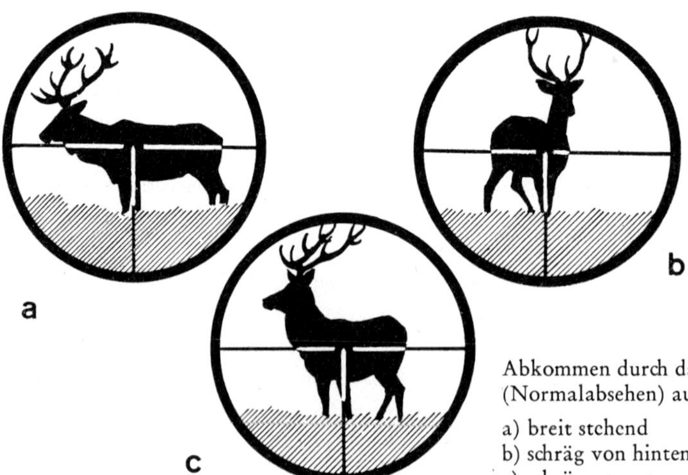

Abkommen durch das Zielfernrohr (Normalabsehen) auf Rotwild

a) breit stehend
b) schräg von hinten
c) schräg von vorne

Die künstliche Schweißfährte

Mit Schweißarbeit machen wir unseren Hund erst dann bekannt, wenn er auf Schleppen von Niederwild gut eingearbeitet ist. Auch hier trainieren wir unseren Hund zunächst auf Übungsschweißfährten für die Praxis, und erst dann, wenn wir mit ihm auf eine Schweißprüfung gehen wollen, richten wir ihn auf künstlicher Schweißfährte ab, wie sie bei Prüfungen gelegt wird.
Die Hauptunterschiede zwischen Schleppen und künstlichen Schweißfährten sind folgende:
Den Anschuß von Schalenwild markieren wir in der Praxis mit einem Bruch, der uns einmal den Anschuß als solchen anzeigt, zum andern die Fluchtrichtung nach dem Schuß. Damit sich der Hund an dieses Bruchzeichen gewöhnt, bezeichnen wir bereits bei künstlich gelegten Übungsschweißfährten den »Anschuß« auf diese Weise.
Natürliche Schweißfährten von Schalenwild sind häufig länger als Wundspuren von Niederwild. Diesem Umstand müssen künstliche Schweißfährten durch größere Länge entsprechen.
Wenn man angeschweißtes Schalenwild nach dem Schuß in Ruhe läßt, geht es ins Wundbett. Deshalb markieren wir an ein oder zwei Stellen im Verlauf der Schweißfährte ein solches Wundbett.
Ans Ende der Fährte legen wir ein Stück Schalenwild oder dessen Decke, soweit auch der Schweiß von eben diesem Stück stammt. Andernfalls sollten wir auch hier, wie schon bei der Schleppe erwähnt, auf gekünstelte Attrappen verzichten und den Hund unter Lob von der richtig ausgearbeiteten künstlichen Schweißfährte abtragen.
Übungsfährten für die Praxis sollen den Hund auch durch unterschiedliches Alter für den jagdlichen Ernstfall vorbereiten. Wird ein Stück Wild am Abend angeschweißt, so kommt es in der Regel erst am nächsten Tag zur Nachsuche, somit erst nach 10–16 Stunden. Es kann aber durchaus vorkommen, daß ein Hund auch eine noch ältere natürliche Schweißfährte zu arbeiten hat, und das auch nach 20–26 Stunden und mehr. Darum müssen wir unseren Hund so abführen, daß wir ihn auf künstliche Schweißfährten stufenweise später und später ansetzen.
Auf die Grundfährte a (Abbildung Seite 38) legen wir den Hund eine halbe Stunde nach dem Legen. Auf die Fährte b nach einer Stunde, auf die Fährte c nach eineinhalb Stunden. Wenn unser Hund diese unterschiedlichen Fährten alle einwandfrei arbeitet, legen wir ihn zur Fährte d, welche drei Stunden alt sein soll. Möglicherweise wird der Hund diese Schweißfährte nicht genau und fehlerfrei arbeiten, weil seine Nase auf so alte Wittrung noch nicht geübt ist. In diesem Falle lassen wir ihn neuerdings die Schweißfährte c arbeiten, also nach eineinhalb Stunden. Diese Fährte wird der Hund dann schon gut ausarbeiten. Anlaß für uns, ihn sehr zu loben und ihn mit einem Leckerbissen zu belohnen. Daraufhin legen wir die Übungsfährte d und legen unseren Hund bereits nach 2 Stun-

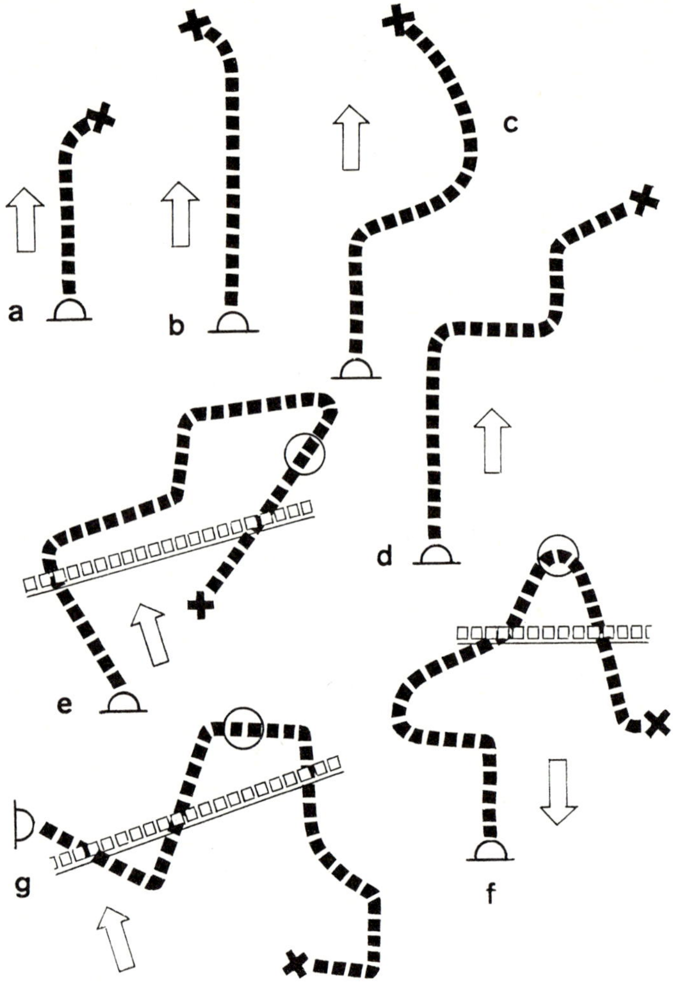

den an. Sollte er diese nun einwandfrei arbeiten, versuchen wir, ob er sie 3 Stunden alt auch zu leisten vermag. Hat er diese einwandfrei ausgearbeitet, wird der Hund wieder überschwenglich belobt und belohnt und dann zur nächsten Schweißfährte gelegt, diesmal zur Fährte e mit einem Zeitabstand von 4 Stunden. Wird auch diese einwandfrei bewältigt, kommt die 5 Stunden alte Fährte f dran. Andernfalls verfahren wir ähnlich wie im Falle, wenn der Hund die Fährte d nicht zufriedenstellend ausgearbeitet hatte.

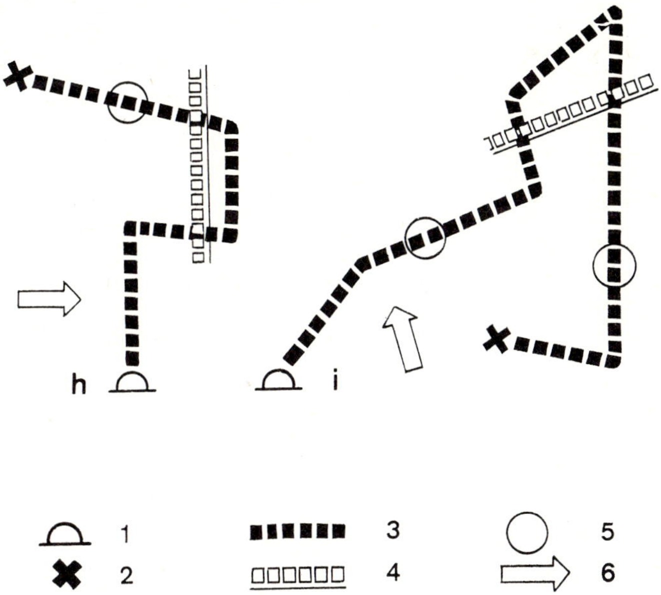

Schematische Darstellung von künstlichen Schweißfährten verschiedener Längen und Schwierigkeitsgrade

1. Anschuß
2. am Ende der Schweißfährte abgelegtes Wild
3. künstliche Schweißfährte (getupft oder getropft)
4. Verleitungsfährten bzw. Verleitungsschleppen
5. Wundbett
6. Windrichtung

So wird unser Hund auf immer älteren Schweißfährten eingearbeitet, und das so lange, bis er jedwede Art dieser Grundfährten bis zu einem Alter von 26 Stunden einwandfrei zu arbeiten versteht.

Für die Einübung von Schweißfährten für Zwecke der Prüfung sind die Vorschriften der Prüfungsordnung maßgebend. Wer sich mit seinem Hund an einer solchen Prüfung beteiligen will, muß sich die einschlägigen Vorschriften rechtzeitig besorgen und nach diesen üben*). Soweit es sich um künstliche Fährten handelt, bei denen man Rinder-, Schweine- oder Schafblut verwendet hat, darf

*) Auskunft über die Prüfungsbedingungen erteilen die jeweiligen Zuchtvereine, sofern sie für ihre Rasse besondere Schweißprüfungen durchführen. Als allgemeines Vorbild kann die Prüfungsordnung für Verbands-Schweißprüfungen (VSwP) des Deutschen Jagdgebrauchshundverbandes gelten, deren wesentliche Vorschriften im Anhang dieses Buches abgedruckt sind.

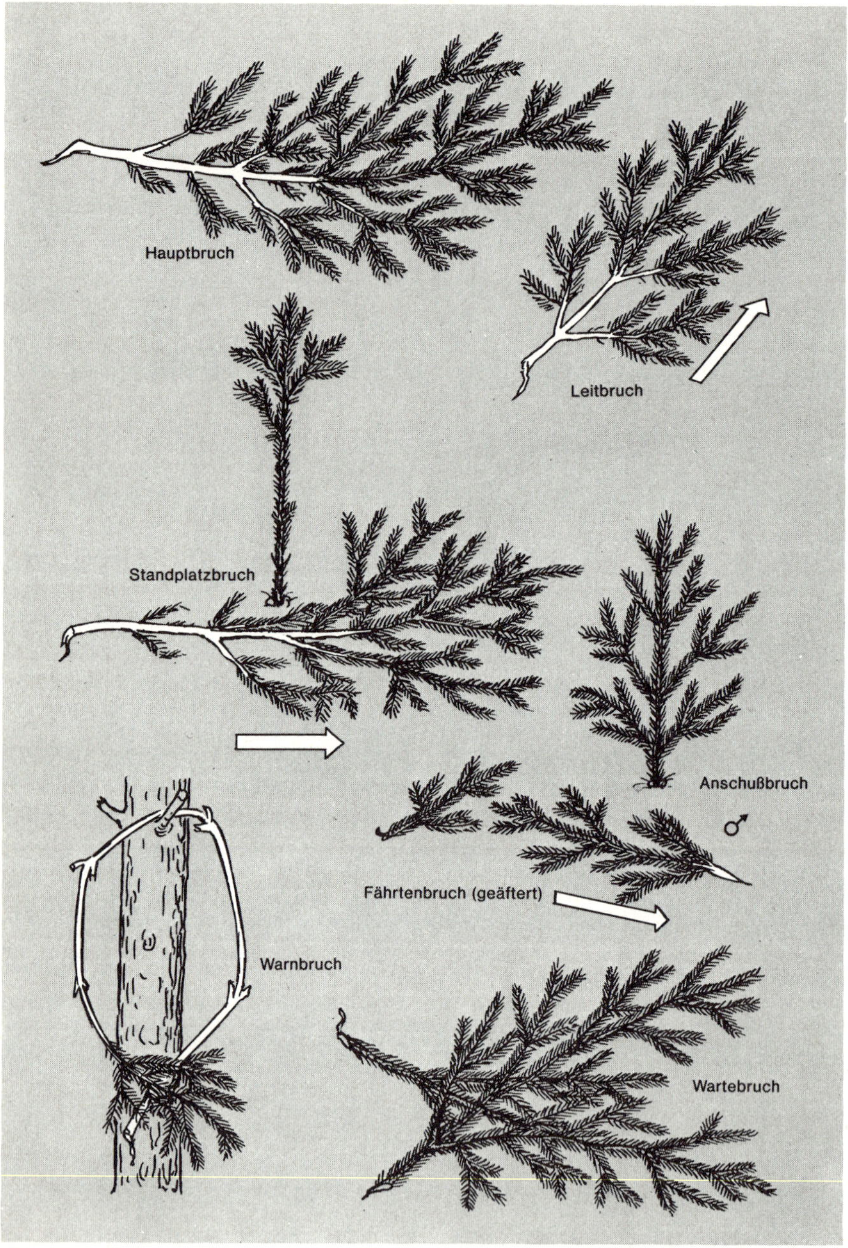

Die gebräuchlichen Bruchzeichen, die für eine Nachsuche wichtig sein können man nicht erwarten, daß es uns damit gelingt, einen fährtenreinen Schweißhund zu erziehen. Das gleiche gilt für den Fall, daß wir zum Legen der Fährte konservierten Schweiß von Schalenwild verwenden, ans Ende aber eine Attrappe oder die Decke eines anderen Stückes legen. In diesem Falle lehren wir den Hund bestenfalls die Artwittrung zu halten; in beiden Fällen wird unser Hund irritiert. Dies können wir vermeiden, wenn wir zum Legen von Übungsfährten wie für Anlage von Prüfungsfährten ausschließlich den Schweiß frisch geschossener Stücke verwenden, wobei darauf zu achten ist, daß eben dieses Stück am Ende der Fährte abgelegt sein muß (oder die Decke oder ein anderer Teil dieses Wildes).

Verwenden wir als Ersatz Rinderblut, Schafblut o. dgl., wird am Ende der Fährte *nichts* abgelegt. In diesem Falle beenden wir die Schweißarbeit einige Meter vor dem Ende der Fährte mit Loben und Abliebeln und tragen den Hund ab. Seinen Zweck, nämlich die Nase des Hundes zu schulen, hat dieses Rinderblut erfüllt, mit dem die Schweißfährte gelegt wurde. Soweit es bei Verleitungsfährten verwandt wurde, hat es dem Hund beigebracht, ihren verlockenden Duft nicht zu beachten.

Es ist doch klar, daß wir unserem Jagdhund nicht »einreden« können, der Blutgeruch von Haustieren wäre identisch mit jenem der Decke, Attrappe oder dergleichen am Ende der Fährte, wenn ihm seine Nase sagt, daß dies völlig andere Düfte sind. Es hilft nicht einmal dann, wenn wir eine Attrappe mit dem zum Legen der Fährte benützten Blut beschmieren. Aus diesem Grunde ist es bedenklich, den Schweiß eines bestimmten Stückes auf der Fährte zu verwenden und am Ende ein anderes Stück, wenngleich derselben Art, zu hinterlegen!

Unter dem Schalenwild ist bei uns das Rehwild am zahlreichsten vertreten. Zumindest in der Schußzeit dieser Wildart dürfte bei uns an Schweiß kein Mangel sein. Sollte es nicht möglich sein, daß jedes Mitglied eines Jagdvereins oder Hegeringes beim Aufbrechen eines Rehes sofort den Schweiß sammelt und jenen Jägern zur Verfügung stellt, die ihre Hunde auf Schweiß abführen? Das gleiche gilt für die Decke des erlegten Stückes, aus der sich Hundeführer durch Ausstopfen Attrappen fertigen oder sie so benützen wie sie sind, vorausgesetzt, daß der beim Legen verwandte Schweiß dem gleichen Stück entstammt, von dem die Decke übergeben wurde. Es ist vorteilhaft, bereits 2–3 Tage vorher bei einem Revierbegang für Kunstfährten geeignete Örtlichkeiten zu ermitteln. Das Gelände wird dabei so begangen, wie die Fährte verlaufen soll, wobei wir unsere eigene Spur markieren – somit die Spur des Fährtenlegers im ganzen Verlauf nebst »Anschuß«, Haken und »Wundbetten«. »Wundbett« und Haken markieren wir besonders gut durch Papierschnitzel, Stecken, Steine u. ä. Beim Legen der Schweißfährte gehen wir dann dieser vorbereiteten Bahn nach und widmen unsere ganze Aufmerksamkeit der Schweißfährte, ohne daß wir dabei durch Markierung des eigenen Weges aufgehalten wären.

Den Anfang der Fährte bildet der *»Anschuß«*. Den »Anschuß« sollen wir nicht übermäßig anlegen. Nur bei den ersten zwei, drei Schweißfährten können wir ihn etwas kräftiger markieren, um das Interesse des Hundes zu wecken. Ansonsten genügen ein paar Tropfen Schweiß.
Sobald ein Hund seine Fährte zufriedenstellend ausgearbeitet hat, erhöhen wir die Wartezeit bei jeder weiteren Fährte immer um eine Stunde, bis zum Alter von 24 Stunden und mehr. Eine weitere, schwierige Fährte wird erst dann angegangen, wenn unser Hund die vorhergehende gut ausgearbeitet hat.
Die Schweißmarkierung der Fährte soll so vorgenommen werden, daß der Hund gezwungen wird, mit *tiefer Nase* zu arbeiten. Hebt er bei dieser Arbeit seine Nase, arbeitet er also mit hohem Wind – und das machen mit Vorliebe feinnasige Vorstehhunde –, so ist das ein Zeichen dafür, daß auf der Fährte zu viel Schweiß liegt bzw. die Stehzeit der Fährte zu gering ist.
Überhaupt – geht der Hund *schnell* der Fährte nach, so ist dies ein Zeichen dafür, daß die Aufgabe für ihn *zu leicht* ist. Wer das nicht beachtet, verdirbt seinen Hund. Deshalb empfiehlt es sich, etwa folgendermaßen vorzugehen:
Die ersten Schweißfährten legen wir etwas stärker, um des Hundes Interesse zu wecken und ihm die Arbeit zu erleichtern. Auf der ersten Strecke von 20–30 Schritt vom »Anschuß« an hinterlassen wir jeweils nach ein bis zwei Schritten Schweiß, später jeweils nach zwei bis drei Schritten. Im weiteren Verlauf des Übens tupfen wir bereits vom »Anschuß« an Schweiß nur jeweils nach zwei bis drei Schritten.
Hat es der Hund gelernt, auf derart spärlichen Kunstfährten gut zu arbeiten, unterbrechen wir bei jeder weiteren Fährte die Markierung mit Schweiß unterschiedlich weit vom Anschuß entfernt über eine Strecke von stufenweise 10 bis 20 Meter. Auf diese Weise soll es der Hund lernen, durch Kreisen die Fortsetzung einer Fährte zu finden, was er in der Praxis sehr brauchen wird.
Bei längeren Schweißfährten hinterlassen wir an einer oder zwei Stellen, die voneinander wenigstens 100 Schritt entfernt sein müssen (wobei die erste vom Anschuß mindestens 150 Schritt Abstand haben soll), etwas mehr Schweiß, als hätte hier ein krankes Stück verhofft oder sich niedergetan (»Wundbett«). Besonders an diesen Stellen – wir müssen sie besonders markieren – bringen wir unserem Hund bei, daß er von sich aus den Schweiß verweist.
Die Länge der Schweißfährte vergrößern wir stufenweise. Die erste mag 100, die zweite 150, die dritte 200 und jede spätere immer um 100 bis 150 Schritte länger sein. Von Mal zu Mal ändern wir auch ihren Verlauf. Die erste Fährte pflegt geradlinig zu sein, alle späteren mit Biegungen und Haken, welche anfangs mehr oder minder stumpf bis rechtwinklig sind, später zunehmend spitzer mit immer kleinerem Winkel. Haken legen wir in verschiedenen Entfernungen vom Anschuß ein. Auch die Abstände von Haken zu Haken müssen verschieden sein. Die Gesamtzahl der Haken einer Schweißfährte richtet sich nach deren Gesamtlänge, und zwar so, daß auf je einen Haken durchschnittlich ein Abschnitt von

50—100 Schritt entfällt. Anfangs bemühen wir uns, die Fährte so zu legen, daß unser Hund mit dem Wind arbeiten muß. Später muß er einfach so arbeiten, wie dies das Gelände und die eingelegten Haken erfordern.
Auf einer Strecke von insgesamt 500 Schritt benötigen wir anfangs einen achtel Liter Schweiß. Allmählich verringern wir die Menge, bis der Hund imstande ist, eine Fährte von 500 Schritt mit nur einem sechzehntel Liter, von 1000 Schritt mit einem achtel Liter und von 2000 Schritt mit einem viertel Liter zuverlässig zu arbeiten.

Wie legt man eine Schweißfährte an?

Die Markierung erfolgt durch Spritzen oder Abtropfen oder aber durch Tupfen des Schweißes auf den Boden.
Beim *Tropfen* kann man so vorgehen: Man füllt den Schweiß in eine Halbliterflasche mit dünnem Hals, in den man Zweiglein von Nadelholz steckt. Beim Kippen der Flasche sollen 2—3 Tropfen Schweiß herausspritzen oder abtropfen, demgemäß stopfen wir mehr oder weniger Zweige in den Flaschenhals.
Besser ist folgende Methode: Eine Halbliterflasche mit schmalem Hals füllen wir mit Schweiß und verschließen sie mit einem Korken. Am »Anschuß« schneiden wir längs des Korkens eine kleine Kerbe. Die Kerbe darf nur so groß sein, daß beim Neigen nur 2—3 Tropfen Schweiß herausspritzen oder abtropfen. Diese 2—3 Tropfen genügen in beiden Fällen, soweit man normal, d. h. jeweils nach zwei Schritten, markieren will.
Bei Anlage einer Schweißfährte mittels *Tupfen* hat man den Schweiß entweder in einer Blechdose oder weithalsigen Flasche (Marmeladeglas o. ä.). An einem Stecken, einer starken Weiden- oder Haselrute, etwa 2 Meter lang, befestigen wir am stärkeren Ende mit Bindfaden oder Blumendraht ein Schwämmchen, etwa 2×2×3 cm groß. Diesen Stab nennen wir den »Tupfer«. Nach Eintauchen des Tupfers in das Gefäß mit Schweiß, drücken wir ihn leicht am Rand des Gefäßes aus. Bei normalem Schrittempo wird nun der Boden alle zwei Schritt mit dem ausgestreckten Tupfer berührt. Nach dem Anfeuchten des Schwämmchens berühren wir damit den Boden nur ganz leicht, damit nicht zu viel Schweiß auf die Erde gelangt; nach etwa 15—20 Tupfen ist der aufgesaugte Schweiß verbraucht.
Eine Schweißfährte durch Tropfen zu legen ist einfacher und darum scheinbar vorteilhafter. Diese Methode hat allerdings zwei grundsätzliche Nachteile: Zum ersten, wenn die Fährte durch dichten Bodenbewuchs führt (durch hohes Gras, Brennessel u. ä. Gestrüpp), bleiben Schweißtropfen häufig verhältnismäßig hoch an den Pflanzen haften, zum andern fällt die Spur des Fährtenlegers mit der Schweißfährte praktisch zusammen und wird dadurch für den Hund zum unerwünschten »Wegweiser«, zumindest auf Fährten, die weniger als 20—24 Stunden lang stehen.

Die Schädlichkeit dieser Tatsache haben wir bereits bei der Schleppenarbeit kennengelernt. (Ein weiterer Nachteil der Tropfmethode ist, daß der verwendete Schweiß dünnflüssig sein muß, damit die Tropfdüse nicht verstopft wird. Der Schweiß muß also entsprechend behandelt und durchgesiebt werden. Ins Tupfgefäß dagegen kann man den Schweiß einfüllen, wie er gerade anfällt, samt Blutgerinnsel, Lungen- oder Leberteilen usw., was das Verfahren in der Praxis sehr vereinfacht.)

Aus diesen Gründen ist dem *Tupfen* einer Schweißfährte der Vorzug zu geben. Dabei wird der Hund bei der Arbeit auf der künstlichen Schweißfährte ausschließlich vom Duft des Schweißes geleitet, wie in der jagdlichen Praxis ausschließlich von der Eigenwittrung des kranken Wildes und seines Schweißes. Das wiegt die unerhebliche Mehrarbeit und Unbequemlichkeit, welche mit dem Tragen des Gefäßes und dem Tupfen verbunden ist, bei weitem auf. Auf keinen Fall sind die Schwierigkeiten dergestalt, daß sie es dem Abrichter unmöglich machen würden, Schweißfährten selbst zu legen.

Beim Legen einer gespritzten bzw. getropften Fährte dagegen empfiehlt es sich, damit die vertraute Spur nicht zum Leitduft für den Hund wird, die Gehilfen, die Fährtenleger, immer wieder zu wechseln.

Nach unserer Auffassung sollte jedoch gerade der Abrichter *selbst* die Fährten legen, und das aus folgenden Gründen: Er kennt genau den Verlauf der Fährte, und das auch dort, wo sie nicht gekennzeichnet ist. Wenn vor ihm der Hund am Riemen arbeitet, sieht er selbst, wie sich der Hund verhält. *Das Verhalten seines Hundes zu kennen, wenn er z. B. keinen Rat mehr weiß, wenn er zu faseln beginnt und dergleichen, ist aber für die Arbeit auf der Schweißfährte sehr wichtig.* Der Abrichter kann bereits auf der künstlichen Schweißfährte in geeigneter Weise eingreifen und durch angemessene Korrekturen seinen Hund vor Fehlern in der Praxis bewahren.

Eben aus diesem Grunde haben wir unseren Hund bei seiner Arbeit auf der Schweißfährte ständig aufmerksam zu beobachten. Dabei wird die Spur des Abrichters auf einer Fährte, die er durch Tupfen gelegt hat, nie zum Wegweiser. Im Gegenteil, trifft der Hund auf die Spur seines Herrn, wird dieser ihn rügen und auffordern, dem Schweiß zu folgen und nicht der Spur seines Abrichters. Dadurch wird beim Hund das Unterscheidungsvermögen, das Erkennen der Wittrung, auf die er angelegt worden ist, gefestigt.

Bevor wir eine Schweißfährte anlegen, ist es von Vorteil, zunächst einen dafür geeigneten Platz zu wählen. Die ersten derartigen Fährten legen wir im Wald, und zwar dort, wo am wenigsten Wild vorkommt, und möglichst dort, wo sich die Wittrung verhältnismäßig lange hält: durch raumes Stangenholz, über Waldboden, der mit Gras oder Moos bewachsen ist, über Kahlflächen mit Grasbewuchs, durch vergraste, niedrige Kulturen. Später legen wir die Schweißfährte auch durch Althölzer ohne Grasbewuchs, mit blankem Nadelboden, über kahle, ausgedörrte Böden, über Gestein, Sand usw. In der letzten Ausbildungsphase

suchen wir die Teile des Waldes mit höchstem Wildvorkommen auf und Plätze, wo Wild häufig zur Äsung austritt, wie Waldwiesen, Wildäcker, also Flächen, auf denen viele frische Verleitfährten verschiedener Wildarten stehen.
Schalenwild hält sich nicht nur im Walde auf, sondern auch auf Feldern, wo es zur Äsung austritt. Es kann vorkommen, daß Schalenwild, auf das wir im Walde geschossen hatten, in die Feldflur auswechselt. Darum legen wir die Schweißfährten auch so, daß der »Anschuß« im Walde liegt, die Fährte aber in unterschiedlicher Entfernung auf einem Feld oder einer Wiese endet. Dies kann allerdings auch umgekehrt gehen, und darum beginnen wir manche Fährte mit einem »Anschuß« außerhalb des Waldes und beenden sie im Wald oder abermals im Feld.

Verleitungen und Störungen

Wir müssen unserem Hund bereits auf der künstlichen Schweißfährte – ebenso wie bei Abrichtung auf der Schleppe – beibringen, daß er sich bei Begegnung mit fremden Gerüchen oder anderen Störungen nicht ablenken läßt.
Fremde Gerüche sind einmal natürliche Spuren von Tieren und Menschen, welche die Fährte kreuzen, zum andern die Wittrung von Schleppenwild, das wir gezielt über die gelegte Schweißfährte ziehen. Je frischer solche Düfte sind, um so interessanter sind sie für den Hund und um so größer ist ihr Einfluß auf sein Verhalten. Schweißfährten werden durch Wildspuren in der Hauptsache dann gekreuzt, wenn wir sie im wildreichsten Teil unseres Jagdrevieres anlegen und der Hund sie erst nach längerer Zeit ausarbeitet. Wenn er eine solche Fährte erst am nächsten Tag ausarbeitet, kreuzen sie verhältnismäßig viele und verschieden alte Verleitfährten und -spuren.
Dies können wir künstlich noch dadurch verstärken, indem wir erlegtes Niederwild an einem Bindfaden hinter uns herziehen. Wir verwenden für diesen Zweck jede Art erreichbaren Kleinwildes, wie auch Eichelhäher oder Eichhörnchen. Dabei genügt es, diese Tiere etwa 30 Schritt vor und ebensoweit nach der Kreuzung mit der Schweißfährte zu schleppen. Diese Art von Ablenkungsversuchen haben den Vorteil, daß wir genau wissen, wo die Fährte durch eine Verleitung gekreuzt wurde. Den Kreuzungspunkt markieren wir genau, und bereits bei der Annäherung an diesen beobachten wir unseren Hund, ob, wann und wie er auf die Verleitung reagiert.
Wenn eine Menschenspur die Schweißfährte überquert oder die frische Spur eines Wildes oder eine Schleppe, darf sie der Hund 10–15 Schritt verfolgen, muß dann aber von selbst zurückkehren und mit der Arbeit auf der Schweißfährte fortfahren. Verhält er sich so, müssen wir den Hund dafür sehr beloben. Im umgekehrten Falle bringen wir unter Tadeln und Abziehen von der Verleitung den Hund dazu, die Schweißfährte wieder anzunehmen. Sobald er diese wieder auf-

nimmt, ist er dafür zu beloben. Auf diese Weise bringen wir unseren Hund dazu, daß er Verleitungen lediglich markiert. Für solches Verhalten ist er immer zu loben, sei es auf der Schweißfährte, sei es bei der Verlorensuche.
Kreuzungsstellen mit geschlepptem Wild, wie überhaupt die Richtung der Schweißfährte, die Haken und Wundbetten müssen gekennzeichnet sein. Wir benützen dazu Papierschnitzel, die wir mit Reißzwecken etwa in Kopfhöhe an Bäume anheften, ferner abgebrochene oder geknickte Zweige, Stecken, die wir auf den Boden legen oder in den Boden stecken, auch Steine kann man verwenden und anderes mehr, was sich eben an Ort und Stelle anbietet. Dabei ist zu beachten, daß wir alle Markierungen in der eigenen Spur – nicht über der Schweißfährte – zu setzen haben, so daß wir sie beim Tupfen einer Schweißfährte auch am Boden anbringen oder ablegen können, denn unser Hund arbeitet ja auf einer eigenen Bahn, die ungefähr 2,5 Meter von unserer Spur entfernt ist. Dies muß man als einen weiteren Vorteil des Tupfens von Schweißfährten bewerten.
Die Arbeit unseres Hundes wird durch verschiedene ungünstige Einflüsse gestört. Vor allem sind es zunächst einmal Menschen, die plötzlich im Gesichtsfeld unseres Hundes auftauchen. Er vernimmt menschliche Stimmen, Rufen, Pfeifen, Schüsse usw. Hunde reagieren auf solche Störungen unterschiedlich. Es ist darum notwendig, daß wir in der Endphase der Abrichtung Störsituationen absichtlich herstellen. Durch Zureden, Beschwichtigen erreichen wir eine Beschränkung der Reaktion des Hundes auf das geringstmögliche Maß und die geringstmögliche Zeit. Auch in Fällen intensiver Störung hat unser Hund gelassen und allgemein ohne Verzug seine Fährte weiter zu verfolgen.

Schweißarbeit und Ermüdung

Das Verfolgen einer Spur, sei es als Übung oder in der Praxis, stellt an das Nervensystem des Hundes derartige Anforderungen, daß, je nach seiner nervlichen Leistungsfähigkeit, nach Alter, Gesundheitszustand, nach der Umgebung, in welcher er arbeiten soll usw., früher oder später Ermüdungserscheinungen auftreten. Diese äußern sich durch Unaufmerksamkeit, Widerspenstigkeit, Ungehorsam und fehlerhafte Leistungen.
Bei der Schweißarbeit muß unser Hund des öfteren lange, auch ganz alte, kalte Fährten arbeiten, z. B. die eines kranken Stückes, das gar nicht mehr schweißt. Solchen Umständen muß auch seine Abrichtung weitestgehend angepaßt sein. Die Ansprüche an die Leistung unseres Hundes können wir allerdings nur allmählich steigern. Dabei sollen wir seinem Gesundheitszustand, seiner Ernährung, ganz besonders aber den Schwierigkeiten der Aufgabe unsere besondere Aufmerksamkeit zuwenden. Aus diesem Grunde dürfen wir nicht einige Tage hintereinander Schweißarbeit üben, sondern nur mit Unterbrechung, am besten von zwei Tagen.

An einem Tage kann ein großer Jagdhund im Höchstfalle drei Schweißfährten ausarbeiten, ein kleiner Hund zwei; in beiden Fällen aber nur mit einer 2–3-stündigen Pause. Wenn unser Hund Schweißfährten über 500 Meter auszuarbeiten pflegt, dann sollte immer wieder mal eine, am besten die letzte, kürzer und leichter sein. Beobachten wir bei der Arbeit auf einer langen Fährte an ihm Ermüdungserscheinungen, so ist für diesen Tag die Schweißarbeit zu beenden.

Ermüdung tritt beim Hund um so eher und stärker ein, je schwieriger die Arbeit ist. Hinsichtlich der Schwierigkeit gelten folgende Grundsätze:

Schweißarbeit ist am leichtesten bei feuchtem oder kaltem Wetter, auf feuchtem Boden, bei leichtem Regen oder dünner Schneedecke. Fährten, welche bei solchem Wetter am Abend gelegt wurden, arbeitet der Hund am nächsten Morgen verhältnismäßig leicht.

Schwierig wird die Arbeit für den Hund bei Trockenheit, in steinigem Gelände, auf trockener Nadelstreu, über aufgeweichtem Sturzacker, auf Sumpf und Sand. Ferner wird die Arbeit des Hundes durch Wind, blühenden Bodenbewuchs und frische Ackerfurchen erschwert. Anhaltender Regen verringert die Wittrung, auch ein zwar kurzer, aber jäher Platzregen kann sie stellenweise verwischen.

Dem Hund verringert sich die Fähigkeit zu wittern, wenn ihm Wasser in die Nase kommt, welches am Bodenbewuchs haftet, was bei der Arbeit im Tau, bei oder nach Regen unvermeidlich ist.

Am schwersten hat es der Hund bei heißer Witterung, auf trockenem Boden oder bei strengem Frost. Bei hoher Schneelage führen wir unseren Hund nicht auf Schweiß, nur in seltenen Ausnahmefällen, damit er sich nicht daran gewöhnt, mit den Augen anstatt mit der Nase zu suchen.

Nach erfolgreicher Arbeit beloben wir unseren Hund, liebeln ihn ab, immer soll er auch als Belohnung einen Leckerbissen bekommen. Erhält der Hund sein Futter einmal am Tage, so sollte dies während der Ausbildungszeit auf der Schweißfährte auf jeden Fall erst am Abend sein. Erhält er üblicherweise zweimal täglich sein Fressen, ist es von Vorteil, für die Zeit der Abrichtung auf nur eine, die abendliche Fütterung überzugehen.

Jede Schweißarbeit, sei es auf der künstlichen Fährte oder auf der natürlichen, bei der Suche nach einem angeschweißten Stück Schalenwild, soll für den Hund angenehm sein. Niemals soll es zu Strafen kommen, geschweige denn zu Mißverständnissen zwischen dem Hund und seinem Herrn. Nie sollen wir einen Junghund so ermüden, daß er infolge dieser Erschöpfung unaufmerksam, widerspenstig oder ungehorsam wird oder Fehler macht.

Das allerdings bedeutet nicht etwa, daß wir, um solcher Ermüdung vorzubeugen, unseren Hund nur unter den günstigsten Bedingungen arbeiten lassen. Ich habe bereits betont, daß die Vorschulung des Hundes für die Schweißarbeit den praktischen Verhältnissen angepaßt sein soll. Darum üben wir auf der Schweißfährte zu jeder beliebigen Tageszeit und unter Voraussetzungen, welche der Hund auch in der jagdlichen Praxis antrifft.

Verlorensuche von Niederwild

Verlorensuche von Rebhühnern

Der Schrotschuß verursacht, bei guter Deckung der Garbe und auf waidmännische Entfernung abgegeben, eine sofortige tödliche Lähmung des Wildes. Aber auch der beste Schütze hat mitunter weniger gute Treffer, welche das Wild nur verwunden und hernach mehr oder minder beschwerliche Nachsuchen erfordern. Da aber Verletzungen durch Schrote wenig oder gar keinen Schweiß hinterlassen, ist eine Gemeinschaftsarbeit Jäger–Hund bei der Nachsuche viel weniger möglich als bei der Schweißarbeit auf Schalenwild, und der Erfolg einer Verlorensuche hängt hauptsächlich vom Hund ab.
Nach einem Schrottreffer hinterläßt das Rebhuhn bestenfalls ein paar Tropfen Schweiß. Die Stärke der Wittrung ist einmal abhängig von der Größe des Wildkörpers, der die Wittrung abgibt, zum andern von der Zeit, die sich dieser Körper an einem bestimmten Ort aufhält. Beim Rebhuhn ist die Intensität der Wittrung ganz gering. Die dichte Deckung, in die es nach dem Schuß fällt, einfällt oder läuft, verhindert ein schnelles Verbreiten seiner Wittrung. Die Anforderungen, die bei der Suche nach erlegten oder kranken Rebhühnern an den Hund gestellt werden, sind deshalb groß, und darum ist auch die Verlorensuche nach Rebhühnern die geeignetste Vorbereitung unseres Hundes für das Finden jeder anderen Niederwildart.
Soll ein Junghund ein guter Verlorenbringer werden, muß er vor allem eine gute Nase haben und muß jedes Niederwild, sei es Haar oder Federwild, kalt oder warm, verläßlich zu apportieren gelernt haben. Er muß auch ruhig sein, insbesondere vor dem Wild und nach dem Schuß. Überdies sind Flinkheit und Schärfe erforderlich. Einer Spur, auf die er angesetzt wird, muß er gelassen folgen und sie zuverlässig und ausdauernd halten. Der Hund muß gehorsam sein und soll sich abrufen lassen. Wenn er aber auf die Spur kranken Wildes kommt, darf er sich nicht abrufen lassen, sondern muß sie so lange verfolgen, bis er das Wild entweder verendet findet oder noch lebend greift.
Für diese Arbeit sind neben den Vorstehhunden gerade auch Stöberhunde geeignet, also der Deutsche Wachtelhund, Cocker- und Springerspaniel sowie der Terrier. Erst recht natürlich die eigentlichen Apportierhunde (Retriever), die aber bei uns weniger gebräuchlich sind.

Wenn auch kleinere Hunde nicht imstande sind, einen schweren Feldhasen zu apportieren, so können sie doch ein Rebhuhn oder einen Fasan tragen und sich als Totverweiser nützlich machen. Das gilt sogar für unseren kleinsten Jagdgehilfen, den Dachshund.

Als Grundlage für fachkundige Abrichtung im Nachsuchen gilt die Arbeit auf der Spur gesunden Wildes. Schleppen sind nur Ersatz für natürliche Wundspuren. Die Grundlage ist und bleibt das Suchen auf der Spur gesunden Wildes am langen Riemen. Ein Hund, der auf der Spur gesunden Wildes eingearbeitet wurde, verfolgt die Spur kranken Wildes um so ausdauernder und zielstrebiger, je intensiver die Krankwittrung ist.

Den Junghund üben wir auf der Spur gesunden Wildes am langen Riemen, und das auch dann, wenn er zur selben Zeit schon als Suchhund verwendet wird. Die Arbeit am langen Riemen auf der Spur gesunden Wildes beschleunigt die Einarbeitung des Hundes auf der Wundspur. Das gilt auch für das Geläuf von Federwild. Hat ein Junghund z. B. beim Stöbern einen Hasen oder Fasan hochgemacht, üben wir mit ihm, eine Hasenspur oder ein Fasanengeläuf am langen Riemen zu halten. Dies muß nicht am gleichen Tag sein; einfach dann, wenn es uns paßt. Wichtig dabei ist nur, daß es geschieht, *bevor* er wieder zur freien Suche auf einer Wundspur der gleichen Wildart eingesetzt wird. Auf diese Weise können wir auch die Leistung eines älteren Hundes vervollkommnen.

Wie bereits betont, ist die Nachsuche nach Rebhühnern keineswegs leicht. Dies wird auch durch die Tatsache bestätigt, daß in der Regel nur ein ordentlich abgeführter und gut geführter, erfahrener Hund ein leicht geflügeltes Huhn zu finden vermag, aber auch nur dann, wenn er häufig zur Nachsuche kranker Rebhühner eingesetzt wurde.

Bereits daraus ergibt sich, daß der Hund für seine Aufgabe gut vorbereitet sein muß und daß die Vorbereitung zur Verlorensuche selbst höchst sorgfältig zu erfolgen hat. Aus diesem Grunde führen wir den Hund anfangs am langen Riemen. Dabei bemühen wir uns, dem Hund Rebhühner »anzubieten«, die im Feuer in unserer Nähe gefallen und verendet sind. Erst später setzen wir ihn auf Hühner an, die nach dem Schuß mehr oder weniger weit zu streichen vermochten und dann erst verendeten. Schließlich, wenn unser Hund diese Art von Verlorensuchen gut beherrscht, beginnen wir mit der Nachsuche geflügelter Rebhühner. Auch dabei soll der Junghund zunächst Hühner suchen, die schwer geflügelt sind, und erst zum Schluß solche mit geringfügiger Schwingenverletzung.

Zur Einarbeitung des jungen Hundes wäre es am vorteilhaftesten, wenn wir mit ihm allein Rebhühner jagen gingen. Sind andere Jäger beteiligt, sollten sie Verständnis für die Einarbeitung eines Hundes haben. Denn unser Hund sucht und findet ja schließlich auch für sie die Hühner, und man muß eben so lange warten, bis der Hund das erlegte oder kranke Huhn gefunden hat. Schließlich liegt es im Interesse aller Jäger, daß wir ordentlich abgeführte Verlorenbringer zur Verfügung haben.

Erst wenn sich unser Hund einmal an das Treiben einer Gesellschaftsjagd gewöhnt und im Nachsuchen und Finden von Hühnern gut eingearbeitet ist, sollte er auch zum Suchen und Vorstehen verwendet werden. *Die sorgfältige Arbeit nach dem Schuß muß jedenfalls stets Vorrang haben und darf nicht durch das Streben nach mehr Beute und größerer Annehmlichkeit auf der Jagd beeinträchtigt werden.*

Der Fasan hat für den Hund eine größere Anziehungskraft als die Wittrung des Rebhuhns. So könnte es geschehen, daß sein Interesse an Rebhühnern erlischt und bei häufiger Jagd auf den Fasan die Feinheit seiner Nase in Mitleidenschaft gezogen würde. Kurz und gut – wenn wir am Rebhuhn arbeiten, dann wird auch *nur* aufs Rebhuhn geschossen! Zugleich auch auf den Fasan zu schießen, wäre ein grober Erziehungsfehler. Schließlich schießen wir auch nicht gleichzeitig auf den Feldhasen, denn vor dem Hasen würde der Junghund seine Ruhe verlieren.

Wenn es uns schon nicht möglich ist, bei freier Verlorensuche unseren Hund irgendwie zu unterstützen, müssen wir ihm wenigstens Einflüsse fernhalten, die seine Nachsuche zu stören vermögen.

Die Nachsuche stellt an das Nervensystem des Hundes so harte Anforderungen, daß sich bei ihm früher oder später Ermüdungserscheinungen einstellen. Leistungen, die mit körperlicher und geistiger Anstrengung verbunden sind, wie z. B. die Nachsuche, ermüden den Hund um so eher und um so mehr, je schlechter er ernährt ist, je weniger er für diese Art Arbeit trainiert ist, je länger er bereits arbeitet, je beschwerlicher die Arbeit ist u.a.m.

Solche Ermüdungszustände äußern sich durch Unachtsamkeit, Desinteresse, Widerspenstigkeit, Ungehorsam und fehlerhafte Leistungen. Üblicherweise kommt es bei wärmerem oder sehr heißem Wetter zur Verlorensuche nach Rebhühner. Unser Hund ermüdet demnach früher als sonst. Das haben wir zu bedenken und müssen ihm rechtzeitig Ruhepausen gönnen. Außerdem soll er öfter Gelegenheit haben zu trinken. Wissen wir, daß mit Wasserstellen nicht zu rechnen sein wird, haben wir für unseren Hund Trinkwasser dabei.

Da das Wittrungsvermögen des Hundes durch Eindringen von Wasser in die Nase leidet oder auch ganz ausgeschaltet wird (z. B. bei Tau), beginnen wir mit dem Jagen auf Rebhühner erst nach Abtrocknen des Frühtaues. Bei Regen oder nach Regen wird im Feld einfach nicht gejagt.

Bei der Rebhühnerjagd verlangen wir vom Junghund, daß er nur für uns und ausschließlich auf unseren Befehl arbeitet. Nach dem Schuß muß er ohne besonderen Befehl automatisch in die »Downlage« gehen. Diese Reaktion muß dem Hund in Fleisch und Blut übergehen. Dieses Verhalten lockert sich bei einem älteren Hund, mit dem wir oft auf Rebhühner jagen, gewöhnlich etwas, zumal dann, wenn wir dem nicht entgegenwirken. Wir lassen dies ganz bewußt zu, denn es hat seinen Vorteil. Wenn nämlich der Hund die Möglichkeit hat, sofort nach dem Schuß von sich aus nach einem tödlich getroffenen oder krankgeschossenen Huhn

Erfolgreicher Abschluß der Verlorensuche auf ein Rebhuhn

zu springen, bringt er so mit Sicherheit Hühner zur Strecke, die er später vielleicht nicht mehr finden würde. Stürzt das Huhn zu Boden, ist der Hund schon da, und ehe es sich besinnt, hat er es bereits im Fang oder ist ihm auf dem Geläuf. *Einem Junghund aber dürfen wir diese Art sofortigen Bringens unter keinen Umständen gestatten – es würde ihn rasch völlig zur Schußhitzigkeit verderben!* Wenn die Kette aufsteht oder beim Abstreichen einzelner Hühner verfolgt ein älterer, erfahrener Hund diese mit dem Blick. Er schaut ihnen nach, und im Augenblick wo eines fällt oder zu Boden flattert, stürmt er selbständig zur Nachsuche los. *Entwickelt sich daraus die Gefahr der Schußhitzigkeit, muß dem auch beim älteren Hund mit schulmäßigen Gehorsamsübungen entgegengewirkt werden.*

Rebhühner sucht ausschließlich der Hund. Niemals suchen wir sie selbst und lassen auch nicht zu, daß sie ein anderer Schütze oder Treiber sucht. Durch das Herumtrampeln im Gelände erschweren wir dem Hund lediglich die Nachsuche und machen es ihm unter Umständen unmöglich, das Huhn zu finden. Einem Rebhuhn, das wir davonlaufen sehen, rennen wir nicht selbst nach und gestatten auch nicht, daß dies ein anderer tut. Wir rufen auch nicht unseren Hund mit aufgeregter Stimme, um ihn auf das laufende Huhn aufmerksam zu machen.

Damit helfen wir weder uns noch dem Hund; denn dieser, zumal wenn er das kranke Huhn flattern hört, beginnt hochzuspringen. Erblickt er dabei das Huhn, ist alles verdorben. Wir bekommen zwar das Rebhuhn, aber anstatt mit der Nase, beginnt unser Hund nun kranke Hühner mit den Augen zu suchen, wobei er in hohem Bodenwuchs hochzuspringen pflegt. Einem Hund diese Untugend wieder auszutreiben, ist nicht einfach. Auf jeden Fall erfordert es mehr Arbeit, als wenn wir dem Hund von Anfang an verbieten, sobald er ein Huhn flattern hört, automatisch emporzuspringen.
Statt zu rufen und zu zeigen, wo der Hund das flüchtende Rebhuhn suchen soll, bewahren wir gelassen Ruhe. Hat der Hund das Rebhuhn nicht mit uns zugleich erblickt, kommt er mit Sicherheit später auf sein Geläuf, arbeitet es aus und bringt das Huhn.

Schußzeichen beim Rebhuhn

Auf den Schuß ist das Rebhuhn verhältnismäßig »hart«. Verletzungen, die nicht sofort töten, erfordern deshalb Nachsuchen, die mehr oder minder lang und schwierig sein können. Je nach Art des Treffers zeichnet das Rebhuhn folgendermaßen:
Kopfschuß: Bei einem Treffer ins Gehirn fällt das Huhn im Feuer. Bei einem Schädeltreffer fällt das Huhn auch zu Boden, springt aber dann vor dem Verenden noch einige Male hoch. Dabei kann es auch vorkommen, daß es schließlich abstreicht und gleich darauf verendet fällt. Bei einem Schädelstreifschuß fällt das Huhn zwar zu Boden, erholt sich aber schnell, streicht ab oder läuft davon.
Volltreffer: Bei einem solchen Treffer knickt das Huhn im Fluge schlagartig ein und fällt mit erhobenem Kopf und gespreizten Schwingen zu Boden. Am Boden liegt es dann in der Regel auf dem Rücken, mit der Bauchseite nach oben.
Treffer im Rücken: Wird der Rücken von mehreren Schroten getroffen, sei es von der Seite oder von hinten, zuckt das Huhn und verreißt den Körper. Daraufhin ist eine Bewegung der Schwingen kaum mehr merkbar. Ist das Huhn mit der Kette aufgestanden, trennt es sich nun von ihr und fällt schließlich verendet zu Boden. Dort liegt es dann meist mit ausgebreiteten Schwingen auf der Brust.
Treffer in Lunge, Herz und Bauchhöhle: Treffen mehrere Schrote Lunge oder Herz, stürzt das Huhn augenblicklich zu Boden und verendet sofort. Wir jedoch Lunge oder Herz nur von einem Schrot getroffen, beginnt das Huhn zu *»himmeln«*. Das Himmeln ist der Beweis eines keineswegs sofort tödlichen Schrotschusses, und das meistens bei Schüssen von hinten. Eine derartige Verletzung wirkt allmählich, das Rebhuhn erstickt. Der Atemnot versucht das getroffene Huhn nach oben zu entkommen, eben durch Himmeln. Dieses Schußzeichen ist zumeist sehr auffällig; aus der Höhe stürzt dann das Rebhuhn verendet zu Boden.

Das Zeichnen von Flugwild, am Beispiel des Rebhuhns

a) voll getroffenes Huhn, fällt verendet zu Boden
b) geflügeltes Huhn, gleitet flatternd zu Boden
c) geständertes Huhn, läßt den verletzten Ständer hängen
d) himmelndes Huhn, steigt steil hoch infolge Atemnot (Lungentreffer) oder Betäubung (Kopftreffer) und stürzt dann verendet herab

Ähnlich verhält sich ein Rebhuhn dann, wenn durch ein Schrotkorn eine der Hauptadern der Bauchhöhle zerrissen wurde. Dabei ergießt sich das Blut in die Bauchhöhle und versorgt nicht mehr das Gehirn. Beim Himmeln hält das Huhn seinen Stoß in normaler Lage.

Treffer ins Kreuz: Wird ein Rebhuhn ins Kreuzbein getroffen, läßt es augenblicklich die Ständer und den Stoß hängen, deren Funktion wird ausgeschaltet und das Huhn steigt in taumelndem Flug empor. Nach kurzem Steigen streicht es dann zu Boden, wo es in der Regel verendet, es kann aber auch noch abstreichen.

Treffer in die Schwingen: Fallenlassen der Schwingen nach dem Schuß ist ein Zeichen dafür, daß das Huhn *geflügelt* ist. Schräg fällt es zur Erde, geneigt zu der Seite der verletzten Schwinge, während es mit der unbeschädigten rudert. Ein geflügeltes Huhn stürzt um so steiler zu Boden, je näher am Körper die Schwinge verletzt ist. Das bedeutet, daß bei einem Bruch der Schwinge knapp am Körper das Huhn fast senkrecht zu Boden fällt. Haben die Schrote den Knochen zerschmettert, ist der Absturz heftiger. Ist dagegen ein Huhn zwar an der Schwinge getroffen, jedoch ohne daß ein Knochen gebrochen wurde, verlangsamt es nur seinen Flug, wobei die verletzte Schwinge etwas hängt. Ein leicht geflügeltes Huhn kann manchmal weiterstreichen wie ein gesundes. Wenn ein geflügeltes Huhn nicht auch an den Ständern verletzt wurde, läuft es nach dem Einfallen schnell davon.

Weidwund-Treffer: Bei solchen Schüssen läßt das Rebhuhn einen oder beide Ständer fallen, auch wenn diese nicht getroffen wurden. Bald aber zieht es sie wieder an den Körper wie ein gesundes Huhn. Ein aus der Kette heraus weichgeschossenes Rebhuhn verzögert seinen Flug und trennt sich oft vom Volk.
Bei gleichzeitigem Treffer an den Ständern entfernt sich das Huhn mit schaukelndem Flug und strebt immer schnell zu Boden. Dort verbleibt es gewöhnlich am Platz des Einfallens. Da diese Stelle verhältnismäßig weit zu sein pflegt, wird kein Anschuß gesucht, sondern der Hund findet ein derart krankes Huhn in freier Suche. Dabei ist es natürlich vorteilhaft, sich den Platz, an dem das Rebhuhn zu Boden ging, wenigstens ungefähr zu merken, den Hund hinzuführen und zur Verlorensuche aufzufordern.
Treffer auf die Ständer: Wurde ein Ständer im Schenkel getroffen, läßt ihn das Rebhuhn zur Gänze hängen, bei einem Treffer in die Wade dagegen läßt es nur den unteren Teil des Ständers fallen. Wurde nur ein einziger Ständer getroffen, so kann er ausheilen, auch wenn er verkrüppelt bleiben sollte. Wurde ein Rebhuhn aber außerdem auch noch anderwärts getroffen, zeichnet es und verhält sich danach, welches Organ oder welcher Körperteil außerdem noch verletzt wurde. Bei einer Verletzung des Ständers sagen wir, das Rebhuhn ist *geständert*. Ein geständertes Huhn kann nicht weglaufen, dafür aber sehr wohl abstreichen. Ein solches Rebhuhn zu finden und es beim Abstreichen zu fangen, macht unserem Hund gewöhnlich keine Schwierigkeiten.
Ein getroffenes Rebhuhn zeichnet unterschiedlich, benimmt sich unterschiedlich und erfordert demnach begreiflicherweise auch unterschiedliche Verlorensuche. Dabei kommt es darauf an, ob wir sofort nach dem Schuß suchen lassen oder erst am nächsten Tag.

Suche nach verendeten Rebhühnern

Wir wollen mit der Suche nach jenen Rebhühnern beginnen, die im Feuer verendet sind, also bei Treffern in den Kopf, in Lunge und Herz durch mehrere Schrote und bei Volltreffern. Wir merken uns den Platz, wo das Rebhuhn heruntergefallen ist. Ist es auf einer offenen Fläche zu Boden gekommen, gehen wir zehn oder zwanzig Schritte zurück. Dann rufen wir unseren Hund, der nach dem Schuß »down« gemacht hat. Wir streicheln ihn, warten ein Weilchen und rufen ihn dann, uns zu folgen. Zum Platz, wo wir das Rebhuhn fallen sahen, gehen wir ohne Eile, ruhig und ohne Aufregung.
Kommen wir in die Nähe der Stelle, bemühen wir uns, den Hund so einzuweisen, daß er bei einer Quersuche das Rebhuhn wittern muß. Wir ermuntern ihn zur Nachsuche mit den Worten »Such verloren!« Dabei beobachten wir ihn, um ihn gegebenenfalls in die rechte Richtung zu dirigieren. Derweilen hat sich die Wittrung des kranken Rebhuhns verbreitet – das war der Grund für die

Verzögerung der Nachsuche –, und hat nun unser Hund eine gute Nase, dann hat er es bald aufgespürt und bringt es. Dafür loben wir ihn natürlich sehr und belohnen ihn obendrein mit einem Leckerbissen.

Krankgeschossene Rebhühner sucht unser Hund also normalerweise in *freier Quersuche*. Bekommt er dabei nur unzureichende Wittrung, dann dauert die Suche natürlich etwas länger. Das pflegt dann zu geschehen, wenn wir ihn sofort nach dem Schuß die Verlorensuche befehlen oder wenn das Huhn in hohen Bodenbewuchs gefallen ist. Im ersten Falle kann es vorkommen, daß der Hund das Rebhuhn selbst auf nächste Entfernung nicht zu wittern vermag. Schließlich kann es sogar vorkommen, daß ein Hund, den man sofort nach dem Schuß losschickt, das am Stoppelfeld liegende Huhn überspringt und nicht bemerkt.

Ist das Rebhuhn in deckenden Bewuchs gefallen, warten wir mit der Verlorensuche je nach Höhe und Dichte dieser Deckung. Handelt es sich dabei um dichtes und hohes Blattwerk, wie z. B. um ein hohes Rübenfeld, schicken wir unseren Hund überhaupt nicht auf Suche, sondern befehlen zunächst einmal »down!« Selbst gehen wir dann in Richtung des Absturzes, markieren einige Schritte vor diesem Platz die Stelle z. B. mit einem Papier und kehren zum Hund zurück. So als wäre nichts gewesen, setzen wir dann die Jagd in anderer Richtung fort und kehren erst nach ein bis zwei Stunden, wie es uns gerade paßt, zur Verlorensuche des Huhnes an den markierten Platz zurück. In der Zwischenzeit hat sich die Wittrung des erlegten Rebhuhns über den dichten Bewuchs ausgebreitet, der Hund kann sie wahrnehmen und findet das Huhn.

Auf alle Fälle lassen wir mit gutem Wind quersuchen, wobei wir von dem Platz auszugehen haben, den wir uns gleich nach dem Schuß markiert haben.

Hat der Hund gelernt, im Feuer verendete Rebhühner zu suchen, was normalerweise nicht lange Zeit beansprucht, dann erst lassen wir ihn Hühner suchen, die erst nach dem Zubodenfallen verenden. Das Verfahren bleibt das gleiche. Auch bei diesen Hühnern kann es vorkommen, daß sich das eine oder andere vor dem Verenden im letzten Augenblick noch in verfilztes Gras einbohrt oder dergleichen, so daß es von dichtem Kraut völlig verdeckt wird. Durch solchen Grasfilz dringt die Rebhuhnwittrung nur sehr schwer durch, so daß auch ein Hund mit vorzüglicher Nase, selbst nach ein oder zwei Stunden, ein derart verstecktes Huhn nicht findet. In einem solchen Fall wiederholen wir die Verlorensuche nach einer weiteren Stunde mit besserer Erfolgsaussicht.

Flattert ein Huhn vor dem Verenden noch einige Male oder springt, wie dies bei Treffern in den Schädel der Fall zu sein pflegt, wiederholt empor, vergrößert es damit den Bereich seiner Wittrung und ist leichter zu finden. Dies gilt natürlich vor allem beim Absturz auf Kahlflächen oder in niedrigen Bodenbewuchs. Aber auch in hoher Deckung verkürzen solche letzte Anstrengungen die Zeit erfolgreicher Verlorensuche.

Wichtig für den Hund ist, daß die ersten Suchen von Erfolg gekrönt sind, damit wird er erfahrener, ausdauernder und ein zuverlässiger Verlorensucher.

Verlorensuche von geflügelten Rebhühnern

Je nachdem, wie eine Schwinge verletzt wurde, wird die Suche leichter oder schwieriger sein. Wurde die Schwinge nahe dem Wildkörper durchschossen, ist die Verletzung schwer. Ein so krankgeschossenes Huhn läuft in der Regel nicht weit und versteckt sich in der nächsten geeigneten Deckung. Die gebrochene Schwinge baumelt herunter, hinterläßt Schweißtröpfchen, und der Hund hat mit dem Finden leichte Arbeit.

Ist die Schwinge weit vom Körper gebrochen, schweißt das Huhn weniger oder nur kaum. Solche Verletzungen zwingen das Rebhuhn nicht beschleunigt in die Deckung. In der Regel versucht es sich durch Laufen über weitere Strecken zu retten, bevor es ein geeignetes Versteck annimmt. Bei der Flucht ändert es die Richtung. Es kommt auch vor, daß ein so geflügeltes Huhn zurückflüchtet, also zum Schützen oder gegen die Linie der Schützen. Dabei macht es Schlaufen, läuft über abgeerntete Flächen, Ackerfurchen, Gräben und dergleichen.

Daraus ist klar erkenntlich, daß die Suche nach einem solchen Huhn nicht einmal für einen älteren Hund leicht ist, geschweige denn für einen Junghund, der in der Lehre steht. Für ihn ist die erfolgreiche Suche nach einem geflügelten Rebhuhn schlechthin eine Spitzenleistung, die er selbst bei ausreichender Gelegenheit erst im zweiten Feld zu erreichen pflegt. Darum ist es von Vorteil, wenn wir, zumindest bei den ersten Verlorensuchen dieser Art, das kranke Huhn bei seiner Flucht mit den Augen verfolgen können. Dann können wir, sobald dies nötig wird, dem Hund entsprechende Hilfen geben. Auch haben wir in solchem Falle die Sicherheit, daß uns der Hund richtig führt, wenn er die ersten geflügelten Hühner am langen Riemen arbeitet. Auch für die freie Suche ist es zweckmäßig, daß wir wenigstens einen Teil des Fluchtweges des geflügelten Rebhuhnes kennen.

Ein leicht geflügeltes Huhn, das eigentlich nur fluguntauglich geworden ist, sonst aber als gesund gelten kann, lassen wir einen Junghund im ersten Feld überhaupt nicht suchen; denn das ist eine Aufgabe, bei der nur ein älterer, erfahrener Verlorensucher Rat weiß. Ein leicht geflügeltes Huhn läuft bisweilen einige hundert Meter! Nur ein hervorragend abgeführter Hund, der sich bereits auf dem Geläuf gesunder und kranker Hühner bewährt hat und eine hervorragende Nase hat, vermag diese auch richtig anzuwenden, so daß er es unter Verwendung seiner reichen Erfahrung schafft, ein solches Rebhuhn zu finden. Ein Junghund oder ein Hund ohne die vorerwähnten Eigenschaften und ohne jagdliche Routine braucht lange Zeit, bis er gelernt hat, ein leicht geflügeltes Rebhuhn mit Erfolg zu suchen, wobei vorausgesetzt werden muß, daß ihm zu solcher Arbeit oft Gelegenheit geboten wird und daß ihn dabei ein guter Rüdemann führt.

Bei der Abrichtung unseres Hundes, ein geflügeltes Rebhuhn zu finden, beginnen wir darum mit einem schwer getroffenen Huhn, das heißt also mit einem Huhn, dessen Flügelknochen nahe am Körper zerschossen worden ist. Ein derart getroffenes Huhn fällt nach dem Schuß mehr oder minder senkrecht zur Erde und hat obendrei meist auch noch andere Verletzungen. Auf jeden Fall schweißt es und läuft weder so schnell noch so weit davon, wie dies leichter geflügelte Rebhühner zu tun pflegen. Aber auch dieses Rebhuhn wird sich durch Flucht zu retten versuchen, trachtet im Zickzack zu entkommen, schlüpft schließlich in Deckung im dichten Bewuchs, der seine Wittrung nicht durchläßt. Trotzdem, der hinterlassene Schweiß verstärkt die Wittrung des Geläufs und überhaupt die Duftwirkung und bildet so für den Hund einen zusätzlichen Weiser bis zum versteckten Huhn. An uns liegt es dabei, den Hund richtig zu führen.

Im Augenblick, da das Rebhuhn zu Boden fällt, merken wir uns den Platz des Absturzes, achten darauf, daß unser Hund in der Downlage verharrt und gehen dann zum Platz, wo das Huhn zu Boden kam. Es ist natürlich längst anderswo, denn auch ein schwer getroffenes Huhn wird schnell zu flüchten versuchen. Dort finden wir Federchen, die es beim Niederfallen eingebüßt hat, und wohl auch Schweißtröpfchen. Diese Stelle bedeutet so viel wie der »Anschuß« und wir markieren sie auch dementsprechend. Dann kehren wir zum Platz zurück, an dem wir beim Schuß gestanden sind, und holen den Hund mit ruhigem Zuruf oder mit leisem Pfiff herbei.

Er kommt, wir loben und liebeln ihn und nehmen ihn dann an die lange Leine, die wir bereits vorher abgedockt haben. Abermals streicheln wir ihn, reden freundlich auf ihn ein und gehen dann in Richtung der Absturzstelle, wobei uns der Hund langsam und ohne Hast zu folgen hat. In Nähe des »Anschusses« zeigen wir auf diesen mit der Hand und geben gleichzeitig den Befehl »Such verloren-apport!« Hat der Hund eine Vorstellung von einem Anschuß und wurde er früher bereits am langen Riemen auf dem Geläuf geführt, so nimmt er das Geläuf des geflügelten Rebhuhnes sofort an, findet es schließlich und bringt es. Nach der Abnahme wird er gelobt und bekommt einen Leckerbissen.

Bei der Arbeit auf dem Geläuf eines geflügelten Rebhuhnes bemühen wir uns, den Hund zum *langsamen* Folgen anzuhalten. Er darf nie temperamentvoll vorprellen. Ansonsten unterlassen wir es, den Hund irgendwie zu dirigieren, und zwar auch dann, wenn wir anderswo ein Rebhuhn laufen sehen. Bei einem geflügelten Rebhuhn mit hängender Schwinge kann es zu keiner Verwechslung kommen, dabei ist auf die Nase des Hundes mehr Verlaß als auf unseren optischen Eindruck. Es ist durchaus möglich, daß ein geflügeltes Huhn nach dem Absturz in eine ganz unvermutete Richtung davonläuft.

Das erste Rebhuhn, das wir mit unserem Hund am langen Riemen suchen, müssen wir unter allen Umständen zu finden trachten. Bleibt die Verlorensuche trotzdem erfolglos, jagen wir zunächst weiter. Nach einer oder zwei Stunden aber kehren wir zurück und legen den Hund abermals an den Anschuß. Derweilen ist die Wittrung der gesunden Hühner, die am Platz verblieben sind, schwächer geworden und im Gegensatz dazu hat die des kranken Huhnes zugenommen, so daß der Hund das Geläuf des geflügelten Rebhuhnes nun leichter bis zum Platz seines Versteckes verfolgen kann.

Nach mehreren erfolgreichen Nachsuchen nach geflügelten Rebhühnern am langen Riemen, beginnen wir mit der *freien* Verlorensuche. Dabei gehen wir folgendermaßen vor:

Genau so wie bei der Arbeit am Riemen, finden und markieren wir den Anschuß, kehren an unseren Platz zurück und rufen den Hund, der in der Downlage geblieben war, herbei. Der kommt freudig angelaufen, und nachdem wir ihn abgeliebelt haben, gehen wir mit ihm zum Anschuß. Der Hund soll sich dem Anschuß gelassen nähern und ihn auch in aller Ruhe untersuchen. So lange er angeleint ist, verhält er sich eher ruhig. Nach ein, zwei freien Verlorensuchen aber wird das schon anders. Der Hund weiß bereits, was nun kommen wird, und kann den Moment nicht erwarten, da der Befehl: »Such verloren-apport!« gegeben wird. In einem solchen Fall bleibt nichts anderes übrig, als den Hund in die Downlage zu befehlen und das so lange, bis er sich beruhigt hat. In der Regel genügen dazu einige Minuten. Dann geben wir zunächst den Befehl »Sitz!«, zeigen dann auf den Anschuß und befehlen »Such verloren - apport!«.

Wenn unser Hund bei der Untersuchung des Anschusses Unruhe zeigt, ist es besser, ihn an den langen Riemen zu nehmen und mit ihm gemeinsam zu arbeiten. Ist er aber ruhig, lassen wir ihn das Geläuf selbständig aufnehmen und ihm folgen. Ein Hund, der es gelernt hat, das Geläuf eines geflügelten Rebhuhnes am langen Riemen zu arbeiten, wird dieses normalerweise gut halten und, wenn es sich nicht um einen außergewöhnlich schwierigen Fall handelt, finden und bringen.

Es kann der Fall eintreten, daß ein frei suchender Hund das Geläuf verliert. Bemerken wir, daß unser Hund ratlos dahin und dorthin läuft, rufen wir ihn ab, führen ihn abermals zurück zum Anschluß und lassen ihn dort eine Weile down machen. Dann nehmen wir ihn an den Riemen und lassen ihn erneut dem Geläuf folgen. Wir helfen ihm dabei dadurch, daß wir ihn unter Belobungen zurückhalten, ihm ein frisch verlorenes Federchen zeigen oder einen Tropfen Schweiß, den uns im übrigen der Hund bereits von selbst verwiesen hat.

Sollte trotz aller Mühe und Geduld die freie Verlorensuche ohne Erfolg bleiben, versuchen wir das geflügelte Rebhuhn durch Quersuche zu finden, das heißt, wir lassen den Hund alle jene Plätze absuchen, an denen sich ein geflügeltes Rebhuhn aufhalten könnte. Für gewöhnlich sind das jene Stellen, wo sich gute Deckung bietet. Wenn wir Geduld haben und der Hund eine gute Nase und Ausdauer hat, werden wir mit freier Verlorensuche das Huhn meistens finden.

Bei Schußverletzungen, bei denen das Rebhuhn in größerer Entfernung zu Boden streicht oder fällt, wie dies z. B. bei Weidwundschüssen der Fall zu sein pflegt, findet man selten einen Anschuß. In solchen Fällen suchen wir das Huhn in freier Quersuche. Dabei ist es zweckmäßig, sich nach verschiedenen Orientierungsmarken wenigstens ungefähr den Platz zu merken, an dem das Rebhuhn eingefallen ist. Dorthin führen wir den Hund und fordern ihn dann zur Quersuche auf.

Nachsuche nach der Hühnerjagd

Sei es, daß man eine große Hühnerjagd veranstaltet, mit vielen Schützen und Treibern, oder nur eine kleine, mit wenig Schützen und gar keinen Treibern – auf jeden Fall muß am nächsten Tag nach verendeten oder kranken Hühnern gesucht werden.

Nach einer großen Jagd kann dies eine große Nachsuche werden, die man mit Hilfe von Hunden in freier Suche durchführt. Systematisch wird so die ganze, am Vortag bejagte Fläche durchgenommen. Nach einer kleinen Jagd wird begreiflicherweise nur jener Teil des Reviers abgesucht, wo bei der Jagd beschossene Hühner nicht gleich zur Strecke kamen. In beiden Fällen werden Hühner gefunden; sei es daß sie bereits verendet sind oder geflügelt wurden, sei es daß sie geständert sind.

Möglicherweise ist eine derartige Nachsuche nach einer Jagd mit mehreren Jägern überflüssig, zumal dann, wenn die Teilnehmer als sichere Schützen bekannt sind. Es stimmt, Schießfertigkeit verringert die Zahl krankgeschossenen Wildes. Wir wissen aber auch, daß kein Schütze, der mit einem Schuß ein bezieltes Rebhuhn voll getroffen hat, verhindern kann, daß Randschrote dieser Garbe andere Rebhühner verletzen. Da nun aber die ganze Aufmerksamkeit des Schützen den fallenden Hühnern gilt, streicht ein von Randschroten verletztes Huhn unbeachtet weiter, so daß keiner bemerkt, ob sich ein Huhn aus dem Volk abgesondert hat oder ein einzeln streichendes Huhn endlich irgendwo zu Boden fällt.

Die Verlorensuche nach einer Jagd wird beachtlich erleichtert und ihr Erfolg gesichert, wenn man zeitig am Morgen die Hühner »verhört«. Tagsüber halten sich die Rebhühner in der Regel auf ihrer Tagesweide. Am Abend rufen sie sich zusammen, überstellen sich einige Male, bis jede Kette ins gemeinsame Nachtlager einfällt. Ist morgens der Tau verschwunden, fallen sie wieder im Tagesbereich ein. Vor jedem Platzwechsel rufen sich die Rebhühner zusammen.

Wer Hühner verhören will, sucht sich einen geeigneten Platz und lauscht aufmerksam in die Morgenstille. Am besten steht man dabei mit dem Rücken gegen den Wind und »verhört« mit den Augen nach vorwärts, mit den Ohren zurück. Hört man dann ein deutliches Locken, kann man auch unterscheiden, ob es sich um sehr junge Hühner handelt, nämlich daran, daß diese noch nicht den leicht erkennbaren Lockruf reifer Rebhühner haben, sondern nur »piepsen«.

Mit dem Verhören stellen wir einmal die Nachtlager fest, zum andern die Felder, auf welche die Hühner zur Weide eingefallen sind. Auf den Plätzen der Nachtlager finden wir dann jene Rebhühner, welche krankgeschossen mit den anderen weitergestrichen sind oder sich später, auf das Abendlocken hin, wieder zum Volk fanden und in der Nacht verendet sind oder, wegen fortgeschrittenen Folgen der Verletzung, flugunfähig geworden sind.

Jene Plätze, von denen die Ketten im Morgengrauen aufstehen, müssen wir uns deshalb besonders merken und zuerst absuchen. Vom Nachtlager überstellen sich die Hühner am Morgen auf andere Felder, und das ein- oder mehrmals. Da wir die Hühner ohnedies längere Zeit verhören, können wir so eine Kette nach der anderen feststellen, zumal die Reihenfolge ja keine Rolle spielt. Es geht in unserem Falle ja lediglich darum festzustellen, ob eine Kette kranke Hühner dabei hat.

Beim Verhören ist es wichtig, sich jene Plätze zu merken, wo die Rebhühner im Nachtlager waren und wo sie zuletzt eingefallen sind. Soweit es sich dabei um kleinere Felder mit unterschiedlichem Bewuchs handelt, ist dies bei einiger Übung leicht. Schlimmer wird es dann, handelt es sich um große Feldschläge mit einheitlichem Bewuchs, wo jedwede Orientierung nach markanten Punkten fehlt. In solchem Falle verhören wir die Hühner von ein und dem selben Platz bereits zwei oder drei Tage vor der Jagd. Das ist auch dann von Vorteil, wenn der Jagdbogen zwar aus Einheiten unterschiedlicher Vegetation mit verschiedensten Orientierungspunkten besteht, wir aber im Verhören von Rebhühnern wenig Erfahrung haben.

Die Nachsuche nach einer Jagd besteht im wesentlichen darin, daß wir nach abgeschlossenem Verhören vorab jene Stellen aufsuchen, wo die einzelnen Völker die Nacht verbrachten, und dann jene Plätze, von wo sie sich das letzte Mal gemeldet hatten.

Verlorensuche von Fasanen

Der Fasan hat eine starke Wittrung. Schon weil der Fasan wesentlich größer ist als das Rebhuhn, ist seine Ausdünstung auch größer. Die Wittrung des Fasanes ist dem Jagdhund offenbar angenehm und hat für ihn ein hohes Maß von Anziehungskraft, so daß alle unsere Hunde gerne am Fasan arbeiten. Es ist deshalb auch eine Verlorensuche nach kranken Fasanen weniger schwierig als nach Rebhühnern. Doch gibt es auch Umstände, die solche Nachsuchen beachtlich erschweren.

Der krankgeschossene Fasan sucht so weit wie möglich zu entfliehen und sich so gut wie möglich zu verstecken. Soweit ihm die Kraft reicht, entwickelt er dabei eine unglaubliche Geschwindigkeit. Der getroffene Fasan, sobald er zu Boden kommt oder einfällt, rennt unverzüglich und so weit wie möglich davon. Bei seiner Flucht nutzt er selbst unbedeutendste Deckungen, Erdhügel und dergleichen, macht Winkel und Haken und ändert, dem Gelände angepaßt, wiederholt seine Fluchtrichtung. Je nach Gelände, Bodenbewuchs und Schwere der Verletzung sucht er früher oder später eine sichere Zuflucht auf. Er bohrt sich dabei ins Gras oder Gestrüpp, schlüpft auch in Kanalrohre, Brückendurchlässe, Kaninchenbaue. Im dichten Grasfilz kann er sich so feststecken, daß er nicht mehr weiterkommt.

Deutscher Wachtelhund mit verlorengebrachtem Fasan

Krankgeschossene Fasane verhalten sich in Feld und Wald unterschiedlich. Im Feld, in dichter Deckung, wie sie z. B. hohe Rüben bieten oder Futtergemenge, gehen sie bald in Deckung, anderswo wiederum können sie sehr weit laufen. Dies ist von der Art der Verletzung und anderen Umständen abhängig. Im Wald, in niedrigen Dickungen halten sie gut und suchen im Notfall die nächste dichte Deckung auf. In Stangenhölzern und im Stammholz ohne Unterwuchs oder auf Kahlflächen pflegt ein kranker Fasan zunächst geradeaus zu laufen, biegt dann ab und ändert nach einer Weile seine Fluchtrichtung. Dabei entwickelt ein alter,

geflügelter Hahn eine derartige Geschwindigkeit, daß ihn nur ein schneller und größerer Hund zu verfolgen und einzuholen vermag.
Ein solcher Hahn vermag 1000 und mehr Schritte zu flüchten. Ihn zu finden ist mitunter eine Leistung, die das ganze Können eines sehr erfahrenen, älteren Hundes erfordert. Es ist daher falsch anzunehmen, eine ergebnislose Nachsuche mit einem jungen, unerfahrenen Hund sei der Beweis dafür, daß der Fasan nur »angekratzt« oder gefehlt sei. Wir müssen immer alle Möglichkeiten ausschöpfen, die uns durch die verschiedenen Methoden der Verlorensuche geboten werden.
Kehrt unser junger Hund nach einer freien Suche auf dem Geläuf eines kranken Fasans mit leerem Fang zurück, leinen wir ihn unter Streicheln an und lassen ihn wenn er ermüdet ist, ausruhen. Dann legen wir ihn an den langen Riemen und beginnen die Nachsuche von neuem. Bringt auch das kein Ergebnis, versuchen wir, ob unser Hund den Fasan nicht bei freier Quersuche zu finden vermag. Auf diese oder andere Weise versuchen wir den Fasan zu finden. Wird er selbst dann nicht gefunden, haben wir wenigstens das gute Gewissen, daß wir alles versucht haben, was in unserer Kraft stand.
Bei der Verlorensuche nach Fasanen wird grundsätzlich ähnlich verfahren wie bei der nach Rebhühnern. Vor allem haben wir genau zu beachten, wie der Fasan im Schuß zeichnet und wie er sich nach dem Schuß benimmt. Bei Gesellschaftsjagden auf den Fasan nehmen wir den Junghund vor allem deshalb mit, damit er sich an den Betrieb und Lärm gewöhnt, der eben mit jeder Jagd verbunden ist. Ernst wenn der Hund so ruhig geworden ist, daß ihn weder Schüsse noch das Aufstehen und die Flucht von Haarwild oder das Abstreichen von Federwild aufregen, können wir mit ihm Fasanen zu suchen beginnen, und das, wenn irgend möglich, zunächst auf einer kleineren Jagd.
Wird dem Hund die Möglichkeit geboten, auf solch kleineren Jagden des öfteren zu arbeiten, wird er bei richtiger Führung etwa in seinem dritten Feld ein zuverlässiger und erfahrener Fasanenfinder. Ein solcher Hund bewährt sich dann auch auf größeren Gesellschaftsjagden.
Die *Schußzeichen* beim Fasan entsprechen im wesentlichen den vorher für das Rebhuhn geschilderten.
Grundsätzlich gleicht eine Verlorensuche auf den Fasan der auf Rebhühner. Trotzdem gibt es im einzelnen Unterschiede, die wir am besten dann merken, wenn wir Verlorensuchen auf Rebhuhn und Fasan unter der Voraussetzung gleicher Verletzungen miteinander vergleichen.
Fasanen mit *tödlichen Treffern* suchen wir ähnlich wie ähnlich getroffene Rebhühner. Die Nachsuche ist nur mühseliger, und einen Fasan finden wir nicht immer so leicht. Auf jeden Fall muß der Hund Deckungen und Dickungen in Feld und Wald ruhig, ausdauernd und systematisch absuchen; denn nur so besteht höchste Wahrscheinlichkeit, auf das erlegte Wild zu stoßen.
Auch die Suche nach einem *geflügelten* Fasan spielt sich ganz ähnlich wie beim Rebhuhn ab. Zu beachten sind aber folgende Besonderheiten:

Geflügelte Fasanen laufen mitunter noch unglaubliche Strecken. Soweit unser Hund eine solche Nachsuche am langen Riemen arbeitet, liegt nicht so viel daran, die Suche dauert in diesem Falle nur etwas länger und ist beschwerlicher. Sobald aber ein Junghund einen geflügelten Fasan in freier Suche auf dem Geläuf finden soll, entstehen dabei verschiedene Gefahren. Der Hund verliert seine Ruhe, läßt sich vom Verfolgungstrieb mitreißen und beginnt zu faseln. Kreuzt er dabei eine frische Spur gesunden Wildes, sei es das Geläuf eines Fasans, die Spur eines Feldhasen oder gar eines Wildkaninchens, im Walde eine Rehfährte, kann es leicht geschehen, daß er auf diese Verleitung überwechselt. Es gibt auch Hunde, die noch nicht so selbständig sind, daß sie weitab von ihrem Herrn arbeiten; diese brechen die Verlorensuche einfach ab und kehren zu ihrem Führer zurück. Aus diesem Grund arbeiten wir an geflügelten Fasanen am besten erst mit Hunden zum Ende des zweiten Feldes, keinesfalls aber mit einjährigen Hunden, es sei denn am langen Riemen.

Wenn der Hund an der langen Leine das Geläuf eines geflügelten Fasans zuverlässig zu arbeiten versteht, können wir versuchen, ob er das Geläuf frei arbeitet, aber so, daß wir hinter ihm mitgehen. Kommt er ohne Beute zurück, kehren wir mit ihm zu dem Platz zurück, wo wir ihn ursprünglich zur freien Suche angelegt hatten, nehmen ihn an den langen Riemen und suchen von neuem.

Im Walde lassen wir den Hund, auch wenn er am langen Riemen arbeitet, eine Dickung, die am Fluchtweg des Fasans liegt, frei durchsuchen. In der Regel wird ihn unser Hund dort tatsächlich finden.

Bei gleichzeitigem Üben auf dem Geläuf eines gesunden Fasans und auf Schleppen begreift der Hund bald, worum es geht, und sucht dann mit Sicherheit auf dem Geläuf eines geflügelten Fasans, auch allein und über große Entfernungen auch im wildreichen Gebiet des Revieres.

Nach einer Gesellschaftsjagd suchen wir Fasanen ähnlich wie Rebhühner. Das Verhören fällt dabei natürlich weg. Nach einer Waldjagd ist es besonders notwendig, gründlich und gewissenhaft nachzusuchen. Ein Fasan pflegt sich nämlich vor dem Verenden mit Vorliebe in verschiedene Deckungen »einzubohren«, wobei er die sonderbarsten Verstecke ausfindig macht und damit dem Hund wenig Wittrung bietet. Deshalb muß der Hund systematisch und gründlich auf kurze Distanz suchen. Das ist keine leichte Arbeit, zu der man am besten nur ältere, erprobte und erfahrene Hunde verwendet.

Verlorensuche von Feldhasen

Häufig hören wir die Klage, wie wenig Hasen bei der Nachsuche gefunden würden, und welche volkswirtschaftlichen Schäden dadurch entstünden. Es finden sie nicht einmal jene Hunde gut und zuverlässig, die sich bei Leistungsprüfungen gut und sehr gut zu plazieren verstanden. Wer die Fachliteratur jenseits der Landesgrenzen liest, weiß, daß sich dies auch in den Nachbarländern so verhält. Je mehr Hasen beschossen werden, desto mehr werden nicht gefunden und desto größer sind die volkswirtschaftlichen Verluste an dieser Hauptwildart, deren Wert an den der gesamten Jahresstrecke an Hochwild heranreicht.
Was ist nun die Ursache der beachtlichen Menge nicht gefundener Feldhasen? Manchmal ist es die oberflächliche Ausbildung des Hundes, seine unvollkommene Abrichtung, in anderen Fällen die unrichtige Führung, *immer aber das unverhältnismäßig häufige Hetzen auf Sicht,* Verwendung z. B. des gleichen Hundes zur Jagd und Nachsuche auf Wildkaninchen. Wollen wir einen sicheren und zuverlässigen Verlorenfinder auf Feldhasen haben, müssen wir unseren Junghund, bereits vom Welpenalter an, gründlich in den Disziplinen »Gehorsam«, »Down« und im Bringen abrichten. Er muß nach dem Schuß absolut ruhig sein, ebenso vorm Wild, also auch vor dem Hasen, und muß auf der Spur des gesunden Feldhasen gründlich durchgearbeitet sein.
Die Verlorensuche nach Feldhasen kann oft dadurch erleichtert werden, daß wir, insbesondere im freien Feld, über längere Strecken beobachten können, wohin der krankgeschossene Hase läuft. Gewöhnlich ist auch der Anschuß leichter festzustellen, und nach Merkmalen am Anschuß können wir uns leichter ein richtiges Bild von der Art der Verletzung machen. In der Spur liegt in der Regel mehr Schweiß, und auch die Wittrung des Hasenkörpers ist bei weitem intensiver als jene des Fasans, vom Rebhuhn ganz zu schweigen.
Es wäre aber grundfalsch, daraus zu schließen, die Suche nach Feldhasen sei grundsätzlich leichter als jene nach Rebhühnern. Das Finden von Hasen, die im Feuer geblieben sind oder schwer krank viel schweißen, ist allerdings im großen ganzen einfach. Häufig sind es aber Schüsse auf die Läufe oder Weichschüsse, nach denen der Hase noch sehr weit zu flüchten vermag.
Einen Feldhasen, dem nur ein Lauf abgeschossen wurde, zu suchen und zu finden, ist so schwierig, daß wir eine solche Verlorensuche auf der Wundspur mit einem unerfahrenen Junghund erst gar nicht versuchen.
Die Schwierigkeit der Suche nach Feldhasen mit Laufschüssen, besonders dann wenn ein Hinterlauf getroffen wurde, schildern diese Fälle aus der Praxis:
Ein Feldhase flüchtete nach dem Schuß sehr schnell. Seine Wundspur wurde vom Hund am Riemen über eine Stunde lang über eine Strecke von etwa 1500 Meter vom Anschuß verfolgt, bis er endlich vom ausgepumpten Hund gegriffen wurde. Die Schrotgarbe hatte den Rücken und die Hinterläufe erfaßt.
Nach dem Schuß zeichnete ein Hase mit leichtem Rucken des hinteren Körper-

teils und flüchtete sehr schnell. Am Anschuß lagen ein paar Schweißspritzer, nach einigen hundert Schritten ein Wundlager voll Schweiß. Nach weiteren etwa tausend Schritten stand der Hase auf und flüchtete wie ein gesunder. Schließlich nahm er ein Durchlaßrohr an, wo er gegriffen wurde. Der linke Hinterlauf war rot von Schweiß.

Schußzeichen beim Feldhasen

Bei jedem Treffer zuckt der Hase zusammen. Dieses jähe und flüchtige Zeichen wird vom Schützen häufig übersehen. Hat er es nicht gelernt, durchs Feuer zu schauen, sieht er es einfach nicht. Sobald wir dieses Zucken bemerken, ist auch dann eine Nachsuche fällig, wenn der Hase sonst nicht gezeichnet hat. Auch wenn am Anschuß *Wolle* liegt, ist dies ein Trefferzeichen. Viel Wolle bedeutet in der Regel einen Oberflächentreffer, während tief abgeschossene Grannen bestätigen, daß Körperteile getroffen wurden. Dabei ist zu beachten: Wolle mit dunklen Spitzen stammt vom Hals, vom Rücken oder von den Keulen, hellere Wolle oder mattfarbige Grannen sind vom Unterteil des Körpers, kurze Wolle ist vom Kopf oder den Läufen.
Ist der Feldhase auf eine Entfernung von 30–40 Schritt gut getroffen, liegt am Anschuß Wolle in kleinen, weißen Bauschen. Jedes dieser Flöckchen stammt von einem Schrotkorn. Solche Wolle am Anschuß zeigt an, daß der Hase unweit verendet sein dürfte.

Kopfschüsse: Bei solchen Treffern schnellt ein Hase für gewöhnlich einige Male hoch und bleibt dann verendet liegen. Wurde ihm ein Seher ausgeschossen, läuft er im Kreis.
Treffer auf den Vorderkörper (Blatt): Bei solchen Schüssen, also Treffern in die Brusthöhle und damit meist auch auf die Vorderläufe, *rolliert* er. War er dabei in scharfer Flucht, überschlägt er sich einigemale und bleibt dann verendet liegen.
Treffer in den Brustraum: Solche Treffer sind tödlich, und bei gutem Schuß bleibt der Hase im Feuer; fast immer vollführt er vor dem Verenden mehrere ruckartige Bewegungen. Wurde der Feldhase nur von *einem* Schrotkorn in Lunge oder Herz getroffen, flüchtet er noch etwa 100 Meter, mitunter auch mehr, und verendet dann.
Weidwundschuß: Verletzungen des Gescheides sind stets tödlich, doch kann es vorkommen, daß der kranke Hase noch sehr weit flüchtet, besonders wenn er nur von wenigen Schroten getroffen wurde, wie dies bei der Unsitte des Schießens auf zu weite Entfernung leider oft vorkommt.
Laufschüsse: Solche Treffer werden dann erzielt, wenn der Schütze zu kurz oder zu weit schießt. Am Anschuß findet man keine sichtbare Wolle, allerdings schweißen Laufschüsse zumeist heftig. Am schlechtesten sind *Vorderlaufschüsse:*

Ein so getroffener Feldhase hält lange Hetzen aus, und ist ihm nicht ein schneller Hund auf der Spur, bleibt er Sieger; ausgeheilt wird allerdings eine solche Verletzung nicht. Der Hase geht ein, häufig erst nach Wochen.
Wird einem Feldhasen ein Lauf abgeschossen, knickt er auf dieser Seite ein, flüchtet aber sofort weiter. Wurde dabei der Knochen völlig gebrochen, baumelt der Lauf. Das kann man beim *Hinterlauf* gut beobachten; bei den Vorderläufen wird es leicht übersehen. Es kommt darauf an, wie hoch der Lauf abgeschossen wurde und in welchem Winkel der Hase flüchtet.
Hat die Schrotgarbe beide Vorderläufe zerschlagen, flüchtet der Hase auf den Stümpfen weiter, und das häufig so schnell wie ein gesunder. Sind beide Hinterläufe zerschmettert, schleppt er sie nach und bleibt unweit auf der Strecke.
Hasenklage: Ein Feldhase, den ein Mensch ergreift oder ein Hund zu fassen bekommt, *klagt* laut. Haben wir den Hund in unübersichtlichem Gelände nach einem kranken Hasen geschickt und vernehmen dann die Hasenklage, während der Hund dann aber mit leerem Fang zurückkehrt, müssen wir ihn am Fang, an der Nase und am Bauch genau untersuchen, um festzustellen, ob er den Hasen nicht etwa gefressen oder vergraben hat. Auf jeden Fall legen wir den Hund an die Leine oder an den Riemen und verfolgen mit ihm die Wundspur des kranken Hasen.
Sollten wir am Fang erkennen, daß der Hase gegriffen wurde, der Bauch aber scheint leer und bestätigt nicht, daß der Hund den Hasen verzehrt hätte, so hat sich der junge Hund wahrscheinlich vor der Hasenklage geschreckt und den Hasen dabei fahren lassen, der dann weiterflüchten konnte. Dies beweist gegebenenfalls auch des Hundes saubere Nase. Hätte er den Hasen vergraben, hätte er eine beschmutzte Nase, denn er bedient sich ihrer beim Zudecken mit Erde.
In diesem Falle pflegt unser Hund in unserem Beisein zuversichtlich zu sein und führt uns auf der Spur bis in die Nähe des Hasen. Steht der Hase aber dann auf, schnallen wir den Hund mit einem Hetzruf und er wird dann den Hasen auch einholen, greifen und ungeachtet seiner Klage entweder abwürgen oder lebend apportieren.

Auf der Wundspur

Bestehen schon Unterschiede zwischen Nachsuchen auf Rebhuhn und Fasan, so sind diese um so größer zwischen Nachsuchen auf Federwild und Haarwild. Dies hat seinen Grund bereits darin, daß die verschiedenen Arten verschieden zeichnen, in ihrer unterschiedlichen Härte auf den Schuß und ihren unterschiedlichen Lebensgewohnheiten. Einen nicht geringen Anteil hat dabei die jagdliche Passion unseres Hundes, die sein Verhalten bei der Suche ungünstig zu beeinflussen vermag. So kann es vorkommen, daß ein Hund, der Rebhühner und Fasanen gut arbeitet, bei der Nachsuche auf Feldhasen überhaupt nicht verwendbar ist.

Unseren Hund beginnen wir folgendermaßen einzuarbeiten:
Mit dem Hund bei Fuß, am Riemen oder an der langen Suchleine, die wir dabei über die Schulter geschlungen tragen, streifen wir über Felder und Wiesen mit niedrigem Bewuchs. Dabei sind wir schußfertig, und sobald ein Hase aufsteht, sehen wir nach unserem Hund, ob er in die Downlage gegangen ist. Ist dies der Fall, backen wir unter gleichzeitigem Befehl »down!« an und zielen so, daß wir den Hasen am Kopf oder zumindest am Vorderkörper treffen.
Verharrt der Hund auch nach dem Schuß in der Downlage, befehlen wir ihm »sitz!« und beloben ihn. Sollte sich der Hund aber nach dem Schuß eigenmächtig erhoben haben oder sitzt er bereits mit der Absicht nachzuspringen, befehlen wir aufs neue »down!«, lassen ihn in dieser Stellung längere Zeit verharren, geben dann den Befehl »sitz!« und schnallen den Hund mit dem Befehl »apport!«. Unser Hund kann nun apportieren, nachdem er gelernt hat, verschiedenes Kleinwild zu bringen, darunter auch einen ausgekühlten Feldhasen.
Nun besteht aber zwischen dem Bringen eines kalten, steifen Hasen und eines frisch geschossenen ein großer Unterschied. Ein frisch erlegter Hase mit seinem weichen Balg läßt sich sehr schlecht greifen und rutscht jungen Hunden aus dem Fang, als wäre das Gewicht eines frisch erlegten Hasen größer. Mag der Junghund einen solchen Feldhasen greifen wo immer er mag, der Balg gibt nach und der Hase fällt ihm aus dem Fang. Dadurch ist dann der Hund ganz verwirrt, weiß nicht, wie er den Hasen greifen soll, ob am Genick oder am Balg oder an den Hinterläufen. Deshalb sind wir neugierig, ob sich unser Hund schließlich mit einem frisch erlegten Feldhasen Rat weiß.
Unser Hund sucht in jene Richtung, wo wir auf den Hasen geschossen haben, und mit gutem Wind findet er ihn auch. Dann versucht er ihn zu fassen, schließlich aber ist er froh, daß er den Hasen mehr anzuschleppen als herbeizutragen vermag. Endlich sitzt er vor uns und wartet, daß wir ihm den Hasen abnehmen. Das tun wir dann auch, loben unseren Hund und streicheln ihn, und dann hat sofort das Kommando »sitz!« zu erfolgen, denn er ist beim Loben und Gestreicheltwerden natürlich aufgestanden. Dabei drücken wir mit Daumen und Zeigefinger die oberen Fangzähne hoch, legen den Hasen *mit dem Rücken voran* in den Fang und sagen dabei »faß fest!«, wobei wir dann mit beiden Händen des Hundes Ober- und Unterkiefer zueinander drücken. Diesen Vorgang wiederholen wir mit weiteren Hasen noch mehrmals, wobei wir unseren Hund immer sehr loben. Ein Hund, der im Bringen richtig abgerichtet wurde, wird mit Sicherheit den dritten, wenn nicht schon den zweiten frisch geschossenen Hasen richtig am Rücken fassen, ordentlich zupacken, sauber bringen und korrekt abgeben. Für diese Leistung loben wir unseren Hund immer, streicheln ihn, und bei den ersten so apportierten Hasen belohnen wir ihn auch mit einer Leckerei. Dann unterlassen wir es zu üben, den Hasen abermals aus der Hand anzunehmen, statt dessen lassen wir den abgegebenen Hasen noch einmal über eine Entfernung von 20–50 Schritt bringen. Dazu tragen wir den Hasen fort, wäh-

rend der Hund abgelegt uns zu beobachten vermag. Es genügt, diese Übung mit den drei, vier nächsten Hasen zu wiederholen.

Grundsätzlich beschießen wir nicht jeden Hasen, der vor uns aufsteht, gleichgültig ob sich dabei unser Hund richtig oder falsch verhält. Unterläßt es der Hund, in Downstellung zu gehen, sobald er den Hasen erblickt oder spätestens nach unserem Befehl oder nach dem Schuß, oder möchte er gar nachprellen, erfolgt immer eine Verwarnung und der Befehl »down!«. Einen Junghund im ersten Feld müssen wir einfach in Zucht halten. Etwas anderes ist es, wenn er bereits im zweiten Feld steht. *Nachprellen aber darf er niemals.*

Es kann vorkommen, daß sich unser Hund einmal hinter einem Hasen ausrennen möchte. Wenn er dabei auf einen Trillerpfiff in die Downstellung sinkt und auf zwei Pfiffe herbeikommt, ist alles in Ordnung. Sollte er aber dann gleich hinter dem nächsten Hasen wieder losrennen, üben wir sofort das Downmachen oder rufen ihn herbei und unterbrechen seine Annäherung mit einigen Down-Einlagen.

Am Ende muß der Hund wie beim Aufstehen eines Hasen so beim Schuß absolute Ruhe bewahren, darf weder den Riemen noch die Suchleine spannen oder beim Anblick eines Feldhasen Faxen machen, sich aufrichten oder gar nachprellen.

Beim Verfolgen einer *gesunden* Hasenspur hat der Hund begriffen, daß ihn diese Spur mit einer bestimmten Eigenwittrung in die Nähe jenes Hasen bringt, dem eben dieser bestimmte »persönliche Duft« anhaftet. Zur Eigenwittrung eines *angeschossenen* Hasen gehört die Wittrung des Schweißes mit den dazugehörigen unterschiedlichen Stufen seiner Verletzung. Unser Hund muß die Erfahrung gewinnen, daß ihn Körperwittrung und Schweißwittrung zuverlässig zum angebleiten Hasen führen. Darum ist es so notwendig, daß er ein paar der ersten angeschossenen Hasen mit Erfolg nachsucht. Weil nun der Duft des Schweißes unseren Hund weit mehr aufregt als die Wittrung des gesunden Hasen, arbeitet man mit dem Hund auf der Wundspur des Hasen für den Anfang ausschließlich *am Riemen.* So haben wir die Möglichkeit, den Hund bei seiner Arbeit zu dirigieren, vor allem aber zu beruhigen; denn ein Erfolg ist nur bei *ruhiger, ausdauernder* Arbeit des Hundes erreichbar.

Darum schießen wir einen Hasen möglichst hinten drauf, damit er ausreichend schweißt und sich unweit in Deckung drückt. Dann nehmen wir den Hund an den langen Riemen und führen ihn zum Anschuß. Sobald er sich anschickt, der Wundspur zu folgen, rüden wir ihn an mit den Worten »Such verloren!« Wir lassen uns vom Hund auf der Wundspur führen und achten darauf, daß er sie *mit Gelassenheit und Ausdauer* bis zum erlegten Hasen verfolgt.

Wird der Hund unruhig, beschwichtigen wir ihn mit dem bekannten »Langsam! ... Langsam!« und lassen ihn gegebenenfalls auch einmal in die Downlage gehen.

Wenn uns nun der Hund an den Hasen führt, können folgende Situationen eintreten:

Ist der Hase bereits *verendet,* fordern wir den Hund mit dem Befehl »apport!«

So soll es sein: Der auf der Wundspur verlorengesuchte und gefundene Hase wird mit sicherem Griff gefaßt . . .

auf, ihn zu greifen, ihn ein paar Schritte – so lange eben der Riemen ist – herbeizutragen und ihn vorschriftsmäßig abzugeben. Dafür wird er dann gelobt, zumal wenn er den Befehl schnell und sauber ausgeführt hatte.

Der Hase kann aber auch noch *leben*. Ist der noch lebende Hase keiner Bewegung mehr fähig, geben wir unserem Hund den Befehl »Faß! Apport!« Ein scharfer Hund faßt dann den Hasen und drückt zu, wenn der Hase auf seinen Zugriff mit Bewegungsreflexen reagiert, und bringt ihn herbei. Daraufhin wird er gelobt, gestreichelt und bekommt einen Leckerbissen.

Wird der kranke Hase bei unserer Annäherung *flüchtig*, schnallen wir den Hund und entlassen ihn mit dem Befehl: »Apport! faß! faß! faß!« Dies tun wir aber nur dann, wenn der Hase so krank ist, daß ihn unser Hund nach kurzer Hetze, also in unserer Nähe, zu fangen vermag. Auf jeden Fall müssen wir hinter dem geschnallten Hund herlaufen, um dann in der Nähe zu sein, wenn er den kranken Hasen einholt. Unsere Nähe gibt dem Hund Mut und er wird dann, von seinem Instinkt unterstützt, den Hasen beim Fassen ordentlich greifen und verendet abgeben. Verständlicherweise wird er dafür ganz besonders gelobt und bei den ersten, auf diese Weise eingeholten und gebrachten Hasen wird er obendrein noch mit einem Leckerbissen belohnt.

Manchmal kann es allerdings geschehen – und das ist bei weich veranlagten Hunden sehr häufig der Fall –, daß sich der Hund davor fürchtet, einen noch lebendigen Hasen zu bringen. Beim Zugriff beginnt der Hase zu klagen, schnellt auf und nieder und entwindet sich so dem Fang des Hundes, wenn dieser, zumal wenn er noch jung ist, ihn nicht vor Schreck selbst ausgelassen hat. Der Feldhase beißt zwar nicht, aber in Todesangst kratzt er. Das steigert natürlich nicht den Mut eines Junghundes. Es ist darum nicht verwunderlich, wenn ein weicher Junghund sich überhaupt weigert, einen lebenden Hasen zu greifen, ja bei dessen Anlaufen sogar die Flucht ergreift.

In einem solchen Fall muß dem Junghund sein Führer zu Hilfe eilen. Eben deshalb sind wir ja dem Hund nachgelaufen. In der Zeit, da der Hund vergeblich versuchte, des Hasen habhaft zu werden, konnten wir uns ihm nähern und geben nun, den Umständen angemessen, den energischen Befehl: »Apport! faß! faß!«, um den Hund zum Zugreifen zu bewegen. Sobald er ihn faßt, ertönt nun unser energisches »Halt fest! Halt fest!« und gleich darauf »Apport!« Bereits unsere Gegenwart beeinflußt den Hund in dem Maße, daß er standhafter wird, und gelingt es ihm nicht, den Hasen durch festen Zugriff zu töten, bringt er ihn dann wenigstens lebend. In solchem Falle ist es völlig gleichgültig, wie unser Hund den Hasen genommen hat, Hauptsache ist und bleibt, daß er seinen Hasen trotz dessen Abwehr greift und bringt. Dafür hat er Lob und die gleiche Belohnung verdient wie ein naturscharfer Hund, der einen Hasen ohne Umstände im Zugriff auslöscht und vorschriftsmäßig bringt. Der Hund kann nichts dafür, daß er von Natur aus weich ist.

Hat uns der Hund einen noch lebenden Hasen gebracht, so fassen wir diesen mit der linken Hand an den Hinterläufen und schlagen ihn mit der rechten Handkante oder mit einem Stock hinter die Löffel. Dadurch wird der Hase getötet. Dann gehen wir mit ihm etwa zehn Schritte und werfen ihn weg. Nach einer Weile geben wir dann den Befehl »apport!« Daraufhin muß unser Hund schnell zum Hasen laufen, ihn unverzüglich aufnehmen, richtig und ohne Spielereien herbeikommen, vor uns niedersitzen und den Hasen erst auf den Befehl »aus!« in unsere Hand abgeben. Andernfalls werfen wir den Hasen erneut weg, nehmen den Hund an die lange Leine und laufen mit ihm nach dem Befehl »apport!« zum Hasen. Nun wird der Hund mit Sicherheit ohne weiteres Mahnen und Nötigen den Hasen sofort ergreifen und richtig abgeben. Auch dafür verdient er Lob. Wenn wir auf diese Weise bei einigen weiteren Hasen verfahren – der eine Hund braucht mehr, der andere weniger Anleitung –, wird auch ein weicher Hund

. . . und flott und freudig gebracht (Kleiner Münsterländer Vorstehhund)

noch lebend gegriffene Hasen verendet bringen. Der Hundeführer muß dabei wie geschildert mitwirken und sich vor allem darum bemühen, daß der Hase, an dem ein Junghund lernen soll, wirklich schwer krankgeschossen ist.

Unser Hund muß aber auch weniger schwer getroffene Hasen aufspüren und bringen, solche, die noch über weite Strecken gelaufen sind. Bei solchem Spüren und Hetzen allerdings läuft der Hund Gefahr, auf verschiedene Weise verdorben zu werden. Das geht an mit dem Verlassen der Wundspur und endet mit dem Hetzen gesunder Hasen auf Sicht. Darum muß der Junghund vorerst fest und sicher gemacht werden im Halten einer Wundspur, und zwar zunächst am langen Riemen unter Verhältnissen, die es ihm unmöglich machen, in freier Suche den Hasen auf Sicht zu hetzen.

Hatten wir bisher bis zu einem bestimmten Maß Interesse daran, daß der Hund *sehen* konnte, wo ungefähr der Hase ist, verhält sich dies nun genau umgekehrt. Bisher hat der Hund eigentlich nur gelernt zu greifen und den frisch geschossenen Hasen zu tragen oder noch lebende bzw. abgewürgte Hasen zu apportieren.

Dazu waren Wiesen, übersichtliche Felder und überschaubares Gelände vorzüglich geeignet. Nun hat unser Hund zu lernen, den Hasen *ausschließlich mit der Nase auf der Wundspur* zu suchen.

Deshalb gehen wir nun mit dem Hund in unübersichtliches Gelände, am besten in den Wald. Dort suchen wir einen kleinen, übersichtlichen Schlag auf, von dem wir wissen, daß dort Hasen anzutreffen sind, aber keine Wildkaninchen und keine Fasanen. Auf der Suche oder beim Buschieren schießen wir einen Hasen leicht an. Vor dem Schuß, wie üblich und zur Sicherheit, befehlen wir »down!«, lassen den Hund auch nach dem Schuß in Downstellung und beobachten, wohin der Hase flüchtet. Dann suchen wir mit dem Hund am langen Riemen den Anschuß, lassen ihn selbständig den Anschuß untersuchen und schicken ihn dann mit dem Befehl »Such verloren!« zur Nachsuche auf der Wundspur.

Der Erfolg hängt von der *Ausdauer,* hauptsächlich aber von der *Ruhe und Bedächtigkeit* unseres Hundes ab. Auf der Spur loszustürmen darf ihm nicht erlaubt werden, durch Zureden dämpfen wir seine Eile: »Langsam! Langsam!«, bei wesensharten Hunden durch wiederholte Downstellung. Mit dem Hund am Riemen gehen wir etwa 50—60 Schritt. Wenn er dann schön langsam und ruhig mit der Nase auf der Spur arbeitet, straffen wir den Riemen, halten den Hund an und nehmen ihm die Halsung ab. Wird er daraufhin unruhig, zumal bis zum zweiten oder dritten Hasen dieser Art, wenn er bereits weiß, was nun kommt, reden wir ihm besänftigend zu und lassen ihn down machen. Erst wenn er sich wieder beruhigt hat, geben wir den Befehl »Sitz!«, weisen mit der Hand auf die Spur und sprechen ihm zu mit den Worten: »Langsam! Langsam! Such verloren! Langsam!«

Sollte der Hund dessen ungeachtet ausbrechen, lassen wir ihn sofort wieder down machen. Andernfalls begleiten wir ihn noch etwa 20—30 Schritt, um ihn zu besänftigen. Wenn dann der Hund mit tiefer Nase der Spur folgt, werden wir über kurz oder lang die Klage des Hasen vernehmen. Sicher kommt dann nach einer Weile unser Hund mit dem Hasen im Fang angetrabt. Nach Abgabe des Hasen in unsere Hand auf den Befehl »aus!« loben wir ihn sehr, liebeln ihn ab und geben ihm seinen Leckerbissen. Für diesen Tag reicht es dann völlig. Um so mehr haftet dann das ganze Vorkommnis dem Hund im Gedächtnis.

Es kann allerdings auch vorkommen, daß der Hund abirrt, die Spur verläßt und unverrichteter Dinge zurückkommt. Wir streicheln ihn ohne ein Wort, nehmen ihn an den langen Riemen und gehen mit ihm zum Anschuß, damit er die Wundspur vom Anfang an arbeitet; dabei korrigieren wir ihn im Tempo oder mahnen ihn zur Ruhe, ansonsten lassen wir ihm seinen Willen.

Auch dort, wo er vorher frei suchen durfte, arbeitet er nun am Riemen. Dieser Umstand führt mit Sicherheit dazu, daß der Hund auf der kranken Spur bis in die Nähe des angebleiten Hasen richtig führt. Steht der Hase dann auf, nehmen wir unserem Hund die Halsung ab und geben ihn frei mit dem Befehl: »Apport! Faß!« Bringt er dann den Hasen, wird er sehr gelobt und belohnt.

Immer dann, wenn ein Hund eine Freisuche nicht erfolgreich beendet, bemühen wir uns, den kranken Hasen mit dem Hund am langen Riemen zu finden. Dabei machen wir es uns zur Regel, immer dann, wenn der Hund freie Suchen arbeiten durfte, an einem folgenden Tag mit ihm am langen Riemen die Spur eines gesunden Hasen zu arbeiten. Diese Spur muß nicht einmal lang sein. Sobald wir zu zweifeln beginnen, ob es noch die richtige Spur ist, folgen wir ihr nicht weiter. Würden wir nämlich auf einer falschen Spur weitersuchen, würden wir unserem Hund beibringen, von einer Hasenspur auf eine andere überzuwechseln (zu »changieren«); damit würden wir ihn nur verderben.

Hat unser Hund mit Erfolg einige mäßig schwer angeschossene Hasen gearbeitet, beginnen wir die Wartezeit zu verlängern, jene Zeitspanne also zwischen dem Schuß und dem Anlegen des Hundes an die Spur des kranken Hasen. Von anfangs einigen Minuten verlängern wir stufenweise bis zu einer halben Stunde. Damit erleichtern wir nur die erfolgreiche Nachsuche eines angeschweißten Feldhasen.

Im freien Feld ohne Deckung flüchtet ein Hase weit, zumal dann, wenn man ihn nicht in Ruhe läßt. Genau gegenteilig verhält er sich, wenn man ihn in Ruhe gelassen hat. Auch im freien Feld drückt er sich da gern in die Furche, auf den Stoppeln in eine Kuhle, und selbstverständlich benützt er jede sich bietende Deckung. Im Wald drückt er sich dort, wo sich ihm das nächstbeste Versteck anbietet, und sucht mit Vorliebe die nächste Dickung auf. Dabei flüchtet er so langsam, daß der Hund auf seiner Spur in Kürze seine Nähe gewinnt. Folgt dann eine Hatz, so ist diese kurz. Kurz gesagt: Ein Hase, der nicht sogleich nach dem Schuß verfolgt wird, ist bald sehr krank und fordert dem Hund in der Regel keine lange und beschwerliche Hatz ab.

Im Gegensatz dazu entwickeln Hasen, die sofort nach dem Schuß verfolgt werden, eine große Geschwindigkeit. Wie jedes gehetzte Wild, so zeigt sich auch der Feldhase als außerordentlich vital und zäh und kann selbst mit schweren Verletzungen unglaublich weite Strecken zurücklegen. Ein Hund, der also gleich nach dem Schuß hinter ihm dreinstürmt, hat darum keine besseren Aussichten ihn zu erreichen, es sei denn, der Hund wäre schneller. Ansonsten ist er im Nachteil, und das um so eher, wenn zu diesem unerwünschten Verhalten des kranken Hasen auch noch ein unerwünschter Seelenzustand des Hundes dazukommt und er so leicht die Spur des Hasen verliert. Die Schnelligkeit unseres Hundes zahlt sich vor allem bei der Hetze eines Hasen auf Sicht aus, die wir aber grundsätzlich nicht dulden, *denn mit häufigem Hetzen auf Sicht wird auch der bestabgeführte Verlorenbringer verdorben.* Dies ist auch der Grund dafür, daß wir je nach Bedarf, wenn es unerläßlich war, am Ende einer Wundspurarbeit den Hund zu schnallen, also auf Sicht hetzen zu lassen, zum Ordnungstraining die Spur eines gesunden Hasen am langen Riemen arbeiten.

Hat der Feldhase nur einen Lauf abgeschlagen ist er sonst gesund, flüchtet er gewöhnlich noch über weite Strecken. Die Nachsuche eines solchen Hasen geht in der Regel über große Entfernungen und pflegt äußerst schwierig zu sein. Deshalb ist eine solche Nachsuche keine Aufgabe für einen unerfahrenen, jungen Hund.

Je ruhiger und ausdauernder ein Hund bei der Suche auf der Wundspur ist und je schneller er bei der darauf folgenden kurzen Hatz ist, um so erfolgreicher ist er bei der Verlorensuche krankgeschossener Hasen. Je öfter ein Hund am kranken Wild arbeitet, um so eher merkt er den Unterschied zwischen einer kranken und einer gesunden Hasenspur. Bei häufiger Gelegenheit zur Verlorensuche angeschossener Hasen entwickelt er sich in einigen wenigen Wochen so weit, daß ihn bei Verfolgung kranken Wildes die Wittrung gesunden Wildes überhaupt nicht mehr interessiert.

Nachsuche auf der Treibjagd

Bisher haben wir unseren Hund allein oder im Beisein von nur zwei oder drei Schützen in der Nachsuche angeschweißter Feldhasen abgerichtet. Dabei wurde ausschließlich auf Feldhasen geschossen. Auf Gesellschaftsjagden wird dabei üblicherweise auch der Fasan bejagt. Bisher hat sich unser Hund bereits an die Jagd auf Rebhühner und auf Fasanen gewöhnt, nun muß er sich auch noch an diese gemischten Jagden gewöhnen, die weitere störende Ereignisse mit sich bringen. Darum hat unser Hund angeleint bei Fuß zu gehen, damit er sich nicht zu verschiedenen Unarten verführen läßt wie Herumspringen, Winseln, Lautgeben und anderen Aufgeregtheiten. Sollten nämlich solche Unarten zur Dauergewohnheit werden, würde damit unser Hund schlicht und einfach unbrauchbar. *Deshalb auch – und ich unterstreiche dies mit Nachdruck abermals – führen wir unseren Hund auf Gesellschaftsjagden angeleint. Dabei widmen wir unser Hauptaugenmerk nicht etwa dem Schießen, sondern dem Verhalten unseres Hundes,* damit wir ihn beizeiten, soweit nötig, korrigieren können, sei es durch beschwichtigendes Anreden, Leinenruck, Befehl der Downlage, einen Schlag mit der Gerte oder ähnlichem. Während des Treibens lassen wir unseren Hund nicht einmal einen in Sichtweite erlegten Hasen apportieren.

Haben wir die Wahl, dann beteiligen wir uns vorteilhafter Weise anfangs nur an kleinen Jagden, sogenannte Standtreiben, mit sehr beschränkter Anzahl von Schützen. Bei größeren Gesellschaftsjagden verlangen wir, nach Vereinbarung mit dem Jagdleiter, daß wir unseren Hund weiter abrichten dürfen, und zwar bei Beteiligung zweier oder dreier Schützen etwas abseits der Haupttreiben. Diese Methode, einen jungen Hund einzuarbeiten, ist die vorteilhafteste. Der Hund wird so von Jagd zu Jagd ruhiger, und sein Gehorsam festigt sich. Wir merken das daran, daß er sich unter allen Umständen ruhig verhält und auch in unterschiedlichen Situationen auf jeden unserer *leisen* Befehle oder Winke reagiert. Daß unser Hund gute Nerven hat, beweist er uns damit, daß er selbst dann ruhig bleibt, wenn um uns herum mehrere Hasen oder Fasanen flüchten. Erst dann können wir daran denken, auf Treibjagden erlegtes Wild apportieren oder schwer getroffene Feldhasen suchen zu lassen. Auch das machen wir erst *nach Abblasen des Treibens und im Einverständnis mit dem Jagdleiter.*

Soweit wir auch Wild nachsuchen sollen, das durch andere Schützen beschossen wurde, müssen wir aus Gründen der Vorsicht folgende Bedingungen stellen: Der Schütze muß das Zeichnen des Wildes beschreiben können und muß den Anschuß durch einen gut sichtbaren Bruch markieren. Der Jagdleiter hat uns einen Treiber zuzuteilen, der sich im Revier gut auskennt, wenn wir selbst nicht ausreichend ortskundig sind. Ob wir schließlich die Nachsuche eines Hasen oder Fasans, der von einem anderen Schützen angeschossen ist, überhaupt durchführen, entscheiden wir nach der Prüfung des Anschusses.

Angeschossenes Wild sucht man zweckmäßig nur dann nach, wenn es in den bereits bejagten Teil des Jagdbogens zurück flüchtet oder in einen Revierteil, der unbejagt bleibt. Mit der Nachsuche beginnen wir, wenn das Treiben abgeblasen ist oder das nächste bereits begonnen hat, niemals dann, wenn nach Beendigung eines Treibens Schützen, Hunde und Treiber zusammenkommen. Folgt ein Treiben dem anderen ohne Unterbrechung, vor allem dann, wenn die einzelnen Treiben kleiner sind (zumal wenn der Hund noch nicht fest genug ist), verbrechen wir auch den eigenen Anschuß und kehren zur Nachsuche, je nach den Umständen, erst nach dem nächsten oder übernächsten Treiben zurück.

Bei den ersten Nachsuchen dieser Art muß man allerdings darauf achten, daß nicht zu lange Zeit nach dem Schuß verstrichen ist. Dem Anschuß nähern wir uns dann ruhig, mit dem Hund am langen Riemen, auch mit dem Treiber, der uns zugeteilt worden ist. Den Anschuß prüfen wir gründlich, und wenn nach den vorgefundenen Merkmalen wie nach dem Interesse des Hundes zu ersehen ist, daß es sich um eine schwere Verletzung handelt, fordern wir unseren Hund mit dem üblichen Befehl »Such verloren – apport!« auf, die Spur zu arbeiten.

Nimmt der Hund die Spur an, lockern wir den Riemen und gehen mit ihm langsam und ruhig auf der Wundspur. Etwa nach 30 Schritt, wenn sich der Hund an der Spur festgesogen hat, straffen wir den Riemen, lassen ihn setzen, nehmen die Halsung ab, und nach abermaliger Aufforderung weiterzusuchen, begleiten wir unseren Hund etwa noch 10 Schritt. Unser Hund geht dann auf der Spur, findet bald auch den Hasen. Sollte sich der Hase noch dahinschleppen, erreicht er ihn mit wenigen Sprüngen. War allerdings seine Verletzung nicht so schwer, hetzt ihn der Hund auf kürzere Entfernung. Kommt er dann an, mit dem Hasen im Fang, nehmen wir ihm die Beute unter Loben und Streicheln ab. Dann kommt der Hund wieder an die Leine.

Kommen wir aber nach Prüfung des Anschusses zur Überzeugung, daß der Hase des fremden Schützen nur leicht verwundet oder gar nur angekratzt ist, fangen wir mit einem unerfahrenen und nicht durchgearbeiteten Hund die Verlorensuche erst gar nicht an.

Junghunde, die suchen und ihrem Herrn Hasen bringen, machen zeitweise auch den Fehler, daß sie bei Begegnung mit einem anderen Hasen den getragenen Hasen fallen lassen, um hinter diesem anderen Hasen herzuhetzen. Wenn wir dies selbst beobachten konnten und wenn dieser neue Hase so schwer getroffen ist, daß ihn unser Hund greift und bringt, ist kein Unglück passiert. So etwas kann sich aber auch außerhalb unserer Beobachtungsmöglichkeit ereignen, und dann wäre der erste, der weggeworfene Hase, verloren.

War jener zweite Hase aber z. B. nur laufkrank oder gar völlig gesund, würde ihn der Hund auf Sicht und ohne Aussicht auf Erfolg hetzen. Auch ältere Hunde, die bereits mehrere leicht kranke Hasen auf Sicht und ohne Erfolg gehetzt hatten, sind dadurch unzuverlässig geworden. Um solchen Fällen vorzubeugen, *schnallen wir einen Junghund im ersten Feld nur dann, wenn es sich um einen so schwer verletzten Hasen handelt, daß ihn unser Hund unter unseren Augen zu finden vermag.*

Wenn ein Hund den getragenen Hasen fallen läßt, um hinter einem anderen herzuhetzen, pfeifen wir ihn in die Downstellung. Dann rufen wir ihn herbei, und sollte er dann beim Herbeikommen den vorhin weggeworfenen Hasen nicht aufnehmen, kommt er an den langen Riemen und wir gehen mit ihm an den Platz, wo er seinen ersten Hasen fallen ließ. Bekommt er dann diesen Hasen in den Wind und zieht in seine Richtung an, befehlen wir »apport!« und laufen hinter dem Hund zum Hasen. Sobald er diesen dann aufnimmt, laufen wir zurück zu dem Platz, wo wir auf den Hund warteten. *Dort erst nehmen wir den Hasen ab* und sparen nicht mit Lob.

Es kann auch vorkommen, daß ein freilaufender Hund dem unseren, der einen Hasen trägt, diesen wegnehmen möchte. Dabei kann es auch zu einer Rauferei um solch einen Hasen kommen, zumal dann, wenn der andere Hund scharf und älter ist. Dabei wird dann der Hase entweder zerrissen oder zumindest entwertet, und Verletzungen der Hunde sind nicht ausgeschlossen. Deshalb merke: *Sobald auf einer Treibjagd einer oder mehrere Hunde frei herumlaufen, schnalle deinen Hund nicht einmal auf einen kranken Hasen!*

Im ersten Feld verbessert unser Hund zusehends seine Leistung bei erfolgreichen Nachsuchen verendeter oder schwer kranker Feldhasen mit kurzer Hatz. Das Jahr darauf, also im zweiten Feld, beginnen wir leichter verletzte Hasen, somit auch mit längerer Hatz, nachzusuchen. Erst im dritten Feld wird er zur Verlorensuche leicht angeschossener, vor allem laufkranker Hasen eingesetzt.

Nach der Treibjagd gilt der allgemeine Grundsatz, daß sich an dieser Nachsuche nur ältere, erfahrene und bewährte Hunde beteiligen sollen. Dabei geht es weniger um die Nachsuche selbst, sondern darum, daß dabei junge Hunde nicht verdorben werden. Darum begehen wir keinen Fehler, wenn wir zu dieser Arbeit nur Hunde nehmen, die wenigstens drei Jagdperioden absolviert haben.

Auch die Kleinen können es lernen: Deutscher Jagdterrier mit Wildkaninchen

Noch einmal das Wichtigste

In diesem Teil des Buches haben wir gründlich abgehandelt, wie wir für unsere gängigen Niederwildarten zuverlässige und sichere Verlorenbringer abführen und erhalten können.

Dieser Stoff läßt sich in einige Grundsätze raffen:

Grundlage für den Erfolg eines jeden Verlorenbringers sind seine angeborenen und erworbenen Eigenschaften und Fähigkeiten. Es sind dies Jagdinstinkt, feste Nerven, Ausdauer, Spurtreue, Bringfreudigkeit, Appell, Schußfestigkeit und Ruhe vorm Wild.

Einem Junghund bringen wir zunächst bei, *am langen Riemen oder an der Suchleine* der Spur *gesunden* Wildes zu folgen und in gleicher Weise, eine *Schleppe* zu arbeiten. Das ist die Grundlage und unbedingte Voraussetzung für eine Nachsuche von Niederwild.

Zur Verlorensuche arbeiten wir den Hund in gleicher Weise *am langen Riemen oder an der langen Leine,* u. zw. *stufenweise* von leichten über schwierige bis zu schweren Nachsuchen, und das so, daß alle erfolgreich beendet werden. Damit sammelt der Hund *Erfahrungen* und gewinnt Selbstvertrauen, und wir entwickeln auf diese Weise in unserem Hund die erforderliche *Verknüpfung* zu der abverlangten Leistung.

Zum *Anschuß* führen wir jeden Hund, vor allem aber den jungen, so, als habe er ihn ohne unser Zutun gefunden. Beim *Untersuchen des Anschusses* lassen wir ihm seinen Willen. Anfangs arbeiten wir dann mit unserem Hund *am langen Riemen oder an der Suchleine bis zum verendeten oder schwer kranken Wild,* und das so lange, bis der Hund gelernt hat, eine Wundspur gelassen und ausdauernd zu arbeiten. Schnallen wir ihn, dann laufen wir anfangs die ersten 20—30 Schritt mit.

Zur *freien Verlorensuche* entlassen wir den Hund ohne Halsung erst dann, wenn alles dafür spricht, daß er die Wundspur ruhig, ausdauernd und zuverlässig verfolgen wird und daß das beschossene Wild so schwer krank sein dürfte, daß gegebenenfalls nur eine kurze Hatz zu erwarten ist. Laufschüsse kommen für den Junghund nicht in Betracht.

Durch Hetzen auf Sicht wird jeder Hund verdorben. Darum lasse keinen Hund den Hasen auf Sicht hetzen! Soweit es am Schluß einer Verlorensuche notwendig werden sollte, unseren Hund hetzen zu lassen, müssen wir nachher den ungünstigen Einfluß solcher kurzen Schlußhatz auf Sicht durch ein paar Suchübungen am langen Riemen oder an der Suchleine neutralisieren. Auch die darauf folgende, nächste Verlorensuche kranken Wildes hat am langen Riemen oder an der Suchleine zu erfolgen.

Wild, das in Sichtweite des Schützen verendet ist, soll der Hund nur so lange apportieren, bis er das richtige Bringen frisch erlegten Wildes gelernt hat. Später ist dies Sache des Schützen oder eines Treibers.

Auf keinen Fall dürfen wir unseren Hund schnallen, damit er sofort nach dem Schuß erlegtes oder angebleites Niederwild sucht. Die Wartezeit ist abhängig von Umständen, die das Stehen der Wittrung des krankgeschossenen Wildes beeinflussen. Bei Wind oder Frost, im mittäglichen Sonnenschein oder auf Kahlflächen verflüchtigt sich die Wittrung schneller als unter anderen äußeren Einflüssen.

In den Schonzeiten über wir unseren Hund des öfteren auf den Spuren gesunden Wildes und auch auf Schleppen.

Wer sich an diese Ratschläge hält, wird schließlich einen verläßlichen und sicheren Verlorenbringer haben, der unter normalen Bedingungen jedes erlegte oder krankgeschossene Stück Niederwild finden wird, sei es nun Rebhuhn, Fasan oder Feldhase.

Nachsuche auf Schalenwild

Welcher Hund?

Die eigentlichen *Schweißhunde* sind vor allem »Spezialisten« auf der Rotfährte von Hochwild und finden hauptsächlich dort Verwendung, wo es gute Rotwildbestände gibt. Genau so werden sie auch zur Nachsuche auf Damwild, Muffelwild, Gams und Sauen verwandt. Auf der Fährte von Rehwild, sei sie gesund oder krank, soll der Schweißhund nach herkömmlicher Auffassung nicht arbeiten.

Nachsuchen auf Rehwild – unsere häufigste Schalenwildart – müssen vorwiegend mit den vielseitig verwendungsfähigen Gebrauchshunden durchgeführt werden, also hauptsächlich Angehörigen der Vorsteh- und der Stöberhundrassen. Ein vielseitig im Niederwildrevier eingesetzter Gebrauchshund kann allerdings den Vollspezialisten Schweißhund meist nicht in allen Situationen ersetzen. Wenn sie angewölftes Interesse an der Fährte vorweisen und gut abgerichtet und geführt sind, zeigen aber *Vorstehhunde* und *Stöberhunde* sogar auf der Schweißfährte von Hochwild sehr gute Leistungen. Das gilt erst recht für die verschiedenen *Bracken,* besonders die Dachsbracke und die österreichischen Gebirgsbracken (Brandlbracke, Tiroler Bracke, Steirische Rauhhaarbracke), die den eigentlichen Schweißhunden am nächsten stehen.

Erwünscht sind dabei Fährtentreue, Ausdauer, Zähigkeit, Schärfe und Beweglichkeit. Zu große Schärfe, Rücksichtslosigkeit und Wildheit, wofür einige Stämme, vor allem die *Terrier* bekannt sind, werden mitunter zur Ursache dafür, daß sie verunglücken, vor allem bei Begegnung mit angeschweißtem Schwarzwild.

Besonders gut für die Schweißarbeit ist der *Dachshund* (Teckel, Dackel) geeignet. Seine niedrige Figur und sein langsamer Lauf sind Vorteile. Das Wild fürchtet ihn nicht, läßt ihn herankommen und läßt sich von ihm leichter stellen. Wird dann dem gestellten Stück die Begegnung mit dem Dackel lästig, flüchtet es mitunter weiter und nimmt den Dackel mit. Für solche Fälle sind zwei Dackel von Vorteil. Diese beschäftigen wechselweise durch Angriffe das kranke Stück so sehr, daß es am Platz bleibt und der Jäger zum Fangschuß kommt. Auch bei der Nachsuche auf Sauen ist die kleine und vor allem niedrige Figur des Teckels insofern von Vorteil, als sie ihn mit dem Gewaff schlechter treffen können; denn

ein Keiler setzt seinen Schlag in der Regel von unten an und führt ihn nach oben. Im großen·ganzen gesehen, geben alle unsere kleinen Jagdhundrassen bei der Nachsuche von Schalenwild brauchbare Leistungen.
Keinesfalls dürfen zur Arbeit auf der Schweißfährte Hunde verwendet werden, die bei der Hatz hinter dem Wild nicht lautgeben, sondern stumm hetzen. Ist es doch das Lautgeben des Hundes allein, an dem der Jäger zu erkennen vermag, wo sich sein Hund und demnach auch das kranke Stück Wild befindet. Vor einem stummen Hund flüchtet angeschweißtes Wild und stellt sich nicht, es sei denn abgehetzt am Ende seiner Kräfte. Dabei beunruhigt ein solcher stummer Hund auch alles andere, gesunde Wild.
Begreiflicherweise muß jeder Hund für die Schweißarbeit gehörig geschult werden. Gerade der vielseitige Gebrauchshund muß bei jeder Gelegenheit zum Gebrauch seiner Nase auf Spur, Fährte und Schleppe angehalten werden, beginnend mit einer Brockenschleppe für den Welpen und endend mit der kalten Spur eines gesunden Feldhasen und schwierigen künstlichen Schweißfährten.

Der Schuß auf Schalenwild

Jeder, der auf ein Stück Schalenwild schießt, muß sich vorher bewußt sein, daß es seine moralische Verpflichtung ist, nur auf Entfernungen zu schießen, die seiner Waffe und seiner Schießfertigkeit angemessen sind. *Nie soll man auf zu große Entfernungen schießen,* bei denen ein tödlicher Treffer doch immer unsicher bleibt. Selbst die kleinste Abweichung beim Zielen ist für das Ergebnis von höchster Bedeutung, denn mit zunehmender Entfernung vervielfältigt sich der Fehler.
Dabei liegt das nicht allein am Schützen, sondern auch am Wild. Bewegt es sich im Augenblick, da der Abzug betätigt wird, sitzt der Schuß ganz wo anders, als wenn sich das Wild nicht bewegt hätte. Entscheidend dabei ist, wie schnell die Bewegung des Wildes war, ob es sich z. B. um einen Schritt oder Sprung handelt.
Bei einem glatten Fehlschuß ist schließlich kein Unglück geschehen. Schlimmer ist es, wenn das Wild so getroffen wurde, daß eine langwierige Nachsuche notwendig wird. Wurde das Wild obendrein noch von einem leistungsschwachen Geschoß getroffen, bleibt eine solche Nachsuche, trotz aller Anstrengungen und Mühen, manchmal ergebnislos.
Niemals schießen wir auf ein Wild, wenn dieses für einen wirksamen Schuß nicht günstig steht. Wir haben abzuwarten, bis sich das Stück Wild günstig stellt, nach Möglichkeit *breit,* damit wir die Kugel aufs Blatt setzen können. Nur ganz ruhige, sehr gute und sichere Schützen können sich ausnahmsweise erlauben, auf Wild in anderer Stellung zu schießen.

Unser Grundsatz muß sein, einen tödlichen Schuß anzubringen, um das Wild so schnell wie möglich zur Strecke zu bringen, damit es sich nicht lange zu quälen braucht und das Wildpret nicht allzu sehr entwertet wird. Ruhiges Halten der Waffe beim Abdrücken ist grundsätzlich notwendig. Sind wir unruhig, weil uns der Anblick unserer Beute aufregt oder aus Besorgnis, das Wild könnte fortwechseln, dann setzen wir ab und verschieben den Schuß auf später. Erst wenn wir uns beruhigt haben, versuchen wir erneut zu zielen. Geht nun das Korn oder Fadenkreuz ins Ziel und bleibt dort stehen, ziehen wir ruhig durch. Dazu gehört vor allem *Selbstbeherrschung*.

Bei innerer Unruhe, die sich noch steigert, wenn wir gewahr werden, daß die Waffe in der Hand zu zittern beginnt oder gar wackelt, ist es gut, mit einer weichen Unterlage zu schießen. Keinesfalls darf man die Waffe auf einen gespannten Draht, auf einen Baum oder Stein auflegen; sie federt, und Abweichung des Geschosses nach oben oder zur Seite wäre die Folge. Als weiche Unterlage dient uns die linke Hand am Vorderschaft oder der unterlegte Mantel oder Rucksack.

Manche Schützen schließen in Erwartung des Rückstoßes entweder beide Augen – was ein großer Fehler ist, weil man dann keine Schußzeichen sehen kann – oder sie reißen den Schuß durch oder machen beides. Beides läßt sich durch entsprechendes Üben beseitigen bei gleichzeitig festem Einziehen des Kolbens in die Schulter.

Beim Kammerschuß haben manche Jäger die Angewohnheit, am Vorderlauf hochzuziehen bis ins Blatt. Deshalb kommt es häufig zum Vorderlaufschuß. Auch beim Schuß von einem hohen Sitz kann so der an sich gut placierte Schuß eine Vorderlaufverletzung verursachen. In beiden Fällen ist es vorteilhafter, von oben ins Ziel zu gehen und lieber einen Hochblattschuß anzubringen.

Schußzeichen

Das Zeichnen

Das Zeichnen des Wildes wird oft ganz verschieden wahrgenommen, je nachdem ob der Schütze gewohnt ist »durchs Feuer zu schauen« oder ob er »feuerscheu« ist. Der erstere sieht mehr, und zwar sowohl wie das Stück Wild im Augenblick des Treffers zeichnet, als auch wie es sich nach dem Schuß verhält. Der andere, der »feuerscheue« Schütze, beobachtet kein Verhalten im Schuß, er sieht erst nach dem Schuß, wie sich das getroffene Wild verhält.

Zum besseren Verständnis folgendes Beispiel: Beim Schuß ins Gescheide macht das Stück Wild einen Buckel, das ist die Reaktion *im* Schuß. Dann springt es ab, was man als Reaktion *nach* dem Schuß bezeichnen müßte.

Ähnlich verhält es sich in anderen Fällen, wenn bei unrichtiger Beurteilung des Zeichnens ein krankes Stück vorzeitig aufgemüdet wird. Dies alles bedeutet dann unerwartete, jedenfalls aber unangenehme und unnötige Nachsuchen. Darum liegt es im Interesse eines jeden Schützen, daß er durch Übung lernt, *»durchs Feuer zu schauen«*.

Auf Treffer zeichnet das Schalenwild in sehr unterschiedlicher Weise. Dabei kommt es auf viele Umstände an, die zum Teil bereits erwähnt wurden. Doch gibt es manche Schüsse, auf die verschiedene Arten von Schalenwild mehr oder weniger gleich gut zeichnen. Auf jeden Fall gebraucht man bei allen die gleichen Trefferbezeichnungen. Die Schußreaktion beim *Schwarzwild* weicht meist beachtlich von der der Wiederkäuer ab und wird deshalb in einem eigenen Kapitel behandelt.

Rotwild und Reh zeichnen wie folgt:

Schuß ins Gehirn: Dabei stürzt das Wild zu Boden und verendet sofort.

Schuß in den Äser: Trifft das Geschoß den *Windfang* oder *Ober-* bzw. *Unterkiefer*, so ist dies eine der scheußlichsten Schußverletzungen. Am Anschuß findet man dann u. U. ausgeschlagene Zähne. Soweit das Stück schweißt, findet man einen bleichen, mit Speichel verdünnten, schaumigen Schweiß, der beiderseits der Fährte liegen wird. Das verletzte Stück flüchtet schnell, denn es ist ja ansonsten gesund und voll bewegungsfähig. Die Nachsuche ist sehr mühevoll. Am besten ist es in solchem Falle, ein Riegeln (Drückjagd) mit einer angemessenen Anzahl Schützen zu veranstalten. Enttäuscht dieses, so hilft nur noch der Zufall mit einer unerwarteten Begegnung, andernfalls geht ein so verletztes Stück nach langer Zeit jämmerlich durch Verhungern ein.

Schuß auf den Träger: Wird dabei die *Halsschlagader* oder die *Drossel* durchschossen, ist dies tödlich. Mit zerschossenem *Halswirbel* stürzt das Stück im Feuer und verendet. Wird der *Schlund* getroffen, schüttelt das Stück ein paarmal das Haupt und springt scharf ab. Der wenige Schweiß ist dunkel und häufig mit grünem Panseninhalt vermengt und liegt in diesem Falle *in* der Fährte. Beim Durchschuß des *Drosselknopfes* liegt der Schweiß hellrot, wie Wildpretschweiß, und – bedingt durch das Ausatmen, Aushusten – weitab von der Fährte, mitunter sehr reichlich. Bekommt das kranke Stück viel Schweiß in die Drossel, geht es häufig durch Ersticken ein.

Wurde lediglich *Wildpret* getroffen, wirft das Stück das Haupt hoch, entfernt sich mit jäher Flucht und fordert eine längere und sehr beschwerliche Nachsuche. Wurde der Vorderteil des Brustkorbs, der *Stich*, getroffen, stutzt das Wild und springt dann jäh ab. Es kann noch weit flüchten und verendet dann langsam. Der wenige, helle Schweiß liegt in der Fährte. Die Nachsuche ist sehr schwierig.

Schuß auf die Kammer (Blattschuß): Gewöhnlich zeichnet das Wild mit einer hohen oder niedrigeren Flucht nach vorne, flüchtet dann häufig mit tief gesenktem Haupt und prallt gegen Bäume und Sträucher. Seltener bleibt es im Feuer

Innere Organe eines Rehbocks
(als Beispiel für alles wiederkäuende Schalenwild)

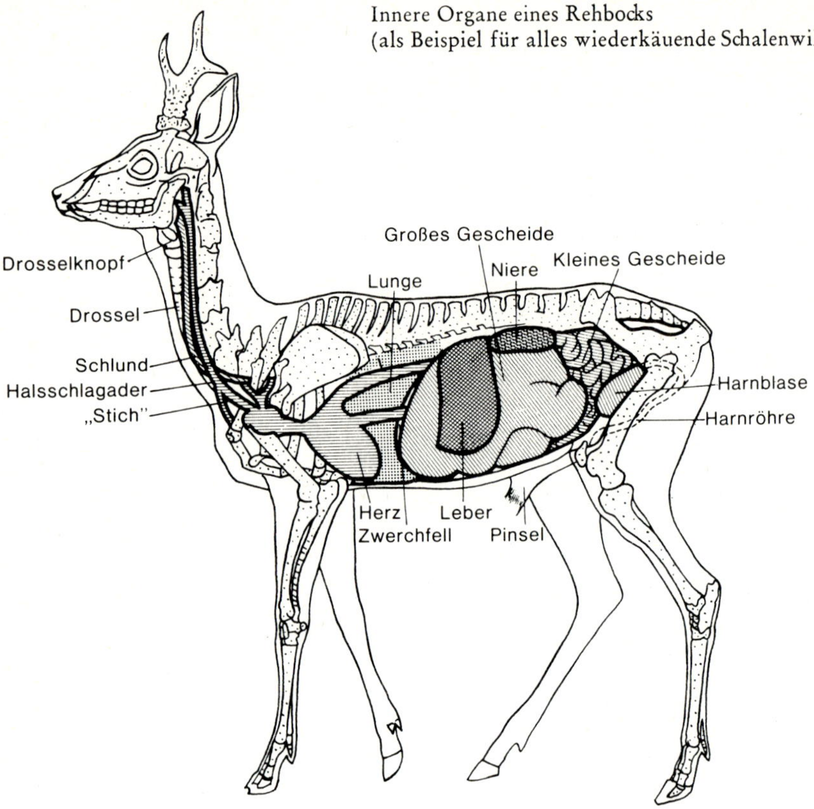

liegen; meist dann, wenn die Aorta durchschossen wurde oder durch einen Treffer auf die Blattschaufel die Beweglichkeit der Vorderläufe ausgeschaltet worden ist.

Bei Kammerschüssen durchbohrt das Geschoß den Brustkorb, trifft dabei die *Lunge* oder *Lunge und Herz* bzw. bei tiefen Blattschüssen das *Herz* allein (»hochblatt«, »Mitte Blatt«, »tiefblatt«). Alle diese Schüsse sind tödlich. Wenn das Stück nicht im Feuer liegt, flüchtet es mit einem Lungenschuß bis zu 200 Meter; sind Lunge und Herz getroffen oder das Herz allein, beträgt die Fluchtweite bis zu 100 Meter.

Bei einem *Hochblattschuß* zeichnet das Stück mit einem Ruck, mit *tief* gesenktem Haupt stürmt es geradeaus. Ein so verletztes Stück bricht nach 20—50 Metern zusammen. Häufig schweißt ein solcher Treffer überhaupt nicht und wenn, dann höchstens geringfügig. Der Schweiß ist schaumig, blasig hellrot bis rosa, liegt neben der Fährte und wird nur selten, beim Ausatmen, nach vorn in die Fährte geblasen.

Bei einem *Tiefblattschuß* (Herzschuß) zeichnet das Wild mit einer *hohen* Flucht nach vorn, knickt dabei beide Vorderläufe zur Brust und flüchtet stracks geradeaus, wobei es oft auch Bäume anflieht. Je nachdem zu welcher Zeit und unter welchen Umständen das Stück beschossen wurde, bricht es nah oder weiter vom Anschuß verendet zusammen. Ein so getroffenes Stück schweißt häufig bereits vom Anschuß an, zumindest liegt Schweiß nach 5–8 Schritt vom Anschuß, und das meist in großer Menge und von dunkelroter Farbe. Meist schweißt das Stück aus dem Ein- und Ausschuß, also zu beiden Seiten der Fährte, häufig in großen Blasen, aber nicht schaumig.

Beim Schuß weiter vorn auf die *Blattschaufel,* am Trägeransatz, fällt das Stück im Feuer, schlegelt und verendet in Kürze, wenn ein Halswirbel oder ein Hauptgefäß des Halses getroffen wurde. Andernfalls springt das Stück jäh ab und flüchtet weit, dabei schweißt es hellrot.

Leberschuß: Die Wirkung ist ungefähr die gleiche wie bei einem Lungenschuß. Ist die Leber voll getroffen, zieht ein kräftiges Stück Schalenwild ungefähr noch 200 Meter und verendet dann bald. Wird die Leber nicht so glücklich getroffen, ist die Wirkung naturgemäß schwächer, trotzdem geht das Wild bald ins Wundbett und verendet in wenigen Stunden. Bei einem Volltreffer auf die Leber krümmt sich das Stück manchmal am Anschuß. Einen hohen Treffer an der Leber quittiert das Stück mit Hochziehen des Rückens, wobei der Eindruck erweckt wird, als würde der Wildkörper kleiner.

Ist die Leber nur zum Teil in Mitleidenschaft gezogen, zeichnet das Wild mit einem starken Ruck. Ein so angeschweißtes Stück zieht locker, wobei es unentwegt sichert; bald hört es auf zu schweißen, geht ungern ins Wundbett und zieht weit davon. In solchem Falle ist eine Nachsuche sehr schwierig. Ist aber zugleich mit der Leber auch die *Milz* getroffen, gestaltet sich eine Nachsuche grundsätzlich leichter, das Stück verendet dann auch bald.

Bei einem Leberschuß mit Ausschuß liegen am Anschuß gewöhnlich Leberstückchen. Ist dabei auch die Milz beschädigt, zeigt sich dunkler Schweiß. Nach einem Leberschuß schweißt das Stück erst 15–20 Schritt vom Anschuß, u. zw. dunkelrot in großen Tropfen neben der Fährte, sehr oft mit Leberbröckchen vermischt. Der Schweiß fühlt sich zwischen den Fingern zerrieben körnig an.

Weidwundschuß: Beim Weichschuß schlägt das getroffene Stück gewöhnlich mit den Hinterläufen aus. Ansonsten zeichnet es danach, welche inneren Organe getroffen wurden, das heißt ob *Weiddarm* oder *Weidsack (Pansen)* allein oder dieser zusammen mit der *Milz.* Läßt man das Stück nach dem Schuß in Ruhe, sucht es Deckung und verendet dort. Wird es aber beunruhigt oder gar durch eine übereilte Nachsuche aufgemüdet, weicht es Deckungen aus und fast ausnahmslos verendet es dann im Altholz oder lichten Stangenholz.

Beim Schuß ins *Gescheide* macht das Stück einen Buckel, springt ab und zieht dann fort. Hat es dabei den Schützen noch nicht wahrgenommen, kommt es vor, daß es nach wenigen Schritten mit leicht gesenktem Haupt verhält und sich

nach rückwärts wendet. Es sucht eine Dickung auf und tut sich dort nieder; wird es im Wundbett nicht gestört, erkrankt es zusehends mehr und mehr und verendet verhältnismäßig bald, zumal wenn es sich um Rehwild handelt.
Aufgemüdet, zieht es jedoch noch weit und geht erst kurz vorm Verenden ins Wundbett. Schweiß gibt es dabei wenig, häufig mehr grün als rot gefärbt, mit Darminhalt gemischt und neben der Fährte.
Schüsse, die *nur den Pansen* verletzen, gehören zu den übelsten Verletzungen. Ist gleichzeitig auch die *Milz* getroffen, wird das Stück verhältnismäßig schneller krank. Bei ausschließlicher Verletzung des Pansens zieht das Wild noch weit, geht schließlich ins Wundbett und verendet langsam. Wird es gestört oder vom Hund gehetzt, schlägt es einen Kreis, um beim Anblick des verfolgenden Hundes derart kopflos zu werden, daß es hin und herwechselt, soweit es dazu noch Kraft besitzt. Der Tod folgt dann erst nach vielen Stunden.
Beim Treffer in den Pansen zuckt das Wild, springt dann ab und bleibt mitunter mehrere Male stehen und wendet sich um, zieht dann mit hochgezogenem Rücken weiter und geht bald ins Wundbett. Der geringe Schweiß ist hell und dünn; nach 20–30 Schritten ist er dann gewöhnlich mit grünem oder braunem Panseninhalt vermischt und wird dabei wäßrig und dunkel. Die grüne Beimischung aus dem Pansen ist stärker als jene aus dem Weiddarm.
Bei allen Fällen von Weichschüssen schweißt das getroffene Stück verhältnismäßig wenig. Läßt man das kranke Stück nach dem Schuß in Ruhe und gibt ihm ausreichend Zeit zum Krankwerden, ist die Nachsuche nicht so mühsam. Im umgekehrten Fall ist die Nachsuche sehr mühsam und häufig ergebnislos.
Schuß in die Nieren: Bei direktem Treffer auf die Nieren sinkt das Stück im Feuer zu Boden, wird aber wieder hoch, zieht davon, geht bald ins Wundbett und verendet. Beim Schuß hinter die Nieren sinkt es zusammen, stemmt sich dann empor und zieht langsam weg. Rotwild reißt es nach einem solchen Schuß zusammen, es flüchtet mit hochgehobenem Wedel, geht bald ins Wundbett und verendet nach einigen Stunden. Der Schweiß ist dunkelrot und in großen Tropfen verstreut, in der Hauptsache neben der Fährte. Nicht selten fehlt der Schweiß überhaupt, soweit er in der Bauchhöhle verblieben ist, oder er wird von der Decke aufgesogen.
Schuß auf die Wirbelsäule: Wurde das Stück in den rückwärtigen Teil der Wirbelsäule getroffen, versucht es, sich aufzurichten oder schleppt sich weiter. In diesem Falle gehört ihm ohne Verzögerung der Fangschuß.
Sind die Dornfortsätze des Rückgrates getroffen worden oder beim Anprall des Geschosses an das Rückgrat von unten, bricht das Stück im Schuß zwar schlagartig zusammen und schlegelt, bald aber springt es wieder auf und zieht davon, erst langsam, bald aber flüchtig. Dies ist der sogenannte *Krellschuß*.
Schweiß – es gibt meist sehr wenig – ist von hellroter Farbe. Die Nachsuche eines so getroffenen Stückes bleibt meist ohne Ergebnis, zum Glück geht es dabei um eine leichte Verletzung, welche bald ausheilt.

Das Zeichnen von Schalenwild, am Beispiel des Rotwildes (x = Sitz der Kugel)

a) Tiefblattschuß (Herz/Lunge): tiefe Flucht
b) Hochblattschuß (Lunge): hohe Flucht
c) Vorderlaufschuß: Einknicken des getroffenen Laufes
d) Hinterlaufschuß
e) Krellschuß: schlagartiges Zusammenbrechen (Betäubung); das Stück kommt nach kurzer Zeit wieder zu sich, wird hoch und flüchtig!
f) Leberschuß: gekrümmter Rücken
g) Weidwundschuß: Ausschlagen mit den Hinterläufen, bei Pansenschuß auch gekrümmter Rücken
h) Nierenschuß: gekrümmter Rücken und Nachgeben der Hinterhand

Schuß aufs Geweih: Auch in diesem Fall bricht das Stück im Feuer zusammen, besinnt sich aber bald, erhebt sich unsicher und entfernt sich schnell. Es ist nicht verletzt, deshalb ist eine Nachsuche auch begreiflicherweise erfolglos. Manchmal liegt am Anschuß ein Ende oder ein Teil des Geweihes.

Der Schuß spitz von vorn oder von hinten: Ausschlaggebend dabei ist, ob und wie die wichtigsten Lebensorgane getroffen sind. Im positiven Fall bricht das Stück im Feuer zusammen und verendet. Umgekehrt entfernt es sich, und das häufig sehr weit. Schußzeichen und Schweiß und damit auch die Nachsuche hängen davon ab, welches Organ getroffen worden ist.

Laufschüsse: Das Wild zeichnet danach, ob es sich um eine einseitige oder beidseitige Verletzung handelt, auch an welcher Stelle der Laufknochen zerschossen wurde. Bei Schüssen in die oberen Teile der Vorderläufe wird häufig auch die Lunge getroffen, wogegen bei Hochschüssen auf die Hinterläufe oft Treffer ins Gescheide entstehen. Einen getroffenen Vorderlauf pflegt das Wild normalerweise hochzuhalten, während es einen getroffenen Hinterlauf hinter sich herschleppt.

Bei einem *Vorderlauf-Hochschuß*, jedoch *ohne Knochenverletzung*, zeichnet das Stück mit dessen Vorschnellen. Beim gleichen Treffer auf einen *Hinterlauf* schlägt das Stück nach hinten aus. Wurde dabei ein *Knochen* durchschossen, knickt das Stück mehrere Male auf die Seite des verletzten Laufes ein und flüchtet dann im Zick-Zack. Der getroffene Lauf baumelt. Am Anschuß finden wir häufig Knochensplitter, der Schweiß liegt neben der Fährte.

Wurde der Vorderlauf *tief*, und zwar der *Knochen*, getroffen, sinkt das Stück mehrere Male auf der Seite des verletzten Laufes ein und springt dann ab. Am Anschuß liegen fast immer Knochensplitter, Schweiß, manchmal auch Mark. Auf der Wundfährte liegt wenig heller Schweiß, manchmal auch mehr.

Beim Durchschuß *beider Vorderläufe* ist das Stück unfähig, sich fortzubewegen und bleibt am Platz. Hier ist es nötig, seine Leiden zu kürzen und unverzüglich den Fangschuß anzubringen.

Wurden *beide Blattschaufeln* durchschossen, bleibt das Stück nicht immer im Feuer liegen. Es entfernt sich mitunter noch so weit, wie dies die Verletzung der inneren Organe zuläßt. Dies hängt natürlich auch davon ab, an welcher Stelle die Blattschaufeln durchschossen wurden. Sind beide Oberarmknochen durchschossen, bleibt das Stück im Feuer.

Wurde beim Schuß auf den *Schlegel* das »Kniegelenk« des Hinterlaufes zerschmettert, zeichnet das Stück durch Einknicken auf die Seite dieses Laufes und flüchtet im Zick-Zack. Schweiß liegt in der Fährte anfangs viel, später weniger und ist von hellroter Farbe. Wurde dabei der Knochen *nicht* verletzt, ist es sehr schwierig, das beschossene Stück zur Strecke zu bringen, da es sich dem Hund manchmal überhaupt nicht stellt. Das kann nur ein sehr schneller und scharfer Hund.

Wurden *beide Hinterläufe* getroffen, bricht das Stück hinten zusammen, erhebt sich nicht mehr, aber – je nach Art der Verletzung – versucht es manchmal, die

Hinterhand nachzuschleppen, immer aber nur auf kurze Entfernung. Ein so verletztes Stück Wild ist beschleunigt abzufangen.
Allgemein: Die Höhe des Laufschusses beurteilen wir nach dem Schweiß. Liegt Schweiß *in* der Fährte, handelt es sich um einen Lauf-Hochschuß. Liegt Schweiß *neben* der Fährte, zeigt dies einen Lauf-Tiefschuß an.

Streifschüsse: Streifschüsse, bei denen das Geschoß nur die Oberfläche trifft, sind in der Regel für das Wild ohne irgendwelche Folgen, auch wenn das Geschoß ganze Büschel Grannen oder sogar auch ein Stück Decke mit Wildpret mitreißt. Am Anschuß liegt dann manchmal viel Schweiß, manchmal wenig, je nachdem, welchen Weg das Geschoß genommen hat.

Streift das Geschoß den *Stich* an der Unterseite des Brustkorbs, steigt das Stück vorne hoch und zeichnet scheinbar wie beim besten Treffer. Verletzt der Schuß ganz tief jene Stelle, an der die Rippen zusammengewachsen sind, springt das Stück nach rückwärts und zugleich hoch. Es setzt sich geradezu auf die Schlegel und überschlägt sich auch mitunter nach rückwärts.

Fehlschüsse: Auf einen Felschuß zeichnet das Wild normalerweise überhaupt nicht. Nach dem Knall flüchtet es, und Rehwild schreckt dabei auch manchmal. Wurde das Stück allerdings durch irgendein abgeschossenes Teilchen (Zweig- oder Rindensplitter von Bäumen, Steinsplitter, Erde) erreicht, dann allerdings kann es zeichnen. Das geschieht vor allem dann, wenn es von unten durch Lehm- oder Steinbrocken getroffen wird, die das Geschoß hochprellte. Schlägt ein solcher Brocken von unten auf die vordere Hälfte des Wildkörpers, steigt es vorne hoch. Ist der rückwärtige Teil des Wildkörpers getroffen, schnellt es hinten hoch. Das Wild weicht also der Berührung gleichsam aus. Deshalb ist zum Beispiel auch zu beobachten, daß beim Streifen nur der Decke über dem Rückgrat sich das Stück an dieser Stelle sichtbar krümmt.

Bei Krellschüssen, bei lähmenden Treffern, bei Schüssen ins Geweih und bei Durchschüssen beider Vorder- oder Hinterläufe laufen wir sofort mit der schußfertigen Waffe zum Stück und tragen ihm den Fangschuß an. In allen anderen Fällen warten wir ab, verweilen am Platz, von wo wir geschossen haben, und beobachten, wie sich das Wild verhält.

Die Schußzeichen beim *Damwild* sind ähnlich jenen des Rotwildes. Weil aber Damwild auf den Schuß härter ist, erfordert es oft längere Nachsuche. Auch bei Weichschüssen, die immer tödlich sind, vermag es noch weite Strecken zu ziehen, bevor es in einer ruhigen Dickung ins Wundbett geht.

Weil Damwild außerordentlich argwöhnisch ist und von Natur aus unruhig, wird es leicht hoch, und wenn es vorzeitig aufgemüdet wird, ist es gewöhnlich verloren. Bei einem Weichschuß allerdings muß dem nicht so sein, man braucht da das Stück nach dem Schuß nur in Ruhe zu lassen, damit es ordentlich krank werden kann. Die Schweißfährte eines weich geschossenen Stückes Damwild wird von Jagdhunden leichter und sauberer gearbeitet als jene nach andersartigen Verletzungen, auch dann, wenn bei letzteren mehr Schweiß liegt.

Ähnlich wie das Schwarzwild, so hat auch Damwild viel Feist. Verstopft dieser nun den Ein- und Ausschuß, hört das Stück zu schweißen auf. Überhaupt schweißt Damwild, eben wegen seines vielen Feistes, verhältnismäßig wenig. Dafür aber verbreitet es eine intensivere Eigenwittrung, die den Hunden offenbar angenehm ist, denn sie arbeiten auf der Schweißfährte dieser Wildart gerne. Ob wir ein Stück Damwild getroffen haben, erkennen wir mit Sicherheit daran, wie das Stück nach dem Schuß seinen *Wedel* trägt. »Blinkt« es damit und flüchtet mit hochgerecktem Wedel, so ist das ein Zeichen dafür, daß es gefehlt oder nur gestreift wurde. Läßt es aber den Wedel kraftlos hängen, ist dies ein Zeichen für einen ernsthaften Treffer.

Die Härte auf den Schuß und die Zähigkeit des getroffenen Damwildes bestätigt am besten dieses Ereignis: Ein Damschaufler war weichgeschossen, am Anschuß lag nur Schnitthaar; weder da, noch in der Fährte lag Schweiß. Der Schaufler wurde erst etwa nach 800 Meter vom Hund gestellt und konnte erlegt werden.

Muffelwild zeichnet sehr wenig. Zum Unterschied von einem Sprung Rehwild, der nach dem Schuß abspringt und bald verhofft und sichert, flüchtet ein Rudel Muffelwild nach dem Schuß ohne zu verhoffen. Bevor es sich beruhigt, flüchtet es sehr weit. Schon aus diesem Grunde ist die Schweißfährte eines flüchtigen Mufflons grundsätzlich länger. Besonders dann, wenn der Schütze wahrgenommen wurde, flüchtet das Rudel sehr weit. Auch ein erfahrener Jäger muß sehr gut beobachten, um ein Zeichnen zu bemerken.

Grundsätzlich unterschiedlich verhält sich das Muffelwild in folgenden Fällen: Das beschossene Stück sondert sich vom Rudel *nicht* ab, auch nicht bei guten Schüssen, sondern flüchtet mit den andern. Bei einem tödlichen Schuß flieht es stürmisch, und nur mit etwas gesenktem Haupt zeigt es an, daß es getroffen ist. Nach einem Weichschuß geht es selten ins Wundbett. Wird ein angeschweißter Mufflon vom Hund gehetzt, stellt er sich ihm nur selten. Er flüchtet, so lange seine Kräfte reichen, dann bricht er entkräftet zusammen. Dabei findet man in der Regel am Anschuß keinen Schweiß, und das häufig nicht einmal in jenen Fällen, bei denen Rotwild bereits am Anschuß schweißt, vom Rehwild ganz zu schweigen. So weit sich in der Fährte Schweiß findet, ist dieser meist spärlich.

Jäger, die bei der Jagd auf Dam- und Muffelwild Erfahrung haben, behaupten, daß der Mufflon auf den Schuß härter reagiert als ein Damschaufler. Sie belegen das damit, daß bei Benützung der gleichen Waffe, des gleichen Kalibers und bei gleichen Treffern das Damwild im Feuer bleibt, während Muffelwild unter gleichen Bedingungen noch 100 bis 200 Meter flüchtet. (Dabei ist zu bedenken, daß ein Damschaufler 40 bis 85 kg, ein Muffelwidder nur 25 bis 45 kg, ein Damtier 22 bis 40 kg und ein Muffelschaf nur 20 bis 28 kg wiegt.)

Wie sich Muffelwild nach dem Schuß verhält und wie hart es dabei ist, zeigen die beiden folgenden Vorfälle aus der Praxis: Ein Muffelwidder hat nach dem Schuß nicht gezeichnet, sondern flüchtete mit dem Rudel. Am Anschuß kein Schweiß, nur Schnitthaar, in der Fährte nur ganz wenig Schweiß. Der Widder verendete mit einem sauberen Blattschuß erst 120 Meter vom Anschuß. – Ein Muffelschaf hat nach dem Schuß nicht gezeichnet und wurde mit dem übrigen Rudel sehr schnell bergab flüchtig. Am Anschuß weder Schweiß noch Schnitthaar, in der Fährte Lungenschweiß. Das Schaf verendete mit einem guten Blattschuß erst in einer Entfernung von 170 Metern.

Verhalten nach dem Schuß

Soll die Nachsuche erfolgreich ein, muß der Jäger – das heißt, der Schütze und der Hundeführer – alles wissen, was mit der Nachsuche im weitesten Sinne zusammenhängt. Neben dem typischen Zeichnen und der Feststellung von Schweiß, Schnitthaar, Knochensplittern und Gescheideinhalt am Anschuß und im Verlauf der Rotfährte sind da noch andere Umstände, die jeder Rüdemann kennen soll und die zu einer erfolgreichen Nachsuche beitragen. Das Verhalten des Schalenwildes nach dem Schuß und dessen Widerstandskraft gegen Verletzungen stehen in direktem Bezug zur Lebenskraft, die jeder einzelnen Wildart zu eigen ist.
Diese Lebenskraft und Zähigkeit offenbart sich in der Widerstandskraft des Wildes gegen einzelne Schußverletzungen. Die Kraft dieses Widerstandes ist aus verschiedenen Ursachen unterschiedlich. So zeigt sich zum Beispiel Wild in der Brunft außerordentlich hart, härter als während der übrigen Jahreszeit. Von der Widerstandskraft des Hirsches und seinem Verhalten nach einem Treffer in der Brunft schreibt bereits F. von Raesfeld in seinem Buch »Das deutsche Waidwerk«. Vor Jahren schoß ich während der Brunft auf einen Rehbock, der zusammen mit zwei Geißen auf einer Waldwiese äste. Der Bock zeichnete nach dem Schuß schräg von vorn auf eine Entfernung von etwa 50 Meter überhaupt nicht und flüchtete hinter den Geißen her, die abgesprungen waren. Als diese dann verhofften und schließlich erneut zu äsen begannen, blieb der Rehbock auch stehen. Der zweite Schuß, schräg von hinten auf etwa 70 Schritt, traf den Bock zwar abermals, er zeichnete aber wieder nicht, sondern trollte hinter den Geißen her in eine nahe Dickung. Dort erst brach er zusammen. Da ich mit einem Höhenunterschied von etwa drei Meter geschossen hatte, gingen beide Geschosse (Kaliber 8×57, Teilmantel) unter die Blattschaufel, eines unter die rechte, das andere unter die linke, wobei beide die Herzspitze getroffen hatten.
Wittert das Wild vorher die Gefahr, zeigt es größere Schußhärte. Das gleiche gilt, wenn es den Schützen erkannt hat und aufmerksam wurde. Im Gegensatz dazu wirkt ein Schuß in der Ahnungslosigkeit geradezu als Schock.
Es liegt somit nicht nur an der Zeit, zu der das Stück Wild getroffen wurde, sondern auch an den näheren Umständen des Treffers. Unter den Schalenwild-

arten reagiert Rehwild am weichsten auf einen Schuß. Im Vergleich dazu zeigt Rotwild größere Schußhärte. Dem gegenüber ist Damwild wiederum härter, Muffelwild härter als Damwild und somit von größter Schußhärte unter den Schalenwildarten. (Schwarzwild, das auf eine Schußverletzung zweifellos sehr hart reagiert, wollen wir wegen seiner unterschiedlichen Körperform und Lebensweise mit den wiederkäuenden Schalenwildarten nicht vergleichen.)
Auf die Art des Zeichnens hat natürlich auch die Art der Waffe und deren Kaliber ihren Einfluß. Bei Treffern mit modernen, kleinkalibrigen Geschoßen von hoher Geschwindigkeit zeichnet Schalenwild nicht so deutlich, wie dies bei älteren Patronen der Fall ist. Bei modernen Büchsen entfällt praktisch die Hörbarkeit des *Kugelschlages*, der früher als untrügliches Schußzeichen galt. Nach Raesfeld war der Kugelschlag einer alten Büchse des Kalibers 11 mm, geladen mit Schwarzpulver, bereits bei einer Entfernung von 70 Schritt hörbar. Beim Schuß mit einer modernen Büchse ist der Kugelschlag erst bei einer Entfernung von 180—200 Schritt vernehmbar.
Einige Schußzeichen gelten für mehrere Trefferarten gemeinsam, andere wiederum sind nicht mehr so eindeutig klar, wie dies früher der Fall war. Dies kommt vom Zerlegen moderner Geschosse im getroffenen Wildkörper. Geschoßteilchen verletzen neben dem Hauptorgan, z. B. der Leber, auch noch andere Organe und reizen sie. Damit überlagern sich die Schußzeichen und verwischt sich deren Eindeutigkeit. Im übrigen gilt, daß das Wild um so stärker reagiert und deutlicher zeichnet, je größer die Auftreffwucht des Geschosses ist.
Bei einigen Weichschüssen kann es geschehen, daß das getroffene Stück unweit vom Anschuß ins Wundbett geht. Deshalb muß eine angemessene Zeit gewartet werden, ehe man zum Anschuß geht. Das Aufsuchen und Prüfen des Anschusses wie Untersuchungen in dessen Umgebung haben *leise* zu geschehen. Wird ein weichgeschossenes Stück Wild aus dem Wundbett aufgemüdet, so ist es in der Regel verloren, weil es häufig sehr weit zu flüchten pflegt und damit eine Nachsuche erfolglos wird.
Weniger bekannt ist auch, daß Wild, welches beim Schuß *bergauf* gestanden ist, auch bei guten Schüssen oft kaum erkennbar zeichnet.
Für die Nachsuche von Schalenwild ist es neben anderem wichtig, das beschossene Stück nach dem Schuß mit dem Blick zu verfolgen, so weit dies möglich ist. Dann, wenn es den Augen entschwunden ist, muß das Gehör herhalten, wobei das Gelände und der Bodenwuchs eine erhebliche Rolle spielen. Auf jeden Fall ist es von Vorteil, die Fluchtrichtung des beschossenen Stückes zu wissen, und wäre es nur deren Anfang. Besonders bei solchen Schüssen, nach denen das getroffene Wild nicht schweißt, ist dies ein sicherer Wegweiser für den Beginn der Nachsuche und bietet die Möglichkeit, die Arbeit des Hundes zu kontrollieren.
Das Verhalten des Schalenwildes nach dem Schuß wird auch davon beeinflußt, ob es im Augenblick des Schusses allein stand oder sich in Gesellschaft mit einem

oder mehreren Artgenossen befand; in letzterem Falle bestimmt die Fluchtrichtung oft das Rudel, von dem sich das angeschweißte Stück meist erst nach gewisser Zeit absondert.
Ein beschossenes Stück flüchtet meist in jene Richtung, wohin es im Augenblick des Schusses das Haupt gewendet hatte. Dies schließt allerdings nicht aus, daß es später die Fluchtrichtung ändern kann und in einem Bogen zum ursprünglichen Platz zurückkehrt, so daß man es zu guter letzt in Nähe des Anschusses findet. In unebenem Gelände flüchtet das verletzte Stück in der Regel talwärts und nicht bergauf.
Ein krankes Stück ändert seine Fluchtrichtung mit Vorliebe auch in Richtung von Dickungen, die es als Deckung gerne aufsucht. Es ist aber auch vorgekommen, daß ein Stück mit einem Blattschuß sofort kehrt machte und in jene Richtung flüchtig wurde, aus der es vorher gezogen war.
Bei *Laufschüssen* verhält sich Schalenwild in der Regel folgendermaßen: Mit einem *Vorderlauf*schuß wechselt das Stück *bergauf*. Sitzt der Schuß hoch am Lauf, kann es oft auch steilste Hänge überwinden, geht aber niemals bergab. Es fehlt ihm dazu jener Lauf, mit dem sich ein gesundes Stück abstützt. Im Gegensatz dazu flüchtet ein Stück mit einem *Hinterlauf*schuß *bergab*. Nur bei tiefen Hinterlaufschüssen, und das auch nur in Ausnahmefällen, steigt ein so verletztes Stück Schalenwild hangaufwärts; dies hängt auch noch von anderen Umständen ab. Vor allem liegt der Grund darin, daß das verletzte Stück nicht ausreichend Kraft besitzt, den Hinterlauf vorzusetzen.
Zweifellos beeinflußt die Schwere der Verletzung die Fluchtrichtung. Es gibt dafür keinerlei feste Regeln. Schwer krankes Wild, das von einem schnellen Hund ausdauernd verfolgt wird, flüchtet in den meisten Fällen von Berg zu Tal. Mit Vorliebe sucht es *Wasser* auf, dort stellt es sich und wehrt sich mit Erfolg, vor allem im tieferen Gewässer, in dem der Hund gezwungen ist zu schwimmen. Sondert sich ein Stück Schalenwild nach dem Schuß vom Rudel ab, ist dies das untrügliche Zeichen einer schweren Verletzung. Kehrt es wieder zum Rudel zurück, war die Verwundung nur geringfügig.
Angeschweißtes *Jungwild,* wie Kälber oder Kitze, zieht mit dem Muttertier, so lange die Kräfte reichen. Das Muttertier kümmert sich um sein angeschweißtes Junges häufig sehr lange, und wenn das kranke Kalb ins Wundbett geht, wartet das Alttier und kehrt mitunter zu ihm zurück.
Wild, das nach dem Schuß *klagt,* ist getroffen. Unter allen Schalenwildarten klagt Schwarzwild am häufigsten und am meisten, und das nicht nur bei Laufschüssen, Schüssen ins Gebräch, kurz bei Knochenschüssen, sondern auch bei guten Kammerschüssen. Die übrigen Schalenwildarten klagen im Gegensatz dazu auch bei schmerzhaften Schüssen verhältnismäßig selten, und das ausschließlich bei Knochenschüssen. Rehwild, das vom Hund gewürgt wird, klagt natürlich auch. Nähert sich einem angeschweißten Stück Wild der Hund oder ein Mensch, kann es mitunter klagen, allerdings nicht aus Schmerz, sondern aus Angst.

Diese verschiedenen Merkmale und Verhaltensweisen können nicht erschöpfend behandelt werden. In jedem Falle ist für alle Nachsuchen auf Schalenwild die alte Regel gültig: *Verfolgt unser Hund die Schweißfährte, auf der er arbeitet, in anderer Richtung als er nach unserer Meinung sollte, müssen wir ihm den Willen lassen. Bald werden wir die Überzeugung gewinnen, daß der Hund recht hatte.*

Alles was hier angeführt wurde, gibt uns Auskunft darüber, ob das Wild getroffen wurde oder nicht. Um aber ein krankes Stück Wild mit Erfolg nachzusuchen, müssen wir uns über die Art seiner Verletzung ein genaueres Urteil bilden. Erst dann können wir mit der Nachsuche beginnen, und das niemals voreilig, niemals aber auch unnötig spät, damit wir mit einer Nachsuche nicht etwa in die Nacht hinein kämen. Auch bei drohendem Gewitter oder Schneesturm verzögern wir eine Nachsuche nicht unnötig.

Aus all diesen Gründen müssen wir uns wenigstens theoretisch nicht nur die verschiedenen Arten des Zeichnens aneignen, wie sich beschossenes Wild nach dem Schuß verhält, sondern müssen auch alle anderen Schußzeichen kennen, als da sind Schweiß, Gescheideinhalt, Schnitthaar, Knochensplitter oder durch den Schuß abgerissene Teile des Wildkörpers, die am Anschuß zurückbleiben oder in der Wundfährte liegen. Nach Abwägung all dieser Einzelheiten können wir beurteilen, ob und wie ein Stück Wild angeschweißt ist und können dementsprechend unsere Entscheidung treffen.

Schweiß

Der Schweiß ist das wichtigste Zeichen, das am meisten über Anfang und Ende einer Nachsuche entscheidet. Wenn wir Fehlschüsse oder »Kratzer« außer Betracht lassen, finden wir unter allen Schußzeichen am häufigsten und fast immer, sowohl am Anschuß wie in der Fährte.

Dabei ist die unterschiedliche Qualität von Schweiß bei rechtzeitigem und gründlichem Prüfen des Anschusses leicht zu unterscheiden und ermöglicht ein verhältnismäßig genaues Urteil darüber, wie das Stück Wild getroffen wurde.

Der Schweiß dient dem Hundeführer auch als Hilfsmittel, um festzustellen, ob sein Hund auf der Wundfährte arbeitet, ob er sie hält oder von ihr abgewichen ist. Aber nicht nur das. Der Schweiß beeinflußt auch günstig die Arbeit des Hundes. An und für sich hat er für den Hund eine anziehende Wirkung, weckt seinen Jagdinstinkt und verstärkt sein Interesse an der Fährte. Auf Schweiß arbeitet unser Hund mit erhöhtem Eifer. Mit fortschreitendem Krankwerden des Wildes steigt auch der Eifer des Hundes, denn aus dem Schweiß entnimmt unser Hund die Erkenntnis, daß das verfolgte Wild dem Ende nahe ist. Deshalb ist es sehr wichtig, daß jeder Hundeführer unter allen Umständen dem Schweiß außerordentliche Aufmerksamkeit widmet.

Am Anschuß finden wir oft verhältnismäßig wenig Schweiß, und wenn, so meist nach schlechten Schüssen; denn nach einem guten Schuß beginnt ein Stück Wild in der Regel erst nach einigen Fluchten vom Anschuß ordentlich zu schweißen. Nach einem guten Schuß finden wir am Anschuß oft nur unbedeutende Schweißtröpfchen, die das Geschoß aus dem Körper mitgerissen hat. Deshalb liegt dieser Schweiß, bezogen auf den Standort des Schützen, stets *hinter* dem Wild, auf der Ausschußseite. Diese Tröpfchen sind allerdings der Beweis dafür, daß das Stück getroffen ist; ihre geringe Menge aber läßt keine Schlüsse zu, welcher Art die Schußverletzung ist.

Erst der Schweiß, den wir in der Fährte finden, sagt uns mit größerer Sicherheit, wo etwa die Kugel sitzt, dies allerdings nur dann, wenn es sich um frischen Schweiß handelt. Je länger nämlich der Schweiß liegt, um so weniger zeigt er typische Merkmale und um so unsicherer ist seine Beurteilung. Schließlich kann man gerade noch erkennen, daß es sich eben um Schweiß handelt, woher er stammt jedoch nicht mehr. Aus diesem Grunde ist es erforderlich, die Qualität des Schweißes bald nach dem Schuß zu untersuchen, natürlich unter Beachtung größter Vorsicht, damit der Anschuß nicht zertrampelt wird, ebenso nicht der Anfang der Schweißfährte. *Unter keinen Umständen darf das kranke Stück Wild dabei aufgemüdet werden!*

Am besten hebt sich Schweiß von grünem Untergrund ab, von Blättern und Gras, aber auch von hellem Sand, Steinen und natürlich vom Schnee, ausgenommen Pulverschnee. Schlecht ist er auf roter Nadelstreu, auf Herbstlaub, trockenen Zweigen u. ä. festzustellen.

Dabei darf uns nicht verwirren, daß Schweiß je nach dem Untergrund, auf dem er liegt, einen unterschiedlichen Eindruck macht. Viel liegt auch an der Menge des Schweißes. Dabei gilt allgemein folgendes: *alle guten, tödlichen Schüsse schweißen zum Anfang unbedeutend, später dann mehr und dauernd.* Bei Nierenschüssen fehlt der Schweiß manchmal überhaupt, bei hohen Blattschüssen findet man entweder überhaupt keinen Schweiß oder nur sehr wenig. Im Gegensatz dazu schweißen Wildpretschüsse oder Streifschüsse und Laufschüsse anfangs heftig; Schritt für Schritt nimmt Schweiß dann ab, bis er völlig fehlt.

Die Menge des Schweißes hängt auch noch von anderen Umständen ab. Lange Grannen und vor allem dichtes Unterhaar saugen den Schweiß wie ein Schwamm auf. Erst wenn diese dichte Decke vollgesogen ist, beginnt das Stück auf den Boden zu schweißen. Ähnlich verhält sich das bei hohen Schüssen durch die Brust- oder Bauchhöhle. Dabei tritt der Schweiß erst dann an die Oberfläche, wenn alle Hohlräume des Wildkörpers mit Blut gefüllt sind; darum pflegt man bei dieser Art von Schüssen wenig Schweiß zu finden. Bei Tiefschüssen gleicher Art liegt meist genug Schweiß. Je schneller das kranke Wild flüchtet, um so mehr wird der Schweiß auf eine größere Fläche verteilt, um so weniger findet man vor und um so kleiner sind die Schweißtröpfchen.

Oft genug kann es vorkommen, daß wir Schweiß zweierlei Art vorfinden oder gemischten Schweiß, je nachdem, welche inneren Organe vom Geschoß gleichzeitig verletzt wurden. Manchmal findet man am Anschuß viel Schweiß, der dann im Verlauf der Fährte abnimmt, ja schließlich verschwindet. Ein anderes Mal findet man am Anschuß nicht einen Tropfen Schweiß, sondern erst in beachtlicher Entfernung vom Anschuß, der sich entweder verliert oder zunimmt oder in konstanter Menge in der Fährte liegt.

Auch pflegt der Schweiß entweder *in* oder *neben* der Wundfährte zu liegen. Das hängt davon ab, wo der Schuß sitzt und ob die Öffnungen des Schußkanales, gegebenenfalls nur eine (der Ein- oder Ausschuß) offen oder verstopft ist. Sind Ein- und Ausschuß frei, liegt Schweiß zu beiden Seiten der Wundfährte. Verstopft sich eine dieser Öffnungen, z.B. mit einem Stück Decke, Gescheide, Feist, dann liegt Schweiß nur an der Seite des offenen Schußkanales. Sind Ein- und Ausschuß verstopft, wenn z. B. das Stück in einer verdrehten, verspannten Stellung getroffen wurde, kann der Schweiß auf längere Strecken der Wundfährte überhaupt fehlen.

Beim Schwarzwild sind die Löcher, die ein Geschoß in der zähen Schwarte verursacht, kleiner als beim übrigen Schalenwild, deshalb schweißt es auch, zumal aus dem Einschuß, immer weniger als anderes Schalenwild bei gleichartigen Verletzungen.

Lungenschweiß ist hellrot, blasig, schaumig oder körnig, mitunter mit Lungenteilchen versetzt. *Herzschweiß* ist dunkelrot, *Leberschweiß* rubinrot und häufig mit Leberstückchen vermischt. Bei *Weidwund*schüssen liegt meist hellerer Schweiß, dünn, wäßrig oder dunkel, schmutzig, wäßrig und grünlich. Bei *Wildpret*schüssen ist der Schweiß klar und hellrot, ohne Blasen und Schaum.

Den Ursprung des Schweißes können wir auch dadurch feststellen, daß wir vorgefundenen Schweiß zwischen Daumen und Zeigefinger leicht zerreiben und daran riechen. Es gibt auch Praktiker, die solche Schweißproben kosten. Auf diese Weise lassen sich folgende Arten von Schweiß feststellen:

Leberschweiß: Beim Zerreiben zwischen den Fingern fühlen wir feine Körner. Mit der Nase stellen wir den typischen Lebergeruch fest, der besonders dann sehr ausgeprägt ist, wenn dem Schweiß Leberteilchen beigemischt sind. Der Geschmack ist bitter (Galle!).

Weidwundschweiß: Ähnlich untersuchen wir auch hier, allerdings ohne zu kosten, also durch Zerreiben des Schweißes zwischen den Fingern, wobei Teile aus dem Panseninhalt feststellbar sind.

Wildpretschweiß schmeckt beim Kosten nach Wildpret.

Rehwild, Rotwild, Damwild und Muffelwild zeigen beim Schweiß die gleichen Farbmerkmale. Diese Schalenwildarten haben im Durchschnitt die gleiche blutrote oder orangerote Schweißfarbe, während Schwarzwild eher karminroten Schweiß verliert.

Die Wittrung des Schweißes steht am längsten bei kaltem, feuchtem, aber nicht nassem Wetter. Starker Regen verwischt eine Schweißfährte. Auf gefrorenem

Boden steht die Schweißwittrung um so kürzer, je kälter es ist. Am schnellsten verschwindet die Schweißwittrung auf Schnee bei starkem Frost.
Für den Hundführer ist der Schweiß sehr wichtig. Nach ihm kann er genauer den Sitz der Kugel ermitteln, die Wartezeit festlegen und die Arbeit des Hundes überprüfen. Ein richtig geschulter Hund liefert auf der Fährte kranken Wildes jedoch auch dann eine erfolgreiche Nachsuche, wenn das Stück nicht schweißt; denn für einen solchen Hund ist vorrangig richtungsweisend die Eigenwittrung und die besondere Krankwittrung des Wildes.

Schnitthaar

Ist ein Stück Wild getroffen, so finden wir am Anschuß fast immer Schnitthaar, das sind Grannen, die das Geschoß am Einschuß abgeschnitten hat. Unbeschädigtes, samt der Wurzel ausgerissenes Haar stammt vom Ausschuß und wird auch als »Schlaghaar« bezeichnet. (Zur Zeit des Haarwechsels kann bei jeder jähen Flucht auch loses Haar von anderen Körperteilen verloren oder abgestreift werden, das dann Schnitt- oder Schlaghaar vortäuschen kann.)
Beschießen wir Wild nach dem Regen oder ist das Stück durch Tau naß, wenn es z. B. aus Getreide oder hohem Gras austritt, finden wir selten Schnitthaar; es bleibt dann nämlich am Wildkörper kleben oder fällt erst bei der Flucht, so daß es nicht am Anschuß zu finden ist. Ansonsten liegt, soweit das Stück überhaupt getroffen ist, immer Schnitthaar am Anschuß.
Schnitthaar gibt es also bei jedem verletzten Wild, doch wird es oft übersehen. Es aufzufinden erfordert große Aufmerksamkeit und ist sehr mühsam, liegt es doch nicht nur am Boden, sondern haftet auch an Baumstämmen, Sträuchern und am Bodenbewuchs in der Umgebung des Anschusses, sei es, daß es dorthin vom Geschoß mitgerissen oder vom Wind vertragen wurde.
Nun genügt es ja nicht, das Schnitthaar bloß zu finden, sondern es ist notwendig zu wissen, von welcher Körperstelle des verletzten Wildes es stammt, um es entsprechend bewerten zu können. Erst dann hat das Schnitthaar Aussagewert in Bezug auf die Beurteilung des Treffers, auf die Art der Verletzung und damit auch für die Nachsuche.
Zur Beurteilung vorgefundenen Schnitthaares ist es nötig zu wissen, welche Farbe die Decke unserer geläufigen Schalenwildarten an verschiedenen Stellen im Sommer und im Winter hat.

Rehwild

Das *Sommerhaar* ist kurz, hell-rostrot, fahl, graugelb bis rötlich. Von dieser typischen Färbung gibt es allerdings Spielarten ins Hellere oder Dunklere, ins Silbergraue oder auch Schwarze.
Das *Winterhaar* ist länger, dichter, graubraun bis aschfarben, der Spiegel weiß.

Das Winterhaar überwächst das kürzere Sommerhaar in verhältnismäßig kurzer Zeit, während die Verfärbung im Frühjahr allmählich vor sich geht.
Rehwild verfärbt im Frühjahr ab Ende Mai bis Mitte Juni, im Herbst etwa von Anfang bis Ende Oktober. Junges Wild verfärbt früher, alte Stücke später. Stücke die nicht verfärben oder erst spät verfärben, sind in der Regel krank.

Rotwild
Das *Sommerhaar* ist rötlich und schütterer. Die *Winterdecke* ist dunkelgrau bis braun und dicht. Die Frühjahrsverfärbung beginnt Ende April/Anfang Mai, die Herbstverfärbung Mitte September und endet um Mitte Oktober.

Damwild
Die *Sommerdecke* ist unterschiedlich gefärbt. Am häufigsten findet man weiße Flecken in länglichen Reihen auf rostrotem bis dunkelgrauem Grund. Am Rükken verläuft der markante dunklere Aalstrich. Es gibt auch Stücke ohne Flecken, auch schwarze, fahle oder weiße Stücke kommen vor. Die *Winterdecke* ist dichter als das Sommerhaar, dunkler, graubraun, wobei keine Flecken zu erkennen sind. Damwild verfärbt im Frühjahr im Mai/Juni, im Herbst vom September bis in den Oktober.

Muffelwild
Das *Sommerhaar* ist kurz, glatt anliegend, gelbbraun. Das *Winterhaar* dicht, länger und dunkler. Etwa im dritten Jahr entwickelt sich beim Muffelwidder der sog. Sattelfleck oder die Schabracke. Das ist ein weißgelber oder hellgrauer Fleck, im Winter gut kenntlich, zu beiden Seiten des Wildkörpers. Es gibt Widder, denen dieser Fleck fehlt. Auf der Brust und am Halsansatz trägt der Muffelwidder im Winter eine lange dunkle Mähne. Sein Haar ist schlicht, zäh und zimtfarben dunkel. Es gibt auch Widder mit leicht gewellter Mähne von grauer Farbe mit gelben Strähnen.
Das Muffelschaf ist im Sommer gelbbraun, im Winter rostig-schwarz. Einen Sattel hat es nicht, und es fehlt normalerweise auch jede Andeutung eines solchen. Muffelwild verfärbt nicht einheitlich. Im Frühjahr dauert die Verfärbung vom März bis in den Juni, im Herbst vom September bis Oktober.

Schwarzwild
Die Schwarte ist im *Sommer* grau, mitunter rostrot überhaucht. Teller und Wurf sind fast schwarz, die übrigen Teile des Kopfes grau, des öfteren gelblich. Desgleichen sind die Läufe und der Pürzel schwarz. Die übrigen Körperteile braun, gelblich bis schwarz. Die wesentlich längeren und gröberen *Winter*borsten sind viel dunkler als im Sommer, dunkel-schiefergrau bis schwarz. Der Kamm am Widerrist besteht aus Borsten, die an den Spitzen gespalten sind (die »Federn«). Das Unterhaar ist einfach.

Nach dem Suhlen scheuert sich Schwarzwild an »Malbäumen«. Die dabei von Harz zusammengeklebten Borsten bilden dann an den Blattschaufeln eines Hauptschweines den sogenannten »Panzer«. Am Ende des Pürzels befindet sich eine Quaste langer Borsten.

Zur *Beurteilung eines Treffers nach dem Schnitthaar* sind folgende Grundsätze gültig:

Liegt am Anschuß *viel Schnitthaar,* sitzt der Schuß *schlecht.* Findet man sogar ganze Stücke der Decke mit Haar, handelt es sich um einen Streifschuß. Bei sehr kurzem Schnitthaar, dafür aber Knochensplittern am Anschuß, ist entweder ein Lauf oder der Schädel getroffen.

Die genaue Beurteilung und Auswertung aller Arten von Treffern nach dem Schnitthaar erfordert eine lange Lehrzeit, zumal dann, wenn der Schalenwildbestand in einem Revier bescheiden ist. Aus diesem Grunde empfiehlt Alois Mikula in seinem Buch »Die Arbeit des Hundes bei der Jagd«, sich die nötigen Kenntnisse am Schießstand anzueignen.

Wörtlich schreibt er: »Damit wir es lernen, einen Schuß richtig zu beurteilen, müssen wir Kenntnisse über die verschiedenen Arten von Schnitthaar sammeln; dies erreichen wir am besten dadurch, daß wir die Scheibe am Schießstand mit der Decke einer Schalenwildart bespannen. Vor allem beim Rehwild, das wir hauptsächlich in der Sommerdecke erlegen, können wir uns auf diese Weise, wenn wir eine Sommerdecke opfern, das notwendige Wissen leicht erwerben.«

Nach meiner Meinung ist ein geeigneter Ersatz für die Praxis das *Schnitthaarbuch,* wie es manche Jäger führen. Aus der Decke von erlegtem Schalenwild schneidet man sich mit einer Rasierklinge kleine Fleckchen heraus, die man dann auf einen Karton aufklebt und mit Angabe des Wildkörperteiles beschriftet. Diese Tafeln ordnet man in einen festen Umschlag und gewinnt auf diese Weise ein Schnitthaarbuch. Da zwischen Sommer- und Winterhaar ein Unterschied besteht, legt man vorteilhaft zwei derartige Bücher an, getrennt nach Wildarten. In der Schußzeit trägt dann der Jäger dieses Schnitthaarbuch bei sich, vergleicht das Schnitthaar vom Anschuß mit dem Muster im Buch und kann auf diese Weise ermitteln, an welcher Stelle des Wildkörpers der Schuß sitzt.

Eines ist sicher: Das Schnitthaar ist ein wichtiges Schußzeichen, das oft nicht ausreichend gewürdigt wird. Es liegt im Interesse jedes Schalenwildjägers, daß er sich die Mühe macht, Schnitthaar am Anschuß zu finden und zu lernen, wie man dieses Zeichen deutet.

Andere Schußzeichen

Zu den Schußzeichen, die wir am Anschuß finden können, gehören auch *Eingriffe* (Trittsiegel), *Knochensplitter* und andere abgeschossene Organteile. Auf jedem Anschuß finden sich *Trittsiegel,* die wir auch im weiteren Verlauf der Fährte verfolgen können, doch »greift« das beschossene Stück unter dem Schock des Treffers besonders kräftig mit seinen Schalen in den Boden »ein«. Diese Eingriffe stehen in engem Zusammenhang mit den Körperbewegungen des Zeichnens.

Eingriffe sind jene Abdrücke gespreizter Schalen, die man am Anschuß in den Boden eingedrückt findet. Beim Absprung wie bei der Flucht spreizt das Wild seine Schalen. Haben wir ein Stück Wild so getroffen, daß es nicht am Platz bleibt, springt es ab und flüchtet. Schreck, Schmerz und die Kraft des Absprunges bewirken, daß sich die Schalen, je nach Härte und Tiefe des Bodens, mehr oder minder tief eingraben. Gefehlte Stücke oder gesunde, die in Gesellschaft mit dem angeschweißten nach dem Schuß die Flucht ergriffen, hinterlassen natürlich auch Eingriffe. Diese sind aber meist nicht so ausgeprägt, weil der Schreck allein nie so stark wirken kann wie bei gleichzeitig unverhofftem Schmerz.

Vergleichen wir nun die Eingriffe eines getroffenen Stückes mit jenen eines gesunden, müssen wir bedenken, daß hier sicher auch Unterschiede sein können, die ihren Ursprung in der unterschiedlichen Körperstärke der beiden Stücke haben können. Hier spielt das Alter des Stückes und sein Gewicht eine entscheidende Rolle. Auf jeden Fall aber sind die Eingriffe am Anschuß des getroffenen Stückes insoweit wertvolle Zeichen, als sie uns bestätigen, daß wir den Anschuß vor uns haben. Die Trittsiegel in der Schweißfährte wiederum dienen uns als Wegweiser und zur Kontrolle unseres Hundes.

Knochensplitter stammen in der Regel von Laufschüssen, Treffern auf Rippen oder in den Schädel. Manchmal findet man auch Teile von Schalen oder Splitter von Zähnen. Solche Schußzeichen runden das Urteil über den Sitz der Kugel ab und helfen bei der Nachsuche.

Abgeschossene *Rindenstückchen, Zweige* und dergleichen findet man vor, wenn das Geschoß an Hindernissen in seiner Flugbahn anstreifte. Nach deren Höhe und Ort, ob der »Abschuß« vor oder hinter dem Stück Wild, bezogen auf den Standplatz des Schützen, zu finden ist, und zugleich nach den Eingriffen, können wir schließen, ob wir das Stück gefehlt oder getroffen haben. Auch der *»Kugelriß«* im Boden selbst gibt uns solche Hinweise.

Auf der Wundfährte

Bleibt Schalenwild nicht im Feuer, obwohl es getroffen ist, und bricht es auch nicht in Sichtweite zusammen, muß es nachgesucht werden. *Grundlage jeder Nachsuche muß die sichere Arbeit am Schweißriemen sein,* dazu kommen gegebenenfalls *Hetzen* und *Stellen* des kranken Stückes und schließlich der *Fangschuß.* Bei der Abrichtung auf der Fährte gesunden Wildes, auf der künstlichen Schweißfährte wie auch bei der Arbeit auf der natürlichen Schweißfährte verwenden wir den *Schweißriemen,* der 8–10 Meter lang und 2 cm breit sein soll. An seinem

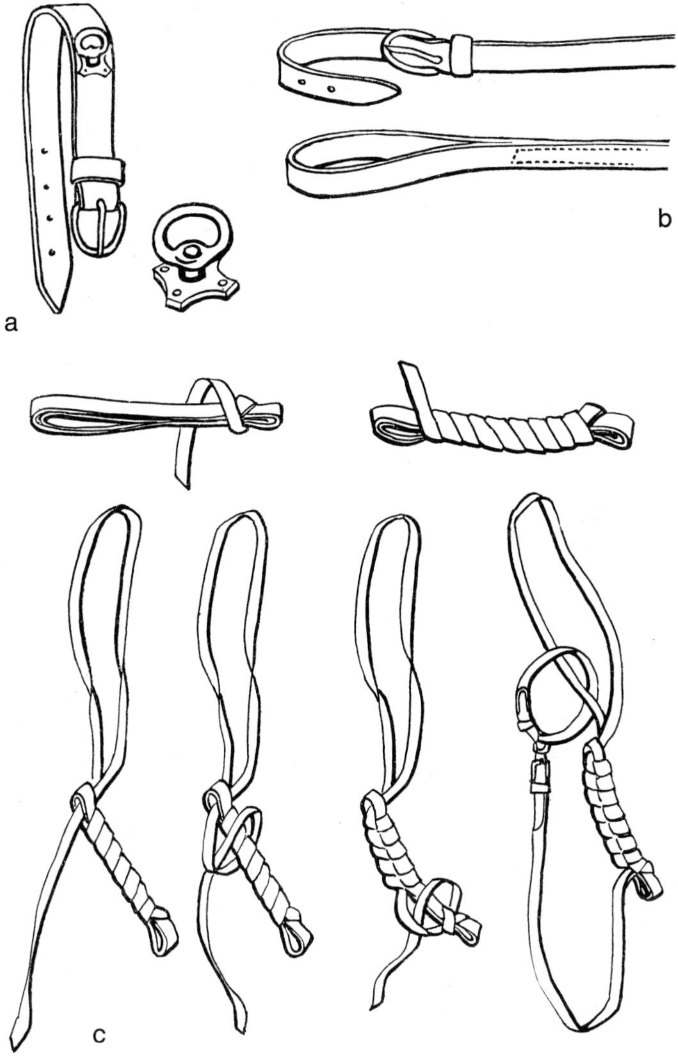

Schweißriemen und Schweißhalsung – unentbehrliche Ausrüstung für die Nachsuche auf Schalenwild

a) Schweißhalsung mit Schnalle und Wirbel (daneben der Wirbel allein)

b) oben: die Schnalle am Ende des Schweißriemens zum Anschnallen an den Wirbelring der Halsung – darunter: die Halteschlaufe am anderen Ende des Riemens

c) das Aufdocken des Schweißriemens

einen Ende ist er mit einer Schnalle aus Messing versehen, mit der man ihn an der *Schweißhalsung* befestigt. (Keinesfalls darf der Schweißriemen mit einem Karabinerhaken oder einem Scherenhaken, wie bei Führleinen üblich, versehen sein!)
Ein Schweißriemen soll immer geschmeidig sein, deshalb fetten wir ihn von Zeit zu Zeit mit ungesalzenem Schweinefett ein und kneten ihn gut durch. Wird der Schweißriemen feucht oder gar naß, soll er allmählich trocknen. Einen Schweißriemen *dockt* man fachgerecht *auf*, um bequemes Tragen zu ermöglichen. Die Art, wie dies geschieht, ist aus der Abbildung ersichtlich. Vor Beginn der Arbeit wird der Riemen in seiner ganzen Länge *abgedockt*. Die breite, geschmeidige Schweißhalsung hat einen drehbaren Messingwirbel, an dem der Riemen mit seiner Schnalle befestigt wird. Schweißriemen und Schweißhalsung für kleinere Hunde, wie z. B. Dackel oder Terrier, gibt es in entsprechend leichterer Ausführung.

Einarbeiten des Hundes

Soll ein junger Hund seine ersten Nachsuchen absolvieren, soll dies unter Voraussetzungen geschehen, die den befriedigenden Abschluß der Arbeit gewährleisten. So begreift dann der Hund, was seine Aufgabe ist, und gewinnt Erfahrungen, und schließlich bekommt er dadurch auch ein gesundes Selbstvertrauen.
Wie bei allem, so auch bei der Einarbeit unseres Hundes in der Nachsuche, ist es am besten, *die Anforderungen an die Leistungsfähigkeit des Hundes allmählich zu steigern*. Das ist allerdings nur dann durchführbar, wenn unser Hund öfter die Gelegenheit bekommt, im Laufe der Zeit immer längere, schwierigere Nachsuchen unter den verschiedensten Umständen durchzuführen. Nur so wird unser Jagdbegleiter zum zuverlässigen Schweißhund. Besteht die Möglichkeit nicht, auf diese Weise den Hund einzuarbeiten, muß seine Einarbeitung notgedrungen den gegebenen Umständen angepaßt werden. Dies stellt allerdings an den Führer wie an den Hund die größeren Anforderungen.
Für die ersten Nachsuchen wählen wir nach Möglichkeit schwächere Stücke, und zwar solche, die wir in übersichtlichem Gelände so aufs Blatt schießen, daß sie unweit des Anschusses verenden. Bei der ersten Arbeit achten wir darauf, daß die Schweißfährte kein Wundbett aufweist, daß keine Hatz und kein Stellen nötig wird, daß sie nicht durch unwegsames Gelände führt, nicht zu lang ist und ausreichend Wittrung aufweist.
Die *Intensität der Wittrung* ist auf verschiedenen Abschnitten der Wundfährte unterschiedlich. Am stärksten dort, wo in höherem Bodenbewuchs Schweiß liegt und der Hund die volle Körperwittrung des kranken Stückes bekommt. Am wenigsten Wittrung ist dort vorzufinden, wo harter, trockener, unbewachsener Boden obendrein noch der Sonnenbestrahlung ausgesetzt ist. Das Riechvermögen unseres Hundes ist aber so erstaunlich, daß solche Unterschiede wenig ins Gewicht

fallen. Für Hunde, die es gelernt haben ihre Nase zu gebrauchen, sind sie nicht ausschlaggebend.
Aus diesem Grunde ist es außerordentlich wichtig, dem Hund bereits in seiner frühesten Jugend Gelegenheiten zu bieten, damit er seine Nase unter verschiedensten Bedingungen schult, insbesondere auch bei der Ausarbeitung gesunder, kalter Wildfährten.
Die praktische Arbeit auf Schweiß verlangt neben einer feinen Nase auch höchstes Konzentrationsvermögen, zumal dann, wenn nach dem Schuß längere Zeit verflossen ist. Diese Zeitspanne ist mitunter allein durch die Art der Verletzung bedingt, manchmal auch durch die anbrechende Nacht verlängert, so daß man mitunter erst nach 15–20 Stunden zur Nachsuche kommt.
Grundsätzlich beginnen wir keine Nachsuche, welche bis in die Nacht dauern könnte. Abendliche Nachsuchen sind schon deswegen beschwerlich, weil um diese Tageszeit auch gesundes Wild zu ziehen beginnt. Eine Nachsuche wegen Einbruch der Nacht zu unterbrechen und erst am nächsten Morgen fortzusetzen, ist nicht erwünscht, auch wenn die Morgenfrische das Verfolgen einer Schweißfährte erleichtert. Dies sollten wir immer bedenken.

Verleitungen

Wird eine Schweißfährte, die wir mit unserem Hund arbeiten, von gesundem Wild gekreuzt, kann es vorkommen, daß er auf diese gesunden Fährten abirrt (»changiert«). Kreuzt eine Fährte der gleichen Schalenwildart, hilft uns der Schweiß auf unserer ursprünglichen Fährte weiter. Wenn allerdings das kranke Stück zu schweißen aufgehört hat und uns jede Möglichkeit fehlt, die Richtigkeit der Arbeit zu kontrollieren, dann bleibt nur, den Hund von der Fährte wegzuführen oder abzutragen.
Unseren Hund führen wir so von der Fährte weg, daß wir den Riemen straffen und im Bogen, vor dem Wind zu jenem Platz zurückkehren, wo wir mit einem Fährtenbruch den letzten Schweiß markiert hatten. Von dieser Stelle aus beginnen wir die Fährte erneut auszuarbeiten. Dabei haben wir sorgfältig darauf zu achten, wie unser Hund arbeitet. Zweifellos wird er an jener Stelle, wo er auf die gesunde Fährte gestoßen ist, einen Augenblick überlegen. Diesen Platz markieren wir. Nimmt nun unser Hund abermals die gleiche Fährte an wie vorhin, tragen wir ihn nach etwa 20 Schritt ab und legen ihn abermals an die ursprüngliche Fährte, etwa 25 Schritt vor dem Platz, wo er zauderte und den wir verbrochen hatten. Zweifellos wird sich der Hund diesmal an der Stelle verbessern und der richtigen Fährte folgen. Ich erinnere daran, daß wir in diesen Fällen den Hund ohne Belobung von der Fährte nehmen und im Bogen vor dem Wind zurückgehen.

Zieht über die Schweißfährte ein ganzes Rudel Schalenwild, läßt sich unser Hund leicht verführen. Zum einen arbeitet jeder Hund lieber eine frische Fährte, zum anderen überdecken die vielen Einzelfährten des Rudels die Fährte des kranken Stückes. Schweißt unser Stück, kann sich Schweiß wie auch dessen Wittrung auf die Fährten des Rudels übertragen.
Kennt sich unser Hund im Durcheinander der Fährten nicht mehr aus, unterbrechen wir die Nachsuche und lassen ihn etwa 100 Meter in der ursprünglichen Richtung der Wundfährte, also jenseits der Fährten des Rudels, am Riemen *vorsuchen*. Hat er die Wundfährte wiedergefunden, fordern wir unseren Hund auf, Schweiß oder Trittsiegel zu verweisen. Begreiflicherweise am günstigsten ist das Ergebnis, wenn sich Schweiß vorfindet.
Ein Trittsiegel richtig einzuschätzen, ist nicht einfach. Es kommt dabei nicht nur auf dessen Größe und Form an, auch auf den Boden, in dem es steht und auch auf die Art der Bewegung des Stückes, ob im Schritt, im Troll oder flüchtig. Dies alles erfordert eine scharfe Beobachtungsgabe, Gedächtnis und viel Erfahrung.
Stand ein beschossenes Stück Wild nicht allein, flüchtet es anfangs mit den anderen. In diesem Fall verfolgt unser Hund vom Anschuß an die gemeinsamen Fährten des angeschweißten Stückes und des gesunden Rudels. Auch hier kann die Schweißwittrung überdeckt werden. Die Stelle, an der sich das kranke Stück vom Rudel trennt, wird – vor allem von einem temperamentvollen, stürmischen Hund – leicht übersprungen. Auch in diesem Falle sind für uns vor allem der Schweiß und die Trittsiegel Wegweiser.

Haken und Widergänge

Kranke Stücke ändern mitunter die Richtung ihrer Flucht. So kann es geschehen, daß uns der Hund bis in die Nähe des Anschusses zurückführt. Das darf uns nicht verwirren. Hat unser Hund bis daher im allgemeinen zügig gearbeitet, besteht kein Anlaß, ihn zu korrigieren; *in der Regel hat der Hund recht!*
Die Möglichkeit, daß krankes Wild in die Nähe des Anschusses zurückkehrt, bestätigt den Grundsatz, immer *leise* zu sein, wie in Nähe des Anschusses so auch auf der Schweißfährte, insbesondere bei längeren Nachsuchen, bei denen es vorkommen kann, daß das kranke Stück Schleifen zieht und auf der eigenen Fährte zurückwechselt.
Haken und *Widergänge* sind Nüsse, die ein erfahrener Hund verhältnismäßig leicht zu knacken vermag. Er überhudelt sie nicht, weil er gewöhnt ist, *ruhig und bedächtig* zu arbeiten. Verliert er einmal die Fährte, schlägt er Bögen, bis er wieder auf die Wundfährte stößt, die ja vom Widergang wieder irgendwo abzweigt.
Einen Junghund bringt ein solcher Widergang in Verlegenheit, auch wenn er sonst gut gearbeitet hat und keinen Haken übersprungen hatte. Es gibt Hunde,

Beispiel für den Verlauf einer Schweißfährte mit Widergang (x = Wundbetten)

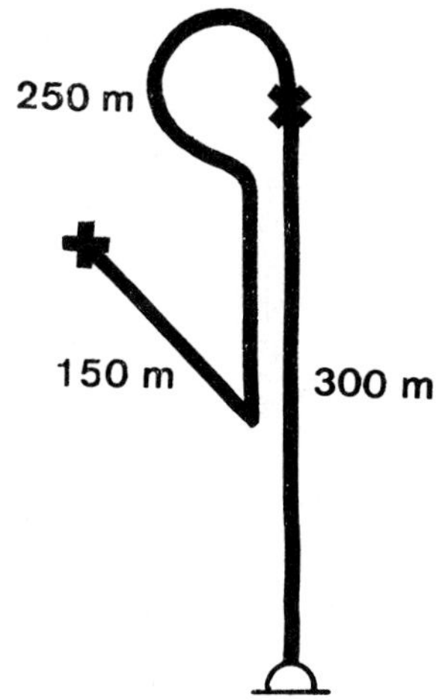

die von Natur aus bei Widergängen durch Bögeln beim richtigen Verlauf der Fährte wieder einfädeln; bei den meisten muß der Hundeführer korrigierend eingreifen.
Ist unser Hund nun auf einem solchen Widergang ratlos und faselt, schlagen wir mit dem Hund am Schweißriemen einen Kreis um diesen Platz mit einem Durchmesser von etwa 80—100 Schritt. Stößt unser Hund dabei nicht auf die abzweigende Fährte des kranken Stückes, gehen wir auf der bereits gearbeiteten Fährte etwa 50 Schritt – gerechnet vom Kreisbogen, den wir bereits geschlagen haben – in Richtung Anschuß zurück und ziehen abermals einen solchen Kreis. Bei solchem *Zurückgreifen* wird der Hund den Fortgang der Wundfährte finden. Legt er sich dann in den Riemen und verweist uns Schweiß oder Trittsiegel, können wir sicher sein, daß er die richtige Fährte arbeitet.
Davon können wir uns auch auf einfache Weise dadurch überzeugen, daß wir den Platz, an dem unser Hund die Fährte wieder angefallen hat, verbrechen, sie selbst aber vorläufig nicht verfolgen, sondern den einmal angefangenen Kreisbogen fortsetzen. Finden wir dabei keine Fährte, die in diesen Kreis hineinführt, muß die vom Hund gefundene Fährte die richtige sein. Wir kehren sodann zum verbrochenen Platz zurück und fahren in der Nachsuche fort.
Sollten wir allerdings auch beim zweiten Kreis keine abzweigende Wundfährte finden, müssen wir das gleiche ein drittes Mal usw. versuchen, bis unser Hund die rechte Fährte findet.

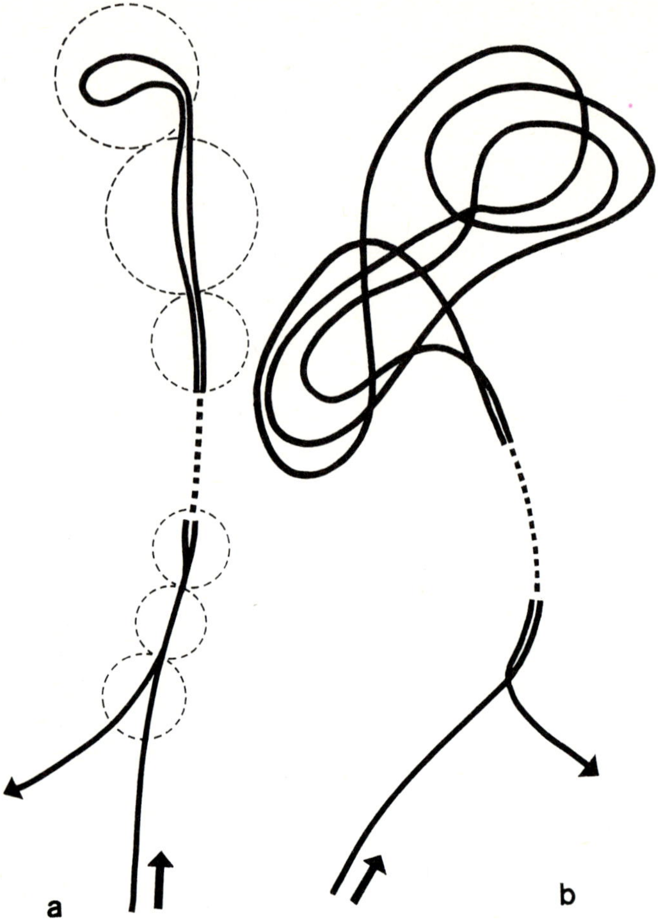

Beispiele für den Verlauf von Schweißfährten

a) Fährte mit einfachem Widergang. Die gestrichelten Kreise deuten die Arbeitsweise des Hundes an, durch Bogenschlagen den »Absprung« zu finden.

b) Das kranke Stück hat seine Fährte durch Hinundherziehen gründlich verwirrt, bevor es einen Widergang gemacht hat. Hier wird der Hund — vor allem in einer Dickung — besonders große Schwierigkeiten haben. Durch weit ausholendes Vorsuchen, Zurückgreifen und Umschlagen am langen Riemen läßt sich aber auch in so verzwickten Fällen der Fortgang der Schweißfährte finden.

Warme und kalte Fährten

Vor 50–60 Jahren waren Schußverletzungen, die eine Nachsuche notwendig machten, bei weitem zahlreicher, als dies heute der Fall ist. Dafür aber waren Nachsuchen damals leichter, denn es lag weitaus mehr Schweiß und der Hund hatte damit leichtere Arbeit. Im Gegensatz dazu verursachen unsere modernen Waffen Verletzungen, bei denen das Wild entweder im Feuer oder nahe dem Anschuß verendet, oder aber solche, die schwierige und lange Nachsuchen erfordern. Es fehlt eben jene goldene Mitte, welche für die Einarbeitung eines Junghundes auf der natürlichen Schweißfährte so wichtig ist. Die modernen kleineren Kaliber liefern weniger Schweiß, was jede Nachsuche mühevoller macht. Dabei wird heute auf größere Distanzen geschossen, und so kann jede geringste Abweichung, auch bei hoher Rasanz des Geschosses und bestem Zielverhalten, miserable Treffer verursachen, die dann beschwerliche Nachsuchen zur Folge haben.

Mit der Nachsuche beginnen wir – ausgenommen bei Laufschüssen – *besser eine halbe Stunde zu spät als fünf Minuten zu bald!* Die Schweißfährte muß auskühlen und das angeschweißte Stück muß krank werden. Dies erfordert verschieden lange Zeiten, und das nicht allein nach der Art der Schußverletzung, sondern auch danach, wie hart das Wild auf den Schuß ist und wann und unter welchen Umständen das Stück angeschweißt wurde. Dabei fällt natürlich auch sein Alter ins Gewicht, sein Geschlecht, sein Gesundheits- und Ernährungszustand. *Niemals dürfen wir uns durch Ungeduld oder die Sorge, unser Hund könnte auf der kalten Fährte nicht erfolgreich sein, zu einer voreiligen Nachsuche verleiten lassen.*

Hier nun erhebt sich die grundsätzliche Frage, ob der Hund auf warmer oder kalter Schweißfährte arbeiten soll. Natürlich ist die Arbeit auf der kalten Fährte schwieriger. Ein gut abgerichteter Hund arbeitet auf der kalten Schweißfährte jedoch mindestens ebenso zuverlässig und erfolgreich wie auf einer frischen Fährte, dabei aber *ruhiger und sicherer.*

Es ist wahr, daß jeder Hund lieber auf der frischen als auf der kalten Fährte arbeitet. Weil eben eine warme Fährte für jeden Hund größere Anziehungskraft ausübt, indem sie seinen Jagdinstinkt anregt, verführt sie ihn zu wildem Nachprellen, zu Überspringen von Haken und dergleichen. Ein Hund, der viel auf frischen Fährten arbeiten durfte, verliert an kalten Fährten jegliches Interesse und dürfte auch dann keine erfolgreiche Leistung mehr zeigen, wenn er ursprünglich für ordentliche Nachsuche auf kalten Fährten abgerichtet war.

Deshalb ist zu beachten: *Hat unser Hund, aus welchem Grunde immer, auf einer warmen natürlichen Schweißfährte arbeiten müssen, müssen wir mit ihm an einem der folgenden Tage auf kalter künstlicher Schweißfährte am langen Riemen üben. Und dies führen wir nicht nur mit Junghunden durch, sondern auch mit älteren.*

Einen Junghund lassen wir grundsätzlich nicht auf der warmen Fährte arbeiten, weil er da leicht mit der Nase im Wind, mit hoher Nase, einfach die frische Wittrung des Wildes, die es hinterlassen hat und welche über und neben der Fährte steht, verfolgen kann, anstatt sie mit tiefer Nase in der Fährte zu suchen. Aus ähnlichem Grunde lassen wir einen Junghund auch nicht eine Schweißfährte im Schnee arbeiten, denn eine Schweißfährte im Schnee vermag der Hund mit den Augen zu verfolgen, während es uns doch darum geht, daß der Hund mit der Nase zu arbeiten lernt. Erst wenn er darin sicher ist, können wir ihn im Bedarfsfall auch auf einer Fährte im Schnee ansetzen.

Angeschweißtes Wild, das eine lange Nachsuche erfordert, muß erst einmal ordentlich krank werden, soll die Nachsuche leichter, kürzer und erfolgreich werden. Darum muß das kranke Stück über eine bestimmte Zeit absolut in Ruhe gelassen werden. Würden wir vorzeitig seiner Fährte folgen, könnte es sehr weit flüchten, u. U. auch über die Reviergrenze. Angeschweißtes Wild hat unmittelbar nachdem es getroffen wurde immer noch genug Kraft, um weiterzuflüchten. Schmerz und Angst vor Verfolgung scheinen seine Kräfte zu vermehren. Vor allem bei Weichschüssen ist dies der Fall.

Läßt man ein weidwundes Stück Rotwild in Ruhe, sucht es gewöhnlich die nächste Dickung auf, geht manchmal in verhältnismäßig kurzer Entfernung vom Anschuß ins Wundbett und verendet dort nach wenigen Stunden. Wird es aber vorzeitig aufgemüdet, flüchtet es weit und geht in der Regel erst kurz vor dem Verenden ins Lager. Hat solch ein Stück nur einen glatten Durchschuß des Pansens, ist es noch schlechter. Bei solcher Schußverletzung zieht Schalenwild noch weite Strecken, bevor es ins Wundbett geht und langsam verendet. Wird es allerdings dort aufgemüdet, wird es sich nur sehr schwer abermals beruhigen. Meist wechselt es dann hin und her, soweit eben seine Kräfte reichen. Häufig verendet es erst nach 15–20 Stunden. *Aus alledem ist ersichtlich, wie unbedingt erforderlich es ist, angeschweißtes Wild nach dem Schuß in Ruhe zu lassen.*

Andererseits kann es vorkommen, daß wir in der Abenddämmerung schießen, zu einer Zeit also, da wir eine Nachsuche, welche der Art der Verletzung entsprechen würde, nicht mehr beginnen können, sondern erst am nächsten Morgen. In solchen Fällen beginnt man erst nach 10, gegebenenfalls nach 15 und mehr Stunden nachzusuchen. Auch an solche Fälle müssen wir bei der Abrichtung und beim Üben auf der künstlichen Schweißfährte denken.

Sehr wesentlich ist, daß im Anfang jede Arbeit eines Junghundes von Erfolg gekrönt ist. Aus diesem Grunde führen wir ihn zuerst zum verendeten Stück, damit er sich mit dieser Tatsache vertraut machen kann, und erst dann beginnen wir ihn auf der eigentlichen Schweißfährte einzuarbeiten.

Das Stück bleibt im Feuer: Etwa nach einer Stunde führen wir unseren Hund am Schweißriemen in die Nähe des Stückes, etwa 30–40 Schritt entfernt, und zwar so, daß er von ihm Wind bekommen muß. Daraufhin lassen wir uns vom Hund zum verendeten Wild hinführen, worauf wir ihn loben und ihm die Möglichkeit bieten, sich mit der Beute vertraut zu machen. Wir gewöhnen ihm dabei ab, das Stück abzulecken oder daran zu zupfen.

Das Stück bricht in Sichtweite zusammen: Etwa nach 2 Stunden führen wir den Hund zum Anschuß. Er wird zunächst diesen untersuchen und uns dann am Schweißriemen zum verendeten Stück hinführen. Bei den nächsten Gelegenheiten dieser Art verlängern wir die Wartezeit, bis wir mit dem Hund an den Anschuß gehen, schon auf 3 und 4 Stunden.

Es gibt eine leichte Nachsuche: Dazu schießen wir ein Stück Schalenwild auf die Leber oder auf die Lunge, so daß es nach kurzer Flucht außer Sichtweite verendet. Nach Ablauf der Wartezeit, das heißt für den Anfang etwa nach 4 Stunden, legen wir den Hund zum Anschuß. Der Hund wird uns dann am Schweißriemen bis zum verendeten Stück führen.

Dann können wir unseren Hund schon auf längeren, schwierigeren Schweißfährten arbeiten lassen. Wenn uns zwischendurch einmal wieder ein Stück im Feuer bleibt oder auf Sicht zusammenbricht und wir unseren Hund auch auf dieser kurzen Wundfährte, wie anfangs erwähnt, übungshalber arbeiten lassen möchten, dürfen wir dies erst nach einer Wartezeit von mindestens 4—5 Stunden.

In brütend heißer Sommerzeit besteht die Gefahr, daß das Wildpret bald verdirbt. Bleibt ein Stück im Feuer oder bricht in Sichtweite zusammen, legen wir unseren Hund dort ab, wo wir das Wild zuerst gesehen haben, und nähern uns dann in großem Bogen dem Stück. Dann, der jeweiligen Wärme entsprechend, lüften wir es oder brechen es auf.

Sicher würde es jeder Anfänger begrüßen, wenn er in diesem Kapitel eine Zusammenstellung aller Wartezeiten für alle möglichen Arten von Verletzungen vorfinden würde. Das ist leider nicht möglich, trotzdem aber will ich versuchen, die Wartezeiten wenigstens in Umrissen anzuführen.

Die Schußverletzungen unterteilen wir in sechs Gruppen, wobei die letzte Verletzungen des Windfangs und Äsers, der Drossel, des Schlundes und dergleichen umfaßt. In nachstehender Tabelle sind die Wartezeiten vom Schuß bis zum Anlegen des Hundes an den Anschuß in Stunden angegeben.

Art der Verletzung	Rehwild		sonstiges Schalenwild		Schwarzwild	
a = bei warmem, b = bei kühlem Wetter	a	b	a	b	a	b
das Stück liegt im Feuer	4	4	4	4	4	4
das Stück bricht in Sichtweite zusammen	4	4	4	4	4	4
leichte Totsuche	4	5	5	6	6	7
Schuß ins Gescheide	5	6	6	7	7	8
Schuß in den Pansen	6	7	7	8	8	9
andere Verletzungen	7	8	8	9	9	10

Die Wartezeiten in der Rubrik a gelten bei warmem Wetter, unter b bei kühlem Wetter. Wie man sieht, sind die zeitlichen Unterschiede dabei nicht bedeutend. Im Bedarfsfall, wie z. B. bei hereinbrechender Nacht, bei drohendem Regen oder Sturm können die Wartezeiten b auf a verkürzt werden. Bei Weichschüssen ist es ziemlich schwierig, Wartezeiten annähernd genau festzustellen, besonders für den Anfänger. Deshalb habe ich die Wartezeiten bei Schüssen ins Gescheide etwas länger angegeben.

Schwierige Fälle

Bei den übrigen Arten möglicher Verletzungen, vor allem bei einem Schuß in den *Äser* oder bei einem *Drosselschuß,* lassen wir das kranke Stück die ganze Wartezeit über vollkommen in Ruhe. Erst nach Ablauf dieser Frist setzen wir unseren Hund am Anschuß an und verfolgen mit ihm am Riemen die Schweißfährte. Vor Beginn der Nachsuche aber umstellen wir die in Fluchtrichtung nächste Dickung in völliger Lautlosigkeit mit Schützen, die wir während der Wartezeit herbeigeholt haben. Das kranke Stück wird mit Sicherheit in diese Dickung flüchten, um dort Deckung zu finden.
Nähern wir uns nun auf der Fährte dieser Dickung, *umschlagen* wir sie, wobei wir auch erfragen können, ob keiner der abgestellten Schützen das kranke Stück beobachtet hat. Kommt die Fährte aus der Dickung nicht mehr heraus, ist damit erwiesen, daß sich das angeschweißte Stück noch darin befindet. In diesem Falle verfolgen wir dann die Wundfährte mit dem Hund am Riemen in die Dickung.
Auf diese Art nehmen wir die Waldstücke in Fluchtrichtung systematisch durch und werden so das kranke Stück höchstwahrscheinlich sicherer zur Strecke bringen, als wenn wir uns mehr oder minder auf den Zufall verlassen.
In gleicher Weise gehen wir auch dann vor, wenn eine auf übliche Art durchgeführte Nachsuche zu keinem Erfolg geführt hat. Wir bemühen uns dabei, des Stückes habhaft zu werden und seine Qualen damit abzukürzen, daß wir Dickungen mit Schützen abstellen und diese dann von Treibern durchdrücken lassen.
Bei beidseitigen Lauf-Knochenschüsse, beim Durchschuß beider Blattschaufeln, bei Rückgratverletzungen in der rückwärtigen Körperpartie, kurz bei all jenen Schußverletzungen, durch die das Wild an den Platz gebannt bleibt und leidet, halten wir uns an keine Wartezeiten. Mit geladener Waffe eilen wir dann zum Stück und geben ihm den Fangschuß.

Sorgfalt und Umsicht von Anfang an

Die Nachsuche beginnt schon vor dem Schuß

Bei der Jagd auf Schalenwild wäre es von wesentlicher Bedeutung, daß der Schütze auch erfahrener Jäger ist, ruhig und erfahren in der Handhabung der Waffe, und ein erprobter Rüdemann. Niemand ist allerdings mit diesen Eigenschaften auf die Welt gekommen; jeder muß sie sich erst mühsam erwerben.

Der Jäger muß nicht nur die Einstände und Gewohnheiten des gesunden Schalenwildes kennen, das er zu jagen beabsichtigt, sondern auch jene des kranken Wildes nach dem Schuß. Der Schütze muß sich vor und nach dem Schuß beherrschen, muß Gelassenheit zeigen, sorgfältig zielen, ruhig schießen und durchs Feuer schauen. Als Rüdemann muß er seinem Hund bei der Arbeit behilflich sein, vor allem aber ihn kennen und verstehen; zwischen beiden muß es zu gegenseitigem Einverständnis kommen.

Dies alles geht am besten aus der Beschreibung einer Nachsuche hervor. Diese Nachsuche gilt zugleich als *Grundmodell* für das Verhalten des Jägers und Hundeführers wie für die Arbeit des Hundes. Soweit von diesem Grundmodell Abweichungen vorkommen, so sind diese in jenen Kapiteln enthalten, welche die einzelnen Schalenwildarten behandeln.

Nehmen wir an, wir hätten beim Pirschen ein Rotwildrudel in Anblick bekommen, und darunter befindet sich ein Stück, das erlegt werden soll. Sobald wir es angesprochen haben, sehen wir uns zunächst aufmerksam um und prägen uns den Platz ein, von dem aus wir uns zum Schuß entschlossen haben.

Dann mustern wir eingehend jenen Platz, wo das Wild steht, vorab das Stück, das wir erlegen wollen. Auch diese Stelle müssen wir uns ins Gedächtnis einprägen. Als Merkhilfen für späteres Wiedererkennen dienen in solchen Fällen verschiedene auffallende Geländepunkte, wie ein Maulwurfshügel, eine Bodenvertiefung, ein auffallender Grasbüschel, Strauch oder Baum. Auch ein Stoß Schichtholz oder ein Reisighaufen kann als Hilfspunkt dienen.

Ruhig und sorgfältig zielen wir nun auf das breit und frei stehende Stück, und sobald Korn oder Fadenkreuz die Mitte der Kammer gefaßt hat, lassen wir fliegen. Keinesfalls dürfen wir im Schuß die Augen zukneifen, sondern müssen ruhig »durchs Feuer schauen«. Dann wird der Schuß sitzen und wir können beobachten, wie das Stück den Treffer mit jener typischen Bewegung quittiert, die wir Zeichnen nennen. Im vorliegenden Fall hat nun das Stück keinen Blattschuß markiert, sondern eher wie auf einen Weichschuß gezeichnet; es hatte sich im Augenblick der Schußabgabe plötzlich bewegt.

Nach dem Schuß flüchtet das Stück, zusammen mit dem übrigen Rudel. Wir bemühen uns, die Fluchtrichtung zu behalten und beobachten dabei verständlicherweise vor allem »unser« Stück.

Dabei stellen wir fest, daß es sich vom Rudel absondert; es ist also mit Sicherheit schwer verletzt. Schließlich verlieren wir es aus dem Auge.
Still bleiben wir stehen und lauschen aufmerksam, ob wir nicht *hören* können, wie das kranke Stück durch trockenes Geäst bricht, wie es Bäume anflieht oder ob nicht gar sein Sturz zu hören ist. Es kommt manchmal vor, daß der Schütze auch das Husten hört, das zustande kommt, wenn dem schwerkranken Stück Schweiß in die Atemwege gelangt.
Nichts von alledem ist zu vernehmen. Trotzdem heißt es nun noch eine längere Weile *am Platz zu bleiben*. Dabei kehrt der Blick zurück zu der Stelle, wo das Stück beim Schuß gestanden war. *Diese Stelle prägen wir uns zuverlässig ein, denn der Anschuß wird für uns sehr wichtig.* Er erzählt uns eine ganze Menge und ermöglicht uns schließlich ein mehr oder weniger zutreffendes Urteil über die Art der Verletzung und damit über das Vorgehen bei der Nachsuche.
Wir verlassen vor allem unseren *Standplatz* nicht, ohne diesen je nach Bedarf *so markiert zu haben, daß wir ihn zweifelsfrei wiederfinden* (Verbrechen, Aufscharren des Bodens, Anreißen eines Baumes, je nach Gegebenheit).

Was verrät der Anschuß?

Der Umstand, daß sich das Stück vom Rudel absonderte, spricht dafür, daß es schwer krank ist. Auf jeden Fall ist nun das nächste, den *Anschuß* zu untersuchen. *Das hat aber durchaus keine Eile!* Etwas anderes wäre es, wenn die Dämmerung nahe bevorstünde, bei großer Schwüle oder im Falle eines drohenden Gewitters, eines Schneetreibens u. ä. Weil dies nun aber nicht der Fall ist, holen wir den Hund (den wir beim Anpirschen des Rudels weiter entfernt abgelegt hatten) und gehen zum Platz, von dem wir geschossen hatten, zurück. Auf dem Weg dorthin legen wir unseren Hund an einer günstigen Stelle wieder ab. Günstig ist sie dann, wenn unser Hund von dort aus zunächst weder unsere Untersuchung des Anschusses beobachten, noch von dort her Wittrung bekommen kann.
Den Weg über jenen Platz, von dem aus wir geschossen hatten, wählen wir deshalb, um auf diese Weise den Anschuß leichter finden zu können. Den Weg zum Anschuß werden uns von dort jene Orientierungspunkte weisen, die wir uns eingeprägt hatten. Unser Vorgehen muß dabei immer *höchst vorsichtig und leise* sein, ganz besonders dann, wenn die Deckung, wohin das beschossene Stück geflüchtet ist, nicht sehr weit entfernt ist.
Es ist unumgänglich, *jeden Anschuß gründlich, gewissenhaft und systematisch zu untersuchen,* auch dann, wenn wir von vornherein einen Fehlschuß vermuten. Dies ist die Pflicht eines jeden Schützen. Führt er einen Hund, dann hat er diesen abzulegen und den Anschuß zunächst ohne ihn zu prüfen. Führt er keinen Hund, ist er gehalten, um so eingehender der Anschuß zu untersuchen, zu verbrechen

und schließlich die Fluchtrichtung des Wildes mit einem Fährtenbruch zu markieren. Denn danach, wie er dann dem Hundeführer, der die Nachsuche durchführen wird, den Befund zu beschreiben vermag, wird sich dieser ein Bild davon machen, wann und wie die Nachsuche in Angriff zu nehmen ist. Der Hundeführer bildet sich dann durch Vergleich dessen, was er selbst am Anschuß vorfindet, mit der Beschreibung des Schützen das richtige Urteil. Im Gegensatz dazu können lückenhafte und unzutreffende Schilderungen des Schützen, auch Übertreibungen und Beschönigungen, eine Nachsuche von vornherein erschweren.
Es kann durchaus vorkommen, daß der Schütze den Anschuß gar nicht festzustellen vermag, er ihn also nicht untersucht oder verbricht. Im Wald einen Anschuß zu finden, ist durchaus keine leichte Aufgabe, zumal bei Schüssen auf größere Entfernung unter ungünstiger Beleuchtung und vom Hochsitz aus. Schützen, die das Jagdfieber schüttelt oder die nach dem Schuß sehr aufgeregt sind, merken sich die Stelle, wo das beschossene Stück Wild im Schuß gestanden ist, sehr schwer. Wenn sie dann den Anschuß finden sollen, suchen sie ratlos hin und her. Dabei gehen sie nicht planvoll vor und sind auch nicht genügend geduldig und ausdauernd. Wenn sie dann schließlich den Anschuß durch Zufall finden, forschen sie nur oberflächlich nach Schußzeichen und verlassen sich einfach auf den Hund. Dabei vergessen sie vollkommen, daß zumal ein junger Hund Unterstützung und Führung braucht, wenn seine Nachsuche erfolgreich sein soll, und daß sich der Hund in seiner Arbeit vervollkommnen und bestätigen soll.
Ist so ein Fehlverhalten bei einem Schützen, der selbst keinen Hund führt, bis zu einem gewissen Maße entschuldbar, so ist es unverzeihlich bei einem Schützen und Hundeführer. Dieser hat zwar bei der Untersuchung eines Anschusses die gleichen objektiven Schwierigkeiten, muß diese aber im Interesse des angeschweißten Wildes wie in dem seines Hundes zu überwinden trachten.
Darum gereicht es jedem Hundeführer nur zum Vorteil, wenn er bei Reviergängen oder Ansitzen irgendwelche Punkte als »Anschüsse« annimmt und zu unterschiedlichen Tageszeiten und bei verschiedenster Beleuchung übt, deren Entfernung zu schätzen und sie aufzufinden. Das ist mit keiner großen Mühe verbunden. Es genügt, zu dem angenommenen »Anschuß« hinzugehen und dabei die Schritte zu zählen. Solche Übungen im Entfernungsschätzen kommen uns auch beim Schießen zugute. Auf jeden Fall trainieren wir so die Fähigkeit unserer Augen, einen bestimmten Geländepunkt festzuhalten, wie auch das visuelle Gedächtnis und die Fähigkeit, diese Stelle wiederzufinden.
Wenn weder der Schütze noch der Hundeführer den Anschuß zu finden vermögen, bleibt nichts anderes übrig, als sich auf den Hund zu verlassen. Man läßt dann den Hund in der ungefähren Umgebung des vermeintlichen Anschusses am halblangen Riemen und gegen den Wind *vorsuchen*. Unser Hund bekommt dann mit Sicherheit bald den Anschuß in die Nase und verweist, wenn nichts anderes, wenigstens den Ort, an dem das Stück im Moment des Schusses gestanden ist.

Mit dem Hund stellen wir auch fest, ob das Stück angeschweißt ist, wenn wir selbst, trotz systematischer Untersuchung, am Anschuß keinerlei Schußzeichen vorfinden. Das bedeutet ja noch nicht, daß das Stück gefehlt ist. Dazu holen wir den abseits abgelegten Hund, nehmen ihn an den Schweißriemen und führen ihn zum Anschuß.

Findet selbst der Hund keinerlei Schußzeichen, weder Schweiß noch Schnitthaar, Knochensplitter oder Stückchen Wildpret, Teile der Decke, Feist oder Knochenmark, lassen wir unseren Hund ein Stück die Fluchtfährte verfolgen. Verweist unser Hund schließlich doch Schweiß oder andere Schußzeichen, tragen wir ihn ab, beloben ihn und unterbrechen die weitere Verfolgung der Fährte, bis das angeschweißte Stück ausreichend krank geworden ist und wir mit einer ordentlichen Nachsuche beginnen können.

Zurück zu unserem praktischen »Modellfall«:

Wie bereits erwähnt, gehen wir, nachdem der Hund abgelegt ist, vorsichtig, leise und möglichst in gerader Richtung zum Anschuß. Nähern wir uns jenem Platz, an dem das Stück Wild im Augenblick unseres Schusses gestanden ist, und wo wir zumeist wenigstens die Eingriffe bemerken, markieren wir zunächst den Anschuß durch einen Bruch und verbrechen auch die Fluchtrichtung. Erst dann entscheiden wir uns, ob wir den Anschuß gleich gründlich untersuchen oder diese Arbeit auf später verschieben.

Reicht das Licht nicht mehr aus, soll man einen Anschuß erst am Morgen des nächsten Tages untersuchen. Droht ein Gewitter, ein Sturm, Schneetreiben oder Dauerregen, zwingt uns dieser Umstand, den Anschuß *sofort* zu untersuchen. Besteht keine Gefahr, daß sich das Wetter plötzlich ändern würde, und reicht das Tageslicht, beginnen wir mit der Analyse des Anschusses zwar sofort, aber *ohne Hast.*

Dabei soll man mit Überlegung und *bedächtig* zu Werke gehen, um keines der vorhandenen Schußzeichen zu zerstören. Dabei geht es vor allem um Schnitthaar und Schweiß, die man leicht vertritt. Deshalb soll man immer zunächst den Platz vor den Füßen gründlich mustern und ihn erst dann, wenn man auf ihm keinerlei Schußzeichen gefunden hat, betreten.

Natürlich finden wir in der Regel am Anschuß nicht alle Schußzeichen, sondern meist nur einige. Eingriffe und Schnitthaar werden wir in den allermeisten Fällen finden können, oft auch Schweiß. Bei Laufschüssen sind Knochensplitter oft auffällige Schußzeichen; doch bedeutet ihr Fehlen keineswegs, daß ein Laufschuß auszuschließen ist.

Schnitthaar haben wir zunächst in unmittelbarer Nähe des Platzes zu suchen, wo das Stück im Augenblick, da es getroffen wurde, stand. Es kann sich aber auch in der näheren Umgebung vorfinden. Haben wir ein Schnitthaarbuch, vergleichen wir das vorgefundene Schnitthaar mit den Mustern aus dem Buche und können so verhältnismäßig leicht die Körperstelle des Treffers ermitteln. Mit oder ohne Schnitthaarbuch läßt sich jedenfalls bei Rot-, Dam- und Muffelwild nach dem Schnitthaar leichter ein Urteil bilden als beim Rehwild im Sommerhaar. Auch Schnitthaar kann bis zu einem bestimmten Grade täuschen, zumal in der Zeit des Haarwechsels und knapp danach.

Am Anschuß wie in der Fährte des kranken Stückes kann *Schweiß* in unterschiedlicher Menge, verschiedenen Ursprungs und daher unterschiedlicher Färbung liegen, wie wir dies bereits beschrieben haben. Es kommt vor, daß am Anschuß scheinbar überhaupt kein Schweiß liegt. Dort, wo das Stück stand, und in Richtung seines Absprunges versuchen wir nun Schweiß mit Hilfe eines *weißen Taschentuches* zu finden. Dabei halten wir dieses so, daß es locker mit der Hand über den Boden gestreift, Boden und Bewuchs dort berührt, wo man Schweiß vermuten könnte. Auch unbedeutende Schweißspritzer, die man sonst überhaupt nicht bemerken würde, haften auf diese Weise am Taschentuch und werden deutlich sichtbar. Auf dem Weiß des Tuches werden auch die verschiedenen Farbunterschiede deutlich.

Ein angeschweißtes Stück hinterläßt manchmal Schweiß an Halmen, Zweigen, Sträuchern, den es bei der Flucht abstreift. Je nachdem, wie hoch wir diese Schweißspuren vorfinden, können wir uns ein Bild davon machen, wie hoch am Wildkörper die Kugel sitzt.

Wenn wir auf diese Weise vorgehen, endet die Untersuchung des Anschusses in der Regel erfolgreich. Auf jeden Fall konnten wir nach den Schußzeichen darauf schließen, daß das Stück getroffen wurde. Da es aber nun nicht im Feuer geblieben ist und auch nicht in Sichtweite zusammenbrach, wird eine Nachsuche nötig. Diese beginnen wir mit der Untersuchung des Anschusses durch unseren Hund.

Der Hund wird zum Anschuß gelegt

Unser Hund kann eine Schweißfährte nur dann mit Erfolg arbeiten, wenn er am Anschuß richtig angelegt wurde und man ihm genügend Zeit gelassen hat, diesen gründlich zu untersuchen. Den Anschuß prüft der Hund am halblangen Riemen.

An den Anschuß wird der Hund so angelegt, daß ihn sein Führer hinführt und der Hund dann mit der Nase andeutet, daß er ihn gefunden hat, oder — was noch besser ist — der Hund soll den Anschuß selbst finden, und zwar auf folgende Weise:

Sobald wir uns mit dem Hund dem Anschuß nähern, fordern wir ihn durch einen Wink auf, am Riemen voranzusuchen; daraufhin wird er ihn finden und untersuchen. Dem Hund muß man dabei Zeit lassen, damit er nach eigenem Willen jedes einzelne Schußzeichen bewinden kann, das er vorfindet. Er wird Schweiß verweisen, Schnitthaar, Eingriffe u.a.m. Jeder Hund hat dabei seine eigene Art zu zeigen, was er gefunden hat. Es liegt nun an uns, ihn dabei nicht zu stören und ihm reichlich Zeit zu lassen. Aufmerksam müssen wir ihn dabei

Mit dem Hannoverschen Schweißhund am Anschuß . . .

beobachten und uns jede seiner Bewegungen merken. Das ist unbedingt notwendig, sonst würden wir unseren Hund, wenn er künftig wieder einmal auf Pirschzeichen hinweist, nicht verstehen.

Um die Aufmerksamkeit des Hundes ganz besonders auf den Anschuß hinzulenken und ihn auf die bevorstehende Arbeit einzustellen, ist zu empfehlen, daß der Hundeführer den Hund zunächst in Nähe des Anschusses am abgedockten Riemen ablegt und *vor den Augen des Hundes* noch einmal selbst den Anschuß gründlich untersucht, unmittelbar bevor der Hund in der beschriebenen Weise an den Anschuß herangeführt wird. *Jedenfalls hat alles mit größter Ruhe und Gelassenheit zu geschehen.*

Stößt nun ein Hund, zumal ein temperamentvoller, auf den ersten Tropfen Schweiß oder findet er ein kleines Stückchen vom Gescheide, so wirkt dies mächtig auf ihn ein. Er legt sich fest in den Riemen und beginnt heftig schnaubend zu schnuppern. Je schneller auf diese Weise die Luft durch seine Nase gesaugt wird, um so mehr Duftspuren erreichen seine Geruchszellen, und um so nachhaltiger ist sein Geruchseindruck. Auf diese Weise zeigt uns der Hund an, daß er etwas gefunden hat. Mit leiser Stimme loben wir ihn dabei mit den Worten: »Brav, mein Hund, brav, so ist's brav, mein Hund!«

Wenn er den Schweiß nicht markiert, den er in der Nase haben muß, weil wir selbst ihn sehen können, fassen wir seinen Kopf und nähern die Nase des Hun-

. . . und bei der Riemenarbeit (der Hund legt sich kräftig in den Riemen, ein Zeichen, daß die Fährtenwittrung hier besonders stark ist)

des dem Schweißtropfen mit der leisen Aufforderung: »Zeig schön Schweiß, zeig schön!« Immer dann, wenn unser Hund Schweiß verweist, soll er gelobt werden. Solches Lob sprechen wir *leise* aus, wie wir uns ja überhaupt bei einer Nachsuche möglichst leise verhalten sollen. Das beeinflußt auch den Hund. Den ersten Schweiß, den unser Hund findet, leckt er gewöhnlich ab. Soweit er dies am Anschuß tut, dulden wir es, keinesfalls aber bei der weiteren Arbeit auf der Schweißfährte.

Ähnlich wie den Schweiß, so zeigen einige Hunde auch Eingriffe und Trittsiegel. Tut dies der Hund nicht von sich aus, so können wir versuchen, es ihm beizubringen. Dabei gehen wir ähnlich vor, wie wir ihn zum Zeigen von Schweiß anleiten. Dieses *Verweisen von Pirschzeichen,* vor allem von Schweiß und von Trittsiegeln auf der Wundfährte, ist für die Praxis außerordentlich wichtig, zumal bei längeren Nachsuchen. Der Hundeführer hat so die Möglichkeit, stets zu erkennen, ob sein Hund die Schweißfährte hält oder ob er auf eine Verleitfährte abgeirrt ist.

Die Wittrung des kranken Stückes, die der Hund am Anschuß angesaugt hat, wirkt auf jeden Hund, zumal auf den jungen, in so hohem Maße ein, daß wir ihn zur Verfolgung der Fährte nicht mehr besonders aufzufordern brauchen. Normalerweise fällt sie der Hund von sich aus an. Dabei beloben wir ihn ähnlich wie beim Arbeiten auf der Kunstfährte mit den Worten: »Brav, mein Hund, brav . . . such verwundt!«

Verkehrt wäre es, den Hund ohne Aufenthalt vom Anschuß an sofort die Wundfährte anfallen zu lassen. Der Hund, zumal ein temperamentvoller, hat dann nur noch das Bestreben, die Schweißfährte zu verfolgen. Den Anschuß wird er nicht ausforschen und wird nichts verweisen. Unser Hund ist bereits durch die Wahrnehmung der Krankwittrung aufgeregt. Ist dazu der Hundeführer obendrein noch ungeduldig, steigert sich die Aufregung des Hundes und sein Drang, auf der Schweißfährte dahinzustürmen. Ergebnis: oberflächliche Arbeit nicht allein am Anschuß, auch auf der Wundfährte.

Nimmt der Hund von sich aus die Schweißfährte nicht an, ermuntern wir ihn zur Folge mit dem Zuspruch, den er bereits von der künstlichen Schweißfährte gewöhnt ist, z. B. »Such verwundt ... weiter ... weiter ... vorwärts ... such verwundt!« Das sagen wir zwar leise, aber anfeuernd und deuten zugleich mit der Hand, wie wir dies auch beim Üben auf künstlicher Fährte getan haben.

Die weitere Arbeit am Riemen gestaltet sich dann so, wie wir sie bereits in dem vorhergehenden Kapitel »Auf der Wundfährte«, Seite 100, behandelt haben.

Die Hetze

Ein ungehorsamer Hund, gleich welcher Rasse, hetzt jedes Wild mit großer Passion, ohne daß es notwendig wäre, ihn dazu besonders anzurüden. Allein die Flucht des Wildes als solche ist hiezu hinreichender Anlaß. Wild zu verfolgen ist somit eine natürliche und angewölfte Eigenschaft jedes Jagdhundes.

Um so eher wird demnach ein Jagdhund krankes Wild hetzen, wenn wir ihn dazu obendrein noch durch Wink oder Zuruf anfeuern. Deshalb ist es keineswegs verwunderlich, daß ein Hund, der zwar die ersten Nachsuchen am Riemen in aller Ruhe absolviert hat, nach einigen Nachsuchen, die mit einer Hatz verbunden waren, bei der Arbeit am Schweißriemen unruhig, ja sogar ungefügig zu werden beginnt. Hat ihn bereits die Riemenarbeit auf der Fährte eines kranken Stückes aufgeregt, wie mächtig und für uns unvorstellbar beeinflußt unseren Hund da erst die Hatz!

Ähnlich verhält es sich, wenn auch nicht so ausgeprägt, bei älteren Hunden. *Jedes Ausarbeiten warmer Fährten und erst recht das Hetzen verleitet zu überhasteter Arbeit auf der Schweißfährte und stellt den Erfolg der Riemenarbeit in Frage.* Deshalb müssen wir bei einem Junghund, zumindest bei den ersten 3–4 Nachsuchen, die Hatz völlig vermeiden. Wir dürfen von vornherein nur solche Nachsuchen durchführen, bei denen unser »Lehrling« nach beendeter Riemenarbeit das verendete Wild findet.

Es wäre ideal, wenn Nachsuchen mit Hatz überhaupt seltene Ausnahme blieben und in der Regel die Riemenarbeit zum verendeten Stück führen würde. Dies ist allerdings nicht gut möglich. *Deshalb lassen wir nach jeder Nachsuche,*

die mit einer Hatz verbunden war, unseren Hund am Riemen eine längere künstliche Schweißfährte, gelegt mit dem Schweiß des erlegten Stückes, ausarbeiten.
Entscheidend ist schließlich, ob die Hatz in bestimmten Fällen überhaupt nötig ist, oder ob man besser abwartet. Dies muß stets gut überlegt sein.
Geht es um einen jungen Hund und um seine erste Hatz, ist diese Entscheidung um so schwerwiegender, als der Mißerfolg bei einer solchen ersten Hetze weittragende Folgen haben kann. Diese erste Hatz kann darüber entscheiden, ob unser Hund für die Nachsuche von Schalenwild überhaupt brauchbar wird.
Deshalb *schnallen wir* nicht nur den jungen Hund *erst dann zur Hatz, wenn wir ein Stück Wild aus dem Wundbett aufmüden,* das ausreichend krank ist, oder wenn wir auf ein Stück stoßen, das bereits so matt ist, daß es nach kurzer Hatz eingeholt werden kann. Sind wir nicht davon überzeugt, daß das Stück so krank ist, daß die Hetze nicht lange dauern kann, schnallen wir unseren Hund besser nicht. Wir unterbrechen dann die Nachsuche, lassen den Hund eine angemessene Weile ausruhen und suchen erst dann am Riemen weiter, wenn das Stück ausreichend krank sein dürfte.
Es geht dabei darum, daß sich das Stück erneut niedertut und im Wundbett aushält, bis wir uns mit dem Hund am Riemen zu ihm vorgearbeitet haben. Ist es nicht ins Wundbett gegangen, dann sollte es wenigstens so krank sein, daß eine Hatz in unserem Sichtbereich oder wenigstens nicht weit von uns ihr Ende findet.
Hat ein junger Hund einige erfolgreiche Hetzen hinter sich, brauchen wir nicht mehr so ängstlich zu sein und die Hetzen können dann stufenweise länger und schwieriger werden. Trotz alledem lassen wir unseren Hund nach jeder Hatz wenigstens eine längere Schweißfährte am Riemen ausarbeiten
Aus all diesen erwähnten Gründen lassen wir auch einen jungen, unerfahrenen Hund *niemals* ein Stück Schalenwild mit *Laufschuß* hetzen. Erst wenn der Hund beim Hetzen von Schalenwild mit anderen Schußverletzungen ausreichende Erfahrung gesammelt hat und dabei Ausdauer gezeigt hat, lassen wir ihn Stücke mit Laufschüssen hetzen.
In solchen Fällen schnallen wir den Hund schon bald nach dem Schuß, weil sich das angeschweißte Stück meist schnell einholen läßt. Im umgekehrten Falle, also wenn wir unseren Hund später schnallen würden, verläuft die Hatz in der Regel erfolglos. Das so angeschweißte Stück paßt sich nämlich überraschend schnell seinem Zustand an und flüchtet auf drei Läufen bald so, als hätte es vier gesunde Läufe.
Die jagdliche Praxis hat auch tatsächlich erhärtet, daß es das beste ist, bei Laufschüssen den Hund nach Möglichkeit unverzüglich zu schnallen. Ist er *schnell* und *scharf,* wird er das Stück bald einholen, zumal bei einer Hinterlaufverletzung, wird es stellen und an den Platz binden. Sollte die Hatz fehlschlagen, bleibt nichts andere übrig, als ein mit Schützen abgestelltes Treiben zu veranstalten.
Völlig falsch wäre es, eine an sich bereits anstrengende und schwierige Nachsuche durch Hetzen des kranken Stückes zu lösen. Eine lange Riemenarbeit ist gewiß

ermüdend und erschöpft nicht nur ältere, sondern auch junge, gesunde und kräftige Jäger. In schwierigem Gelände, in felsigen Steilhängen und dornigen Dikkungen schnallt dann der ermüdete Jäger seinen Hund, anstatt die Nachsuche zu unterbrechen, sich und seinem Hund die notwendige Rast zu gönnen und dann die Riemenarbeit fortzusetzen. Solches Verhalten ist bereits bei einem älteren, erfahrenen und ausdauernden Hund grundfalsch, um so mehr bei einem jungen, unerfahrenen.

Unser Hund hat auf der Fährte zu hetzen, niemals auf gut Glück. Nach dem Schnallen hat der Hund die Schweißfährte zu halten und darf nicht frei herumstöbern. Aus diesem Grunde verfahren wir bei den ersten Nachsuchen und später immer dann, wenn sich dazu die Gelegenheit bietet, auf folgende Weise: Ist ein Stück nach dem Schuß in Sichtweite zusammengebrochen, arbeiten wir die Schweißfährte vom Anschuß an am Riemen und schnallen dann den Hund auf eine Entfernung von zunächst 30—40 Schritt vor dem Stück. Da wir in solchen Fällen wissen, wo das Stück liegt, können wir auch beobachten, wie der Hund arbeitet. Eine Kontrolle unseres Hundes haben wir auch dann, wenn er ein angeschweißtes Stück bei niedriger Schneedecke hetzt. Da können wir hinter unserem Hund hergehen und sehen, ob und wie er die Fährte hält.

In der Regel hat der Hund stets *vom Anschuß an* auf der *kalten* Schweißfährte *am Riemen* zu arbeiten. Wird das Stück aus dem Wundbett hoch und flüchtig, oder zieht es, ohne ins Wundbett gegangen zu sein, vor der Riemenarbeit her, wird die Fährte plötzlich »warm«. Und so verfolgt unser Hund, wird er zur Hatz geschnallt, eine frische, warme Fährte. Überdies steht in der Luft über der Wundfährte die Körperwittrung des Wildes. Dies verleitet unseren Hund dazu, seine Nase zu heben, mit hohem Wind zu arbeiten und sich nach der Wittrung der höheren Luftschichten zu richten. Damit er dabei nicht unerwünschte Zusammenhänge verknüpft, das heißt, damit er diese Art einer Suche mit hohem Wind nicht auf seine Arbeit am Schweißriemen überträgt, lassen wir unseren Hund nach jeder Nachsuche, die mit einer Hatz verbunden war, am Riemen auf einer künstlichen Schweißfährte arbeiten, die wenigstens 15—20 Stunden alt sein sollte.

Es kann durchaus vorkommen, daß ein junger Hund, auch wenn er am Riemen längere, beschwerliche Schweißfährten sicher und zuverlässig zu arbeiten pflegt, bei der Hatz nicht selbstbewußt und selbständig genug ist. Er »traut sich nicht« und kehrt zurück. In diesem Falle kommt er an die Halsung und die Nachsuche wird unterbrochen. Wir verbrechen die Stelle und kehren nach zwei oder drei Stunden dorthin zurück, um mit einer Riemenarbeit fortzufahren.

Während dieser Pause ist das Wild kränker geworden und wahrscheinlich ins Wundbett gegangen. Entweder geben wir ihm dann dort den Fangschuß, wenn es bewegungsunfähig geworden sein sollte, oder wir hetzen das aufgemüdete Stück mit unserem Hund von neuem, der es dann unweit stellen wird, weil er weiß, daß sein Herr in der Nähe ist. Dann laufen wir schnell herbei und geben den Fangschuß. Dadurch gewinnt unser Hund Selbstvertrauen und Eifer bei einer selbständigen Hatz.

Ein bewährtes Mittel, einen unerfahrenen jungen Hund »einzuhetzen« ist auch, ihn *gemeinsam mit einem erfahrenen Hund* hetzen zu lassen. Doch darf man das nicht zu oft tun, weil sonst der junge Hund leicht unselbständig wird und sich auf seinen erfahrenen »Kollegen« verläßt.

Wenn ein Stück vor uns hoch wird, *schnallen wir* unseren Hund grundsätzlich *nur dann, wenn wir sicher sind, daß es sich um das kranke Stück handelt.* Wenn wir das mit bloßem Auge nicht einwandfrei bestätigen können, müssen wir das vermeintliche Wundbett genau prüfen. Es könnte ja ein anderes, gesundes Stück dort gesessen sein. Darum legen wir die blanke Handfläche in das Bett. Ist es warm und zeigt das darin angelegte weiße Taschentuch Schweißspuren, können wir unseren Hund mit gutem Gewissen schnallen.

Ein für die Schweißarbeit korrekt abgerichteter und geführter Hund soll zwar gesundes Wild nicht hetzen, und sollten wir ihn einmal irrtümlich auf ein gesundes Stück schnallen, dann hätte er von sich aus die Hetze zu verweigern und zu seinem Führer zurückzukehren. Darauf wollen wir uns aber besser nicht verlassen und beugen solchen Irrtümern lieber vor.

Von einem Hund, den wir zur Nachsuche auf Schalenwild verwenden, müssen wir verlangen, daß er mit Passion hetzt und dabei möglichst *fährtenlaut* (hetzlaut) ist.

Erblickt unser Hund ein Stück, daß vor uns flüchtig oder aus dem Wundbett hoch wird, kommt er, je nach Veranlagung, mehr oder minder in Erregung. Ist er beim Anblick des flüchtigen Stückes sehr aufgeregt, schnallen wir ihn nicht sofort, sondern arbeiten *in aller Ruhe* zunächst die frische Schweißfährte am langen Riemen weiter. Und das so lange, bis unser Hund wieder verhältnismäßig ruhig, mit der Nase in der Fährte, arbeitet. Erst wenn er so weit ist, geben wir ihn für die Hatz frei.

Zur Hatz nehmen wir dem Hund stets die Halsung ab. Damit wird verhindert, daß er sich an einem Aststummel oder einem Zweig verhängt oder beim Stellen eines Hirsches von einem Geweihende hinter der Halsung gefaßt wird und dergleichen, wie dies bereits des öfteren mit tragischem Ausgang geschehen ist.

Vor Einbruch der Dämmerung, wenn die Wahrscheinlichkeit besteht, daß sich die Hatz bis in die Nacht ausdehnen könnte, wird auch ein älterer, erfahrener Hund nicht mehr geschnallt. In solchem Falle wird die Nachsuche unterbrochen, der Ort der Unterbrechung verbrochen und erst am nächsten Tag die Nachsuche fortgesetzt.

Das Stellen

Vor nichts hat Schalenwild mehr Furcht als vor dem verfolgenden Hund. Es befürchtet, von ihm an den Hinterläufen gefaßt zu werden, und sobald der Hund zu nahe kommt, kann es sich blitzschnell umdrehen, um den Verfolger vor sich zu haben, Es *stellt* sich zur Abwehr.
Viele Hunde sind schon durch Hirschgeweihe zu Tode gekommen, aber auch mit den Schalen kann ein Stück Rotwild oder Damwild den Hund tödlich schlagen, und es sind gerade die besten Hunde, die mitunter so enden. Auch ein Rehbock vermag mit seinem Geweih einen Hund schmerzhaft zu forkeln, so daß er sich künftig nicht mehr traut, einen Rehbock zu stellen. Schließlich vermag auch die Rehgeiß ihre Vorderläufe mit so starken Schlägen einzusetzen, daß sie damit einen Hund einzuschüchtern vermag.
Muffelwild stellt sich dem hetzenden Hund selten. Wird es gehetzt, flüchtet es in der Regel vor dem Hunde so lange, bis es aus Erschöpfung zusammenbricht. Demgegenüber ist der Angriffswille beim Schwarzwild sehr ausgeprägt. Ein Keiler schlägt den Hund mit seinen Gewehren auf die Weise, daß er mit dem Kopf von unten nach oben reißt, während Bachen und ältere Keiler, deren Gewaff bereits abgestumpft oder stark gebogen ist, zu beißen pflegen. Ein schwer bedrängtes Stück Schwarzwild greift auch den Menschen an.
Wie nun die erste Begegnung unseres Hundes mit einem angeschweißten Stück ausfällt, das hängt von verschiedenen Umständen ab. Vor allem natürlich davon, wie schwer das Stück krank ist und wie ausdauernd und scharf unser Hund ist. Läßt er vom Wild ab und kehrt zu uns zurück, kann sein Verhalten folgende Ursachen haben:
Kurz nach dem Schnallen ist unser Hund auf ein gesundes Stück gestoßen. Er hat es zwar lauthals gehetzt, vermochte es aber nicht einzuholen. Deshalb ist er schließlich umgekehrt.
Auch in diesem Falle empfangen wir ihn freundlich, wie überhaupt immer, wenn er herbeikommt. Nicht schelten! Zunächst wird etwa eine halbe Stunde gerastet. Dann legen wir ihn unter freundlichem Zureden, wie üblich, an den Schweißriemen und suchen jenen Platz auf, von dem aus wir ihn vorhin geschnallt haben. Am Riemen wird dann die Schweißfährte weiter ausgearbeitet. Ist das kranke Stück vor uns, schnallen wir den Hund aufs neue und rüden ihn an. Diesmal wird er bestimmt schärfer hetzen.
Unser Hund kehrt nach langer Hatz aus Ermüdung zu uns zurück. Das Stück war eben noch nicht krank genug. Der Hund zeigt alle Merkmale der Erschöpfung. Deshalb legen wir nun eine zweistündige Pause ein, um dem Hund Erholung zu bieten, und verfahren dann so wie im vorhergehenden Falle geschildert.
Der Hund ist zurückgekehrt, weil er durch das sich stellende Wild eingeschüchtert oder gar geforkelt oder geschlagen worden war. Unter Berücksichtigung

des Ermüdungszustandes unseres Hundes, verfahren wir in solchem Falle wie oben dargestellt.
Schnallen wir ihn dann erneut hinter dem kranken Stück, sehen wir vielleicht mit eigenen Augen, wie der Hund vom sich stellenden Stück abläßt, um zu uns zurückzukehren. Stellt er das Stück, ohne daß wir ihn beobachten können, dann beweisen sein Verschweigen und die anschließende Rückkehr, daß ihn das gestellte Wild verscheucht hat. Ein solcher Hund wird Wild nur so lange hetzen, wie es flüchtig ist. Sobald es sich aber stellt, wird er zu seinem Führer zurückkehren. Ihm dieses Fehlverhalten abzuerziehen, steht nach meiner Meinung in keinem Verhältnis zur angewendeten Mühe. Besser ist es, man verwendet einen so gearteten Hund nur für die Riemenarbeit. Nach ein, zwei Jahren kann man versuchen, ob der Hund nun, da er älter geworden, standhafter wurde.
Man soll jeden Hund, der zu uns so zurückkehrt, aufmerksam untersuchen und abgreifen. Aus dem Verhalten des Hundes bei der Berührung können wir schließen, ob er verletzt wurde.
Stellen wir fest, daß unser Hund am Körper, an der Brust, vor allem aber am Fang Schweiß oder Haar vom Wild aufweist, so bedeutet das, daß er das kranke Stück niedergezogen hat. Dann müssen wir auch sein Gebiß und den ganzen Körper untersuchen. Nach einer Weile legen wir ihn an dem Platz, von wo aus er geschnallt worden war, zur Schweißfährte, und er wird uns am Riemen zum verendeten Stück führen.
Wurde er aber verletzt, können wir die Nachsuche erst nach ein oder zwei Stunden fortsetzen und lassen uns vom Hund am Riemen in die Nähe des kranken Stückes führen. Einen verletzten abgeschlagenen Hund abermals zur Hatz anzurüden, ist nicht zu empfehlen. Auf jeden Fall ist es nötig, in ein paar folgenden Fällen das Wild so zu treffen, daß der Hund bei der Riemenarbeit das bereits verendete Stück findet. Erst nach so wiedererstarktem Selbstvertrauen sollte man ihn wieder hetzen und stellen lassen. Aber auch dann zunächst nur schwer kranke und schwächere Stücke.
Der Hund kehrt lange nicht zurück oder bleibt überhaupt fort. Das kann vor allem dann eintreten, wenn unser Hund in einem fremden Revier arbeitet. Aber auch ein Hund, der beim Stellen abgeschlagen oder geforkelt wurde oder der sich während der Hatz sonstwie verletzt hat und damit zu normaler Fortbewegung unfähig geworden ist, kehrt lange nicht zu seinem Herrn zurück. Ein solcher Hund kann so scharf und ausdauernd sein, daß er trotz seiner Verletzung das kranke Stück weiter verfolgt. Da er aber nicht mehr schnell genug ist, geht er langsam auf der Fährte weiter, aber beharrlich und in der Regel stumm.
Ist das Stück während des Stellens verendet oder vom Hund niedergezogen und abgewürgt worden, müssen wir oft auch lange auf den Hund warten. Nach der Hatz, vor allem aber nach dem Niederziehen, ist der Hund erschöpft. Erst nachdem er sich wieder erholt hat, erinnert er sich an seinen Herrn und kehrt zu ihm zurück. Scharfe Hunde, bei denen der Beutetrieb besonders stark entwickelt ist,

verlassen das verendete Stück nicht einmal bei Nacht und warten so auf den »Führer des Rudels«. (Das gilt natürlich nur für Hunde, die nicht regelrecht als Totverbeller oder Totverweiser abgerichtet sind.)

Wenn solche Fälle im bekannten Revier vorkommen, wird unser Hund, wenn er lange genug vergeblich gewartet hat, schließlich seine Beute verlassen und allein den Weg nach Hause suchen, oder der Führer wird ihn finden, wenn er weiß, wohin ungefähr die Hatz gegangen ist und wo etwa sich das Stück gestellt haben dürfte. An Waldrändern, auf Schneisen und Waldwegen findet er Spuren der Hatz, vor allem bei Schnee. Im schlimmsten Falle muß man eben systematisch die nähere Umgebung absuchen oder die Hatzfährte mit einem anderen Hund am Riemen nacharbeiten.

In fremden Revieren ist dies schon schwieriger. Zwar kennt sich unser Hund im Gelände nicht aus und kann sich deshalb nicht einfach heimtrollen, aber einer angewölften Anlage folgend, kehrt er, sobald er das Stück verläßt, auf seiner eigenen Spur zu dem Platz zurück, an dem er geschnallt worden war. Deshalb ist es unerläßlich, daß sein Herr eben an dieser Stelle auf ihn wartet. Weil es aber vorkommen kann, daß unser Hund auch die Nacht über am Stück bleibt, ist es zweckmäßig, ihm beizubringen, bei einem Gegenstand, der uns gehört (z. B. Rucksack, Stock, Taschentuch, Hut) so lange auszuharren, bis wir wiederkommen, und wäre dies auch erst am nächsten Tag. Dann ist es nicht erforderlich, daß wir die Rückkehr unseres Hundes abwarten, sondern wir hinterlegen einen Gegenstand dort, wo wir ihn geschnallt hatten.

Der Hund kann nicht wiederkommen, weil wir ihn geschnallt hatten, ohne ihm zugleich die Halsung abzustreifen. Ein solches Versehen kann sich verhängnisvoll auswirken, denn schließlich vermag ein Hund, der sich an der Halsung aufgehängt hat, auch keinen Ton von sich zu geben.

Wenn sich ein krankes Stück nach kürzerer oder längerer Verfolgung stellt, geht es darum, daß unser Hund es an den Platz zu binden vermag. Dazu attackiert er es von allen Seiten und gibt dabei erregt *Standlaut.* Bei Hunden mit tiefer Stimme ist dieser Standlaut ruhiger, mehr oder minder regelmäßig mit größeren Pausen. Dadurch unterscheidet sich der Standlaut vom Hetzlaut. Überdies wird der Hetzlaut mit zunehmender Entfernung der Hatz leiser, umgekehrt stärker hörbar. Jedenfalls ist er meist aus unterschiedlichen Richtungen vernehmbar. Im Gegensatz dazu ist der Standlaut *(»der Ball«* oder *»der Bail«)* verhältnismäßig gleichmäßig in seiner Stärke und ertönt vom gleichen Platz. Erst dann, wenn unser Hund das Stück nicht mehr an den Platz zu binden vermag, tritt eine Änderung ein. Das Wild flüchtet, und der Hund gibt wieder Hetzlaut.

Unser Hund vermag das Stück dann nicht am Platz zu halten, wenn er es nicht scharf genug angreift und wenn das kranke Wild noch über ausreichende Kräfte verfügt, um die Flucht fortzusetzen. Durch die erneute Flucht schwinden ihm die Kräfte, unser Hund vermag es einzuholen, und so stellt es sich dann von neuem. Wiederum ist dann der Standlaut zu vernehmen.

Standlaut muß kräftig und ausdauernd sein. Natürlich hängt viel davon ab, wie weit entfernt der Hund verbellt, in welchem Gelände (ob in der Ebene, in hügeligem Terrain, auf Kahlflächen oder im Bestand, in einer Dickung, bei Schneelage u.a.m.). Der Weg zum Platz, an dem unser Hund stellt, kann beschwerlich und zeitraubend sein, der Laut des Hundes kann durch die verschiedensten Umstände (Wind, Schnee, Wasserrauschen, Verkehrslärm) gedämpft sein, ja sogar völlig verschluckt werden.

Alle diese Umstände führen in ihrem Zusammenwirken dazu, daß der Hundeführer manchmal den Bail überhaupt nicht hört, obgleich der Hund gar nicht weit entfernt ist. Deshalb eilen wir sofort in die Richtung des Standlautes, sobald wir ihn nur hören. Erst dann, wenn wir uns dem Bail nähern, gehen wir langsamer vor, zumal dann, wenn es sich um einen jungen Hund handelt; denn je länger er lernt, Standlaut zu geben, desto besser. Wichtig ist, daß es der Hund lernt, *lange am Stück auszuhalten* und es *anhaltend zu verbellen.* Das ist, vor allem in Bergrevieren, ein großer Vorteil, besonders wenn die Hatz weit gewesen ist oder unser Hund in einer Dickung, womöglich noch bei dichtem Schneebehang, gestellt hat.

Zu lange dürfen wir einen Junghund auch wiederum nicht verbellen lassen, denn das Verbellen an und für sich ist anstrengend. Hat nun ein Junghund obendrein noch eine Hatz hinter sich, kann er allein durch diese – je nach körperlicher Kondition, Ernährungszustand und Training – ausgepumpt sein. Dann könnte es geschehen, daß er eben wegen solcher Erschöpfung das Lautgeben unterläßt. Darum muß man den Junghund nach und nach an immer längeres Stellen gewöhnen. Schließlich muß er eine Stunde lang und länger verbellen können.

Je nachdem, wie krank ein Stück und wie erfahren, scharf und ausdauernd der verfolgende Hund ist, gelingt es dem einen früher, dem anderen später, das angeschweißte Stück an einen Platz zu binden. Mitentscheidend ist dabei natürlich auch Größe und Körperstärke des Hundes. Dem kleinsten Jagdhund, dem Dackel, wird es nicht leicht, Schalenwild zu stellen, das sich »nicht stellen will«. Wegen seiner Kleinheit wird er vom Schalenwild ignoriert, dabei aber, was seine Ausdauer und Zähigkeit angeht, unterschätzt. Andererseits stellt sich manchmal ein Stück Wild – sogar gesund – dem Dackel gerade deshalb eher, weil es ihn nicht fürchtet.

Sind allerdings zwei Dackel an der Arbeit, halten sie jedes gestellte Stück auf der Stelle. Versucht das Stück sie abzuschlagen, helfen sie einander gegenseitig. Solche Gemeinschaftsarbeit im Paar bewährt sich naturgemäß auch bei anderen Rassen, insbesondere kleineren Jagdhunden, z. B. den Terrieren, und da vorrangig beim Schwarzwild. Der eine bedroht das Wild von vorn, der andere von hinten.

Wenn sich ein Stück bei nur geringfügiger Verletzung oder weil es noch über ausreichende Kräfte verfügt, nicht stellen will, kann nur der Zugriff eines schnellen und scharfen Hundes in die Hinterläufe und die Keulen das Stück zum Stellen zwingen und die Hatz abkürzen.

Schafft es ein Hund nicht, das kranke Stück zu Stande zu hetzen und an den Platz zu binden, legen wir ihn nach seiner Rückkehr an den Riemen und arbeiten mit ihm die Hatzfährte aus. Nähern wir uns dann dem Wild, lassen wir es neuerdings hetzen, bis es sich stellt. Schafft es unser Hund auch diesmal nicht, das Stück zu halten, muß er es eben erneut am Riemen nachsuchen.

Beim Stellen soll sich der Hund möglichst vor dem Haupt des Stückes aufhalten und wendig ausweichen, wenn ihn das gestellte Stück annimmt.

Haben wir uns mit gutem Wind dem Bail genähert, verhalten wir uns völlig still. Weder das Wild noch der Hund darf uns wahrnehmen. Das Stück würde sogleich »den Bail brechen« und die Flucht fortsetzen. Ebenso nachteilig wäre es, wenn unser Hund uns erkennen und entweder durch besonders scharfes Angreifen das Stück zum »Stellungswechsel« zwingen oder durch Unaufmerksamkeit ihm die Flucht ermöglichen würde.

Hat das gestellte Stück uns trotz aller Vorsicht dennoch bemerkt und wurde flüchtig, gibt es zwei Möglichkeiten: Wir schießen ihm nach, wenn die Aussichten zu treffen einigermaßen gut stehen, ansonsten lassen wir unseren Hund von neuem hetzen und stellen.

Regeln für die Nachsuche auf Rotwild, Damwild und Muffelwild

Der Schweißhund als Vorbild

Bei den Nachsuchen auf Hochwild stehen zwei Wildarten weit an der Spitze, entsprechend ihrer Verbreitung und Häufigkeit und ihrem hohen Anteil an der Gesamtstrecke an Hochwild: das Schwarzwild (das wegen seiner Eigenart in einem besonderen Kapitel behandelt werden soll) und das *Rotwild.*
Schweißhunde, die Spezialisten in der Arbeit auf Rotwild sind, mögen als Vorbild für alle Jagdhunde gelten, die bei Rot-, Dam- und Muffelwild zur Nachsuche verwendet werden. Deshalb ist es auch völlig richtig, sich wenigstens kurzgefaßt damit zu beschäftigen, wie diese Hunde arbeiten, wie man sie für diese Spezialarbeit vorbereitet und welchen Prüfungen sie sich unterziehen müssen.
Ein fertiger, sicherer und verläßlicher Schweißhund arbeitet am Schweißriemen ruhig, konzentriert und beharrlich mit tiefer Nase und zeigt von sich aus oder auf Zuspruch vorkommende Pirschzeichen. Wird er zur Hatz geschnallt, verfolgt er das kranke Stück ausdauernd, wobei er möglichst fährtenlaut, zumindest aber sichtlaut sein soll. Stellt sich das verfolgte Wild, meldet er dies durch anhaltenden Standlaut. Er muß scharf genug stellen, um auch wehrhaftes Wild so lange zu halten, bis sein Führer herankommt und den Fangschuß anträgt, andernfalls eben so lange, wie ihm dazu die Kräfte ausreichen.
Schnallt man einen Schweißhund auf einer Wundfährte vorzeitig wegen der Unwegsamkeit des Geländes oder aus anderen Ausnahmegründen und kommt er dann zum Stück, das bereits verendet ist, soll er es entweder so lange totverbellen, bis sein Herr zu ihm kommt, oder aber zu seinem Führer zurückkehren und ihn als Totverweiser zu dem verendeten Wild führen. (Beide Arbeitsweisen setzen eine besondere Abrichtung voraus. Totverbeller bzw. -verweiser aus reiner »Naturanlage« sind selten.)
Gestelltes Wild soll der Schweißhund nicht niederziehen. Doch lernen scharfe Hunde aus Erfahrung, bei welchem Wild sie das ungefährdet wagen können.
In der Abführung des Schweißhundes spielt die Arbeit auf der *gesunden* Rotwildfährte nach der traditionellen hannoverschen »Hirschmannschule« eine große Rolle. Nach jeder Arbeit auf natürlicher Schweißfährte, zumal nach einer Hatz, arbeiten wir mit unserem Schweißhund zur Übung wieder auf *kalter Gesundfährte,* ebenso auch in der Schonzeit. Manche Schweißhundführer arbeiten

ihre Hunde aber auch vorwiegend auf künstlichen Schweißfährten ein; das gilt besonders für die Gebirgsschweißhunde.
Auf diese Weise wird ein Schweißhund sicher und verläßlich in der Arbeit und bewahrt sich die Qualität seiner Leistungen auch dann, wenn er im Jahresverlauf nur ein paarmal zur Arbeit auf einer natürlichen Schweißfährte kommt.
Die Hauptgrundsätze der *Prüfungen* für die beiden eigentlichen Schweißhundrassen sind folgende:
Beide Zuchtvereine in der Bundesrepublik Deutschland (»Verein Hirschmann« für Hannoversche Schweißhunde und Club für Bayerische Gebirgsschweißhunde) veranstalten *Vorprüfungen* als Anlagenprüfung für Junghunde und *Hauptprüfungen* als Leistungsnachweis in praktischer Arbeit.
Die Vorprüfung für Hannoversche Schweißhunde besteht in der Riemenarbeit auf kalter Gesundfährte von Rotwild. Die Richter beurteilen die Art der Arbeit (Feinnasigkeit, Fährtenwille, Sicherheit gegenüber Verleitungen) auf solchen Fährten, deren Verlauf durch vorherige Beobachtung des Wildes bekannt bzw. durch Abfährten kontrollierbar ist. – Die Gebirgsschweißhunde dagegen haben ihre Vorprüfung auf künstlicher Schweißfährte zu absolvieren, die in ihren Anforderungen der Verbands-Schweißprüfung (siehe Anhang Seite 178) ähnelt.
Die Hauptprüfung besteht für beide Rassen ausschließlich in der Nachsuche auf natürlicher Schweißfährte einer beliebigen Hochwildart. Für die höchste Bewertung mit einem I. Preis muß der Hund dabei nicht nur eine sehr gute Riemenarbeit von hinreichender Länge auf kalter Wundfährte leisten, sondern auch hohe Anforderungen im Hetzen und Stellen erfüllen. Mindestforderung für das Bestehen der Prüfung mit einem III. Preis ist eine erfolgreiche Riemenarbeit auf kalter und mehrere hundert Meter langer Schweißfährte. Maßgebend ist in jedem Fall, daß das nachgesuchte Stück zur Strecke kommt, sonst kann die Prüfung trotz guter Teilleistungen (z. B. hervorragende Riemenarbeit vor einer Fehlhetze) nicht bestanden werden.
Diese Angaben ermöglichen es jedem Abrichter und Führer von Hunden anderer Rassen, die ebenfalls zur Nachsuche von Hochwild verwendet werden, sich eine Vorstellung davon zu machen, was alles ein Hund können muß, wenn er den »Spezialisten« auf der Schweißfährte ersetzen soll.
Den Schweißhunden am nächsten kommen anlagenmäßig die *Bracken*, von denen besonders die Dachsbracke und die österreichische Brandlbracke in manchen Hochwildrevieren ganz nach Schweißhundart als Nachsuchenspezialisten geführt werden.
Einen *Vorstehhund* setzen wir zur Nachsuche auf Hochwild am besten erst ein, wenn er bei der Nachsuche auf Rehwild absolut firm ist. Natürlich können wir von keinem Hund verlangen, daß er starkes Rotwild niederzieht und abwürgt. Die Gefahr ist zu groß, daß unser Hund dabei schwer geschlagen oder geforkelt wird. Deshalb verlangen wir vom Vorstehhund lediglich, daß er, wie ein Schweißhund, krankes Hochwild hetzt und stellt.

Unter den *Stöberhunden* wird vor allem der Deutsche Wachtelhund als vielseitiger Waldgebrauchshund zur Schweißarbeit auf Hochwild verwendet. Er zeichnet sich durch Feinnasigkeit, Fährtenwillen und lockeren Laut sowie Ausdauer und Schärfe aus. Er bewährt sich auch dann, wenn bei Rotwild längere Hatz notwendig wird.

Kahlwild, zumal schwache Stücke, stellen sich nur dann, wenn der Hund sehr energisch in der Verfolgung ist und sie zu fassen sucht. Eben deshalb führen manche erfahrene hirschgerechte Waidmänner neben dem Schweißhund den Wachtel für beschwerliche Hetzen.

Spaniels und Terrier werden in Hochwildrevieren weniger geführt, doch leisten auch sie nach entsprechender Einarbeit Beachtliches auf der Rotfährte.

Der *Dackel* hat eine vorzügliche Nase, hohen Fährtenwillen und lockeren Hals. Die Schweißarbeit ist seine besondere Begabung. Er hetzt auch ausdauernd, und oft stellt sich das Wild dem kleinen Hund, den es nicht fürchtet, leichter als einem größeren Verfolger. Im Nachteil ist der Dackel jedoch in schwierigem Gelände oder bei hohem Schnee, wo er schnell ermüdet, sowie hinter Wild, das sich »nicht stellen will«, was gerade bei Rotwildkälbern oft der Fall ist.

Am langen Riemen

Wenn unser Hund, nach gründlicher Untersuchung des Anschusses, die Schweißfährte anfällt, geben wir so viel Riemen nach, daß er freie Folge hat; der Riemen darf somit nicht gespannt sein und muß leicht durchhängen. Besser ist es, wenn ein junger Hund etwas mehr Freiheit hat, so daß der Schweißriemen mitunter am Boden nachschleift. Den Riemen verkürzen wir je nach Bedarf und Gelände. In einer Dickung lassen wir ihn in seiner ganzen Länge am Boden nachschleppen. Stets aber müssen wir bereit sein einzugreifen, wenn unser Hund zu schnell vorwärtsdrängt.

Mancher Hund verweist Schweiß nur zu Beginn der Wundfährte oder nur zeitweilig. Mit Unterbrechung verweisen vor allem jene Hunde Schweißspritzer, die seitlich der Fährte, unterm Wind, zu suchen pflegen. Sie tun dies mit Vorliebe dann, wenn sie im Zweifel sind, ob sie richtig arbeiten, wenn die Wittrung des kranken Stückes nicht ausreichend steht oder wenn sie im Gefühl solcher Unsicherheit sich selbst durch Nachweis von Schweiß überzeugen wollen. Älteren, zuverlässigen Hunden lassen wir solches Verhalten durchgehen, einen Junghund aber, der von der Fährte abirrt oder Oberwind nimmt, müssen wir korrigieren. Leise ermahnen wir ihn mit den Worten: »Zur Fährte – zur Fährte!« Fällt er diese erneut richtig an, wird er gelobt.

Bleibt ein junger Hund von sich aus bei einem Tropfen Schweiß stehen, um ihn zu bewinden, loben wir ihn und straffen den Riemen, so daß er am Platz bleiben muß, bis wir ihn erreicht haben. Dabei greifen wir Hand über Hand am Riemen vor, bis wir beim Hund sind. Unser Hund darf die Fährte nicht weiter verfolgen, solange er nicht mit der Nase den Schweiß gezeigt hat, sei es nun aus eigenem Antrieb oder mit unserer Hilfe, wie wir dies bereits geschildert haben.

Den Schweiß *verbrechen* wir. Für den Fall, daß wir später die Fährte verlieren sollten, können wir an die verbrochene Stelle zurückgreifen, ohne die ganze Fährte, vom Anschuß an, erneut arbeiten zu müssen.

Wenn wir dann die Nachsuche fortsetzen, lassen wir den Riemen wieder durch die Hände gleiten, bis etwa auf die Hälfte seiner Länge, gegebenenfalls auch mehr. Wollen wir uns davon überzeugen, ob der Hund die Schweißfährte hält, nähern wir uns ihm wieder durch Vorfassen am Riemen, fassen ihn an der Halsung – niemals allerdings grob –, halten ihn daran eine Weile fest und sagen leise zu ihm: »Zeig schön den Schweiß – zeig – Schweiß – zeig!«, dabei lockern wir unseren Griff, damit er uns Schweiß oder Trittsiegel zu zeigen vermag. Tut er dies, wird er gelobt.

Es kann durchaus vorkommen, daß der Schweiß nicht am Boden liegt, sondern an Halmen oder Zweigen klebt. Verständlicherweise hebt der Hund hier den Kopf und hält die Nase in der passenden Höhe. Auch durch dieses »Reisern« zeigt er uns Schweiß an, wofür wir ihn natürlich loben.

Lob bekommt der Hund außerdem, wenn er sich selbständig verbessert und sich von einer Verleitung abwendet und wieder richtig einfädelt; oder wenn er sich um gesundes Wild, das ihm bei seiner Arbeit in den Weg kommt, überhaupt nicht kümmert.

Besonderes Lob hat nicht nur ein junger – der zwar besonders –, sondern auch ein älterer Hund wohl verdient, wenn er eine Schweißfährte auch in ihren *Widergängen* sauber ausarbeitet. Da kommt es allerdings darauf an, welcherart diese Rückfährte ist. Mit einer verhältnismäßig einfachen weiß sich auch ein junger Hund Rat; schwieriger sind verwickelte Widergänge, wie sie die Abbildung auf Seite 106 darstellt. Solche Wirrsal vermag ein Junghund nur unter Schwierigkeiten auszuarbeiten. Auf jeden Fall ist es dabei nötig, daß wir ihm Zeit lassen. Unser Hund muß dabei unterscheiden, welche Fährte die frischere ist und in welche Richtung sie führt, um den »Absprung« zu finden.

Zur Klärung besonders verzwickter Widergänge führen wir unseren jungen Hund so, daß er ähnlich arbeiten muß, wie es ein älterer, erfahrener Hund von selbst tun würde. Gemeint ist dabei, den Fortgang der Wundfährte durch Bogenschlagen in immer weiteren Kreisen zu suchen.

Stellt sich heraus, daß wegen Geländehindernissen eine Fortführung der Arbeit am Riemen nicht möglich ist, umgehen wir das Hindernis mit der sogenannten *Vorsuche.* Irgendwo muß die Wundfährte ja wieder weiterführen (z. B. nach Ausstieg aus einem Gewässer), und unser Hund wird sie von neuem anfallen. Ähnlich helfen wir uns vor einer undurchdringlichen Dickung. Findet unser Hund aber nicht die aus der Dickung auswechselnde Fährte, dann steckt das

Stück noch drin. In solchem Falle ist es das beste, die Nachsuche zu unterbrechen, einige Schützen zu holen, die Dickung zu umstellen und mit dem Hund am Riemen auf der Fährte in die Dickung hineinzusuchen.

Es gibt Hunde, die legen sich bereits vom Anschuß an fest in den Riemen. Es sind dies meist besonders temperamentvolle Hunde. Solche Hunde muß man in ihrer Arbeit bremsen. Je nach Bedarf reden wir ihnen beruhigend, mahnend oder tadelnd zu.

Gleichzeitig wirken wir auf den Hund durch stetigen Riemen*zug* – *niemals durch Reißen!* – entsprechend ein. Niemals strafen wir unseren Hund gar durch Schlagen mit dem Schweißriemen! Bringt unser gutes Zureden »langsam – langsam!« keinen ausreichenden Erfolg, vermag er die Heftigkeit des Hundes nicht zu bremsen, halten wir den Hund am Riemen zurück und bleiben wiederholt für einige Minuten stehen.

Bei einem Hund mit sehr heftigem Temperament hilft allerdings manchmal nichts von alledem. In solchem Falle unterbrechen wir die Nachsuche auf etwa eine Stunde oder zwei. Der Hund wird sich beruhigen, aber nicht das allein. Die Fährte kühlt aus, der Schweiß verliert an Wittrung und erlaubt nicht mehr eine so stürmische Folge. Der Hund muß sich auf seine Arbeit mehr konzentrieren, ruhiger und langsamer arbeiten.

Hängen wir dem Hund nach, schauen wir von Zeit zu Zeit vor uns und beobachten um uns herum, ob das angeschweißte Stück oder überhaupt irgend ein anderes Wild nicht vor uns steht, welches Gelände und welcher Bodenbewuchs uns erwartet, ob in ihm etwa das verfolgte Stück stecken könnte usw.

Führt uns die Nachsuche in einen anderen Waldteil, von einem Bestand in einen anderen, über Wege oder Schneisen, verbrechen wir diese Stellen. Wir tun dies aus dem gleichen Grunde wie beim Schweiß, nämlich für den Fall, daß unser Hund die Fährte verlieren würde. Dann kehren wir zum letzten Bruch zurück und beginnen von dort an erneut zu arbeiten.

Arbeitet unser Hund zwar richtig, aus irgendwelchen Gründen müssen wir die Nachsuche aber abbrechen, halten wir ihn zurück und beloben ihn. Dann *tragen* wir ihn *ab* und setzen die Arbeit, je nach den vorliegenden Umständen, früher oder später fort.

Wenn der Hund schlecht arbeitet, wird die Nachsuche unterbrochen. Er wird dafür zwar nicht bestraft, aber durch steten Zug und ohne Lob *abgezogen;* dann kehren wir in einem Bogen vor dem Wind zum letzten Leitbruch oder zum Anschuß zurück. Dort legen wir den Hund nach einer kürzeren oder längeren Pause wieder an.

Bekommt der Hund Wind vom verendeten Stück oder sieht er es liegen, wird er sich stark in den Riemen legen und ohne Rücksicht auf die Schweißfährte direkt auf dieses zustreben. In diesem Falle lassen wir auch einem Junghund seinen Willen und folgen ihm zum Stück.

Verhalten am Wild

Kommt der Hund dann zum Stück, wird er sich unterschiedlich verhalten. Dies hängt von seiner Veranlagung und Erfahrung ab, aber auch davon, um welche Art von Wild es geht, ob er mit einem solchen Stück bereits in Berührung gekommen war und ähnliches.
Ein Junghund erschrickt meist, wenn er unversehens auf das verendete Stück stößt, zumal wenn es sich um starkes Wild handelt. Mancher Hund beginnt dann ganz von selbst lautzugeben – wozu wir ihn aufmuntern und gleichzeitig immer wieder loben. Ein anderer beginnt das Stück zu bewinden und den Schweiß vom Äser und Ausschuß abzulecken. Ein anderer Hund faßt zu, zerrt und beutelt an dem Stück. Das Ablecken des Schweißes verhindern wir nicht. Zerren und Rupfen dürfen wir aber nicht erlauben; der Hund wird dann mit der Verwarnung »Pfui! – Das darf man nicht!« weggeführt.
Manche Hunde sind am Stück äußerst scharf und verteidigen es gegen Menschen. Schließlich gibt es auch Hunde, die beim Verteidigen ihrer »Beute« sogar ihren Führer anfallen. In diesem Falle bereiten wir eine Gelegenheit vor, bei der er diese Unart zeigen kann, die im Grunde nichts anderes ist als eine Auflehnung gegen den Führer des Rudels. Dazu führen wir den Hund, dem wir ein Stachelhalsband angelegt haben, an langer Leine erneut zum Stück und treten dann dazu. Zeigt der Hund dabei Anzeichen, daß er uns anfallen möchte, springen wir weg unter gleichzeitigem Befehl »down!« Zugleich reißen wir an der Leine, so daß wir dabei den Hund zu Boden reißen. Dann rufen wir den Hund herbei, und wenn er herankommt, lassen wir ihn erneut »down« machen unter gleichzeitigem Reißen an der langen Suchleine. Dies wiederholen wir so oft, bis wir merken, daß die Angriffslust des Hundes gebrochen ist.
Von einem Vorstehhund verlangen wir, daß er jedes Stück Rehwild *niederzuziehen* vermag. Scharfe Vorstehhunde bringen auch schwächere Stücke Rot-, Dam- oder Muffelwild zu Boden. Das gleiche gilt auch für stärkere Stöberhunde wie besonders den Deutschen Wachtelhund, der hierin den Vorstehhunden kaum nachsteht. Auch ein schneidiger Terrier wird krankes Rehwild meist niederziehen.
Kleine Jagdhunde, vom Dackel bis zum Spaniel, die mit der betreffenden Wildart bereits vertraut sind, benehmen sich völlig anders als jene, die solches Wild noch nie aus der Nähe gesehen haben. Sie sind durch all das freudig erregt, was dem Finden vorausgegangen ist, und versuchen nun das Stück zu greifen und es zu beuteln. Beim Rotwild erlauben wir dies nicht und verleiden es dem Hund durch Anreißen des Riemens. Besonders beim Dackel müssen wir uns in dieser Beziehung vorsehen.
Stößt der Hund auf ein ihm bisher unbekanntes Wild, verhält er sich meist so: Er stutzt, nähert sich neugierig aber zaghaft. Solche Hunde müssen wir beruhigen und auffordern, sich mit dem Stück bekannt zu machen. Niemals dürfen wir

sie allerdings mit Gewalt dazu zwingen. Schließlich nähern sie sich selbst dem Stück und bewinden es mit Interesse, um sich für die Zukunft seine Wittrung zu merken.

Wundbett und Hetze

Wird angeschweißtes Schalenwild nicht gestört, geht es ins Wundbett. Je nach Art der Schußverletzung verendet es entweder bereits im ersten Lager oder es wird wieder hoch und hinterläßt ein oder mehrere weitere Wundbetten. Nur dann, wenn die Verletzung solcher Art ist, daß sie beim Niedertun große Schmerzen verursacht, geht das Stück nicht ins Wundbett. Dies kommt z. B. bei manchen Schüssen ins Gescheide oder bei schweren Laufschüssen vor.

Nehmen wir an, das Stück wurde nicht so schwer angeschweißt, daß man es nach kurzer Totsuche hätte verendet finden können. Nach dem Zeichnen und den Schußzeichen dürfte eine längere Nachsuche nötig werden, mit Hatz, Stellen und Fangschuß. Die Schweißfährte weist in Richtung einer Dickung, in der möglicherweise unser Stück im Wundbett sitzt. Es besteht aber auch die Möglichkeit, daß das kranke Stück die Dickung nur durchflüchtet hat und noch weitergezogen ist. *Auf keinen Fall dürfen wir den Hund also »auf Verdacht« gleich am Einwechsel in die Dickung schnallen!*

Wie wir uns der Dickung nähern, merken wir, daß das kranke Stück tatsächlich in diese eingewechselt ist. Diese Stelle *verbrechen* wir und hängen unserem Hund weiter am Riemen in die Dickung nach.

Die Schweißfährte durch die Dickung zu verfolgen, ist nicht leicht. Solange das Stück entlang einer Pflanzreihe wechselt, geht es noch an, wie es aber abbiegt, wird es schwierig. Mit kurzem Riemen zu arbeiten wird überhaupt unmöglich. Deshalb lassen wir in einer solchen Lage den Riemen lieber locker. Verfängt sich der Schweißriemen an einem Aststummel, Zweig oder anderen Hindernis, müssen wir ihn schleunigst freimachen. Aber auch das ist nicht einfach, und überdies beeinflußt das Verheddern des Riemens die Schweißarbeit des Hundes sehr ungünstig. Deshalb lassen wir lieber den Riemen fahren und locker nachschleifen, wobei er sich nicht so häufig verfängt. Auf diese Weise kommt unser Hund verhältnismäßig schnell vom Fleck.

Wir müssen aber unbedingt darauf achten, daß immer noch einige Meter des Riemens neben und hinter uns am Boden schleifen, so daß wir ihn rasch ergreifen können. Der Hund darf nicht so schnell werden, daß er mit nachschleppendem Riemen in der Dickung sich unserer Einwirkung entzieht oder gar zu hetzen anfängt!

Sogleich nach dem Eindringen in die Dickung hat unser Hund seine Nase gehoben. Er bekam Hochwind vom Körper des angeschweißten Stückes, die Wittrung, die sich in der Windstille der Dickung besonders lange hält und an den Zweigen haftet, an die das kranke Stück angestreift ist. Unser Hund verwies auch einen Schweißtropfen an einem Ästchen und legte sich stark in den Riemen. Da erreichen wir auch schon ein Wundbett – es ist leer. Durch Einlegen des blanken Handrückens stellen wir fest, daß es kalt ist. Das angeschweißte Stück mußte es bereits vor längerer Zeit verlassen haben. Daß es sich tatsächlich um ein Wundbett handelt, zeigt uns das weiße Taschentuch.

Wir streicheln unseren Hund, und mit dem Zuspruch »such verwundt!« fordern wir ihn zur weiteren Folge auf. Kurz darauf haben wir uns an den Rand der Dickung durchgearbeitet. Auch diesen Auswechsel *verbrechen* wir, bleiben eine Weile stehen, um uns ein wenig auszuruhen, und sehen uns dabei im angrenzenden Bestand um. Nirgendwo können wir das kranke Stück sehen, denn im Altholz verstreute Gruppe niedrigen Anfluges behindern die Umschau. Schließlich hängen wir der Schweißfährte weiter nach.

Die Nachsuche geht gegen den Wind, denn üblicherweise zieht angeschweißtes Wild entgegen der Windrichtung. Im weiteren Verlauf der Nachsuche schauen wir immer, sobald das Gelände übersichtlicher wird, vorwärts, ob wir nicht Wild in Anblick bekommen. Aber nichts dergleichen ist zu beobachten.

Möglicherweise weil die Fährte nun etwas wärmer ist, arbeitet unser Hund schneller, mitunter sogar überstürzt. Deshalb müssen wir ihn von Zeit zu Zeit beruhigen und mäßigen. Wir bleiben deshalb ein paar Minuten stehen, dann arbeitet der Hund wieder gelassener. Dabei gelangen wir tief im Altholz zwischen zwei kleinen Unterwuchsgruppen an eine Stelle, wo in der Fährte etwas mehr Schweiß liegt. Hier hat offenbar das Stück gesichert und längere Zeit gestanden – ein sogenanntes »Tropfbett«. Den Schweiß verbrechen wir und blicken uns abermals aufmerksam um. Nirgends etwas zu sehen, aber von da ab beginnt unser Hund des öfteren die Nase zu heben. Das muß seinen Grund haben.

Wir bleiben stehen und sehen uns erneut um. *Ein krankes Stück macht meist einen Widergang, bevor es ins Wundbett geht, und es sitzt dann so im Wundbett, daß es jeden Verfolger wahrnehmen kann, der auf seiner Fährte daherkommt.*

Soweit es noch Kraft dazu hat, trägt Rotwild im Wundbett normalerweise sein Haupt hoch, um zu sichern. Diese Stellung hat auch das nachgesuchte Stück eingenommen, das in einer Entfernung von etwa 80 Schritt im Wundbett sitzt und uns offenbar bereits längere Zeit beobachtet hat.

Unter solchen Umständen ist ein unbemerktes Anpirschen, um einen Fangschuß anzubringen, hoffnungslos. Der einzige Ausweg in dieser Lage ist der, am Riemen weiterzuarbeiten. Entweder das Stück ist bereits so schwer krank, daß es im Lager sitzend unsere Annäherung aushält, oder es wird hoch und zieht weiter. In diesem Falle werden wir es entweder mit einer Kugel erreichen, mit Sicherheit aber werden wir beurteilen können, ob nun eine Hatz angezeigt wäre. In diesem Moment unserer Überlegung wird das Stück hoch und zieht davon!

Aus seinem Verhalten ist deutlich ersichtlich, daß es bereits so krank ist, daß eine Hatz erfolgversprechend sein könnte, obwohl unser Hund noch jung und unerfahren ist. Wir fordern darum unseren Hund – der vom Hochwerden des Stückes noch nichts bemerkt hat – auf, ruhig weiter auf der Fährte vorhinzusuchen. Gelassen arbeiten wir die Fährte bis zum Wundbett und lassen dort unseren Hund gründlich Wittrung nehmen. Wir loben ihn dabei, und beim Abliebeln streifen wir ihm die Halsung ab und rüden ihn leise zur Hatz an.
Sofort nach dem Schnallen des Hundes fassen wir den Schweißriemen in größeren Schlaufen zusammen.
Die Stelle, wo wir den Hund schnallten, hier also das Wundbett, markieren wir mit einem aufallenden Bruch und zeichnen womöglich auch einige Bäume. Auch in der Umgebung sehen wir uns um, damit wir den Platz leicht wiederfinden, wenn etwa unser Hund das Stück nicht einholen sollte oder es sich ihm nicht stellt. In diesem Falle würden wir unseren Hund nach seiner Rückkehr und nach angemessener Rast wieder an den Riemen nehmen, um mit ihm vom letzten Wundbett an auf der Fährte weiterzuarbeiten.
Der Hund ist allerdings nach einer Hatz müde, außerdem arbeiten viele Hunde nach einer Hatz nur ungern am Riemen. Es bleibt uns aber nichts anderes übrig, wenn wir des Stückes habhaft werden wollen. Es sei denn, wir wollen die Weitersuche auf mehrere Stunden unterbrechen, gegebenenfalls auf den nächsten Tag verschieben.
Wir eilen also in die Richtung, die unser Hund nach dem Schnallen eingeschlagen hat, und strengen unser Gehör an, um vielleicht seinen Hetz- oder Standlaut zu hören. Da meldet er sich mit jener klaren, verhältnismäßig hohen Stimme mit kleineren Unterbrechungen. Das ist genau das erwartete Geläut der Hatz, wenn Hund und Wild in Bewegung sind.

Stellen und Fangschuß

Unser Hund hetzt also das kranke Stück. Klar und hoch gibt er laut, verschweigt und beginnt erneut, sich allmählich entfernend. Wir eilen hinter dem Geläut unseres Hundes drein, und das so schnell wie möglich, um den Anschluß nicht zu verlieren. Da vernehmen wir einen tieferen, im ganzen gleichmäßigen Laut, der offenbar immer von der gleichen Stelle kommt und immer deutlicher wird, je mehr wir uns dieser Stelle nähern. Unser Hund hat endlich gestellt und verbellt das kranke Stück.
Wir verlangsamen daraufhin unsere Annäherung, um uns selbst zu beruhigen, aber auch damit unser Hund bereits bei seinem ersten Stellen lernt, das Wild an den Platz zu binden und so lange wie möglich Standlaut zu geben.
Vorsichtig, also *gegen den Wind,* nähern wir uns dem Standlaut; *behutsam und*

leise, möglichst gedeckt gehen wir vor; denn weder das Stück noch der Hund dürfen uns vorzeitig gewahr werden. Auch wissen wir ja nicht, in welche Richtung das Wild sein Haupt gewendet hat. Im übrigen ändert es seine Stellung danach, wie es während des Verbellens seine Front dem Hunde entgegenstellt.

Da erblicken wir auch schon das kranke Stück und den Hund! Soeben steht es mit gesenktem Haupt gegen seinen Verfolger. Es dreht sich, je nachdem es vom Hund umkreist wird. Eben unterbricht er seinen Standlaut und setzt zurück, wie das angeschweißte Stück gegen ihn ausfällt. Daraufhin greift er sofort wieder an und verbellt es.

Es kann durchaus geschehen, daß das von der Hatz erschöpfte, schwer kranke Stück ins Wundbett sinkt und auf das Umkreisen und Verbellen des Hundes überhaupt nicht reagiert. Damit lädt es den Hund geradezu ein, sich auf es zu werfen und es zu fassen. Das kann bei wehrhaftem Wild für den Hund gefährlich werden.

Im vorliegenden Falle steht das Stück dem Hund zugewandt, pariert seine Angriffe, und aus seinem Verhalten ist zu sehen, daß es nicht daran denkt zu flüchten. Darum eilt es auch nicht mit dem Fangschuß. Im Gegenteil, es ist durchaus in Ordnung solange abzuwarten, bis das kranke Stück eine Stellung einnimmt, in der es ein sicheres Ziel bietet und zugleich die Gefahr ausgeschaltet wird, den Hund durch den Fangschuß zu verletzen oder gar zu töten. Beim Rotwild gibt man manchmal den Fangschuß auf den Träger, auf jeden Fall aber ist der Schuß auf die Kammer besser und sicherer. Da stellt sich das Stück breit, während der Hund weit genug vor ihm verbellt. Zur Sicherheit zielen wir auf die Rippe knapp hinterm Blatt, um das Wildpret nicht unnötig zu entwerten. Das Stück bleibt im Feuer.

Nicht immer allerdings verläuft das Stellen auf diese Weise. Es kann vorkommen, daß ein Hund bei seinem ersten Versuch zu stellen zu wenig Schärfe zeigt. Zwar ist das Stück bereits erheblich krank, hat aber dennoch so viel Kräfte, um zu versuchen, den vom Standlaut begleiteten Angriffen des Hundes auszuweichen und zu fliehen. Es ist dabei durchaus möglich, daß es mit seinen feinen Sinnen unsere Annäherung wahrgenommen hat, was ihm die Kraft verlieh zu flüchten, bevor wir eine günstige Gelegenheit zum Fangschuß abwarten konnten. In solchem Falle zaudern wir nicht, sondern schießen auf das Wild, wie es ohne Gefahr für den Hund eben geht. Liegt es nicht im Feuer und bleibt weiter flüchtig, rüden wir unseren Hund energisch zu weiterer Hatz an. Der Schuß und unsere unmittelbare Nähe geben ihm wieder Mut, und bald ertönt wieder sein Geläut und schließlich Standlaut.

Wir beeilen uns, und im Näherkommen widmen wir unsere Aufmerksamkeit vor allem dem kranken Stück. Wenn seine Stellung und sein Verhalten anzeigen, daß es mit den Kräften am Ende ist, lassen wir unseren Hund länger Standlaut geben. Andernfalls schießen wir beim ersten einigermaßen günstigen Stand des Stückes, um mit dem Fangschuß die Nachsuche zu beenden.

Nach dem Fangschuß

Nach dem Fangschuß eilen wir sofort zum Stück, an dem bereits unser Hund ist. Nun kommt es darauf an, etwaiges unerwünschtes Verhalten zu unterbinden. Die Triebe unseres Hundes, der gehetzt, gestellt und verbellt hat und der nun unmittelbar vor dem erjagten Stück steht, sind aufs höchste angeheizt. In dieser Lage ist die Stimmung unseres Hundes nicht annähernd mit jener vergleichbar, wenn er nach einer Totsuche ein verendetes Stück gefunden hat. Es kommt vor, daß bei solchen Gelegenheiten Hunde in ihrer Passion das erlegte Stück packen, ihm Haar ausreißen, es knautschen, an der Decke zerren oder gar Wildpretfetzen aus dem Ausschuß reißen.

Es ist der Brauch, daß man – auch bei Schweißhundprüfungen – das Bewinden des Stückes, Lecken von Schweiß und leichtes Rupfen von Haar duldet. Das Hauptgewicht legt man auf den Unterschied, ob es sich dabei um den Anfang eigenmächtiger Inbesitznahme handelt oder um bloßes Interesse am Wild, Ausdruck übermäßiger Freude. Die Grenzen dieses Verhaltens sind allerdings nicht scharf zu ziehen.

Wenn unser Hund ein erlegtes Stück bewindet, so ist das zweifellos ein normaler Ausdruck von Interesse. Wenn unser Hund z. B. eine Katze beutelt, so ist das zweifellos der Ausdruck von Angriffswillen. Demgegenüber aber gehören Knautschen des Wildes, Rupfen der Decke und Lecken von Schweiß zu Äußerungen des Ernährungsverhaltens. Nach unserer Ansicht ist es deshalb falsch, ja sogar gefährlich, unserem Hund solche Äußerungen durchgehen zu lassen. Ein Hund, der heute ein erlegtes Stück zaust, kann es morgen bereits anschneiden. Das gilt natürlich auch von anderen derartigen Eigenmächtigkeiten, wie Lecken von Schweiß.

Ist der Hund dabei, das gestreckte Stück zu bewinden, lassen wir ihm eine Weile seinen Willen, dann aber treten wir zu ihm hin, loben und streicheln ihn, befehlen »sitz!« und belohnen ihn für die erfolgreiche Arbeit mit einem Leckerbissen. Unter Lob legen wir ihm wieder die Halsung an, führen ihn abseits und legen ihn ab.

Rupfen und Lecken dagegen dulden wir grundsätzlich nicht und verleiden es dem Hund mit strengem »Pfui, laß das!« und einem Klaps. Dann reden wir unserem Hund in Ruhe zu und lassen ihn beim Stück in Downstellung gehen. Dann entfernen wir uns vom Hund. Unbemerkt nähern wir uns ihm aber von einer anderen Richtung, ohne daß er von uns Wind bekommen kann, und beobachten ihn. Verharrt er nicht mehr in vorgeschriebener Downlage oder macht er gar den Versuch, sich dem Stück zu nähern, schreiten wir energisch ein. Wir nehmen ihn an die lange Suchleine oder an eine Schnur (keinesfalls an den Schweißriemen!) und üben mit ihm Down-machen und Herbeikommen. (Solches Auffrischen von Gehorsamsübungen kommt natürlich in erster Linie für vielseitig verwendete Vorsteh- und Stöberhunde in Frage. Die eigentlichen Schweißhunde, Bracken und Dackel, die in ihrer Abrichtung die regelrechte »Down«-Schulung nicht kennengelernt haben, legen wir einfach bei Rucksack oder Schweißriemen ab.)

Verhält sich unser abgelegter Hund aber ruhig, kommen wir in etwa einer Viertelstunde zu ihm. Dann führen wir ihn beiseite und legen ihn so ab, daß er uns beim Aufbrechen des Stückes nicht sehen und auch keinen Wind davon bekommen kann.

Niemals sollen wir unserem Hund beim Aufbrechen oder nachher warmen Schweiß oder Stücke vom Aufbruch des erlegten Wildes geben*).

Sind wir gezwungen, das Wild längere Zeit oder gar die Nacht über am Platz liegen zu lassen, sichern wir es einerseits vor dem Verhitzen, andererseits gegen Raubwild. Natürlich muß das Stück unverzüglich aufgebrochen und dann so aufgehängt oder gelegt werden, daß es ausschweißen und auskühlen kann. Vor Raubwild schützt ein Stück weißes Papier, das wir dem Stück in den Äser, zwischen die Keulen oder Schalen stecken, dazu das Verwittern durch die frisch abgeschossene Patronenhülse, die wir auf das Stück legen.

Wenn wir das Stück fertig versorgt haben, holen wir unseren abgelegten Hund. Wir lassen ihn setzen, streicheln ihn, und indem wir ihm freundlich zusprechen, machen wir uns auf den Weg.

*) Dieses Bedenken des Verfassers wird von vielen erfahrenen Hundeführern keineswegs geteilt. Der Hund darf sich nur nicht *selbst* genossen machen. Wenn er *aus der Hand seines Führers* geronnenen Schweiß oder die Milz des erlegten Stückes erhält, wird er nicht zum Anschneiden verleitet.

Ausnahmen bei der Nachsuche auf Rehwild

Vorstehhund und Rehwild

Von der Gesamtzahl der Schalenwildstrecke entfallen auf das Rehwild mehr als vier Fünftel. Die meisten Nachsuchen sind also an Rehwild zu leisten, die meisten Hunde auf diese Wildart einzustellen. Die Grundsätze, die wir in den vorigen Kapiteln für die Schweißarbeit auf Schalenwild kennengelernt haben, gelten auch für Rehwild. Doch gibt es hier einige Besonderheiten und mögliche Ausnahmen von den Regeln, die für Hochwild gelten. Das liegt an der geringen Körperstärke des Rehwildes, seiner »Weichheit« gegen Schußverletzungen, so daß kräftige Hunde (Vorstehhunde) hier manchmal in anderer Weise eingesetzt werden können als hinter krankem Hochwild.

Nun sind Vorstehhunde ja hauptsächlich für die Feldarbeit abgerichtet. Die Arbeit auf der Schweißfährte geht verständlicherweise auf Kosten ihrer Leistungen im Felde, was man am besten daran sieht, wenn man die Feldarbeit jener Vorstehhunde, die ausschließlich in Feldrevieren eingesetzt werden, mit der von solchen vergleicht, die vorrangig in Waldrevieren arbeiten. Sicher ist eines: Im Feld arbeitet ein Vorstehhund, soweit er nicht auch hier auf Wundspur oder Geläuf nachzusuchen hat, mit hoher Nase, während jede Folge auf Spur und Fährte eine Arbeit mit tiefer Nase voraussetzt. Vielseitig verwendete Vorstehhunde neigen infolgedessen dazu, sich vor allem dann, wenn die Sache schwierig wird, nicht mit voller Konzentration in die Fährte zu verbohren, sondern sich auch seitlich davon mit hoher Nase suchend zu orientieren. (Ein Unterschied, den man auch beim Jagen auf der gesunden Hasenspur findet, wenn man z. B. die Spurarbeit eines Dackels oder einer Bracke mit der eines Vorstehhundes vergleicht.)

Diese unterschiedliche Arbeitsweise ist keinesfalls immer von Nachteil; denn im Bedarfsfall entdeckt dann der Vorstehhund leichter jede Wittrung, welche das verfolgte Wild direkt hinterlassen hat. Ein Vorstehhund wird mit dieser Arbeitsweise vor allem auf frischen Fährten und bei der Hatz Vorteile haben, freilich auf Kosten der zähen Konzentration des »Fährtenspezialisten« auf kalter Fährte. Sucht der Hund die Wittrung nicht in der Fährte, sondern verfolgt er diese mit hoher Nase und in zu raschem Tempo, ist das ein Beweis dafür, daß die Fährte zu frisch ist und die Arbeit auf ihr für den Hund deshalb zu leicht. Darauf müssen wir uns einstellen und eine Fährte angemessen kalt werden lassen. So kann man einen vermeintlichen Nachteil zum Vorteil wenden, indem wir auch den Vorstehhund daran gewöhnen, entgegen seiner eigentlichen Hauptveranlagung auch kalte Schweißfährten sorgfältig auszuarbeiten.

Ein Vorstehhund vermag Rehwild bei der Hatz nicht nur einzuholen, sondern auch niederzuziehen und abzuwürgen. Dabei hat das Rehwild seine Eigenheiten. Wenn es nicht schwer krank ist, stellt es sich nicht gern; solange es über ausreichende Kräfte verfügt, flüchtet es ohne Unterbrechung. Ist ein Hund, der so ein Stück hetzen soll, nicht ausreichend erfahren und scharf, jagt er es weit über die Reviergrenzen. Das gilt vor allem bei Laufschüssen.

Im Sommer steht Rehwild gern im Getreide. Eine Nachsuche in einem hochstehenden Getreidefeld gehört zum Schwierigsten, was es auf diesem Gebiet gibt. Oft ist es geradezu unmöglich, in einem ausgedehnten Getreidefeld an ein nicht sehr schwer krankes Stück Rehwild mit schulmäßiger Riemenarbeit heranzukommen. Ohne einen schnell und scharf hetzenden Vorstehhund ist ein solches Stück schwer zur Strecke zu bringen.

Nachsuchen auf angeschweißtes Rehwild sind also nicht einfach, wenngleich das Reh von allen Schalenwildarten am »weichsten« ist. Dabei sind die freie Verlorensuche, verbunden mit Niederziehen und Würgen des Stückes, dazu noch Totverbellen oder Totverweisen, mit erhöhten Anforderungen und mit verschiedenen Schwierigkeiten und Möglichkeiten verbunden, die selbst einen gut abgeführten Vorstehhund verderben können.

Die eigentlichen Schweißhunde sollen als »Hochwildspezialisten« möglichst nicht an Rehwild arbeiten. Deshalb verwendet man zur Nachsuche auf Rehwild neben den Vorstehhunden auch Stöberhunde, Terrier und Dackel. Jeder Jagdhund, der Schweißhund nicht ausgenommen, wechselt mit Vorliebe auf frische Rehfährten über. Diese Wildart hat für Hunde offenbar eine besonders angenehme Wittrung, die anziehend wirkt.

Hunde mit unzureichender Schärfe (aber auch kleine und langsame Hunde) soll man leicht krankes Rehwild überhaupt nicht hetzen lassen. Sie sollten nur am Riemen Schweißarbeit leisten. In solchen Fällen müssen wir das Wild ordentlich krank werden lassen, so daß sich eine Hatz erübrigt, oder zur Hatz einen zweiten, schnellen und scharfen Hund einsetzen.

Es ist aber kein Zeichen mangelnder Schärfe, wenn unser Hund bei den ersten Hetzen das Stück zuerst am Schlegel oder in die Weichen faßt. Dabei läßt sich nicht verhindern, daß da und dort ein Stück Decke oder Wildpret abgerissen wird. Wir müssen uns klar sein, daß es besser ist, wenn z. B. eine Keule entwertet wird, als wenn das ganze Stück verloren geht. Im übrigen ist eben jeder Anfang schwer; das gilt auch für unseren Hund, auch er muß lernen.

Es ist selbstverständlich, daß alle Hunde, die man auf Rehwild anhetzt, zumindest sichtlaut sein müssen. Kleine Hunde, die Rehwild nicht ohne weiteres niederziehen und abwürgen können, müssen genau so eingesetzt werden wie bei der

Hatz auf Hochwild: Also erst am letzten, warmen Wundbett zum Hetzen schnallen, wenn das nachgesuchte Stück noch auf den Läufen ist, damit sie es zu Stande hetzen und stellen, bis der Hundeführer den Fangschuß geben kann. Eingangs dieses Kapitels ist schon erwähnt, warum das bei Rehwild oft recht schwierig ist und welche Vorteile daher der schnell und scharf hetzende Vorstehhund hat.

Auch der Vorstehhund muß zunächst zu sicherer, ruhiger Arbeit am Schweißriemen abgerichtet, »riemenfest« gemacht werden. Dem *Totverbeller,* der verendetes Wild verbellt, und dem *Totverweiser,* der vom verendeten Stück zu seinem Führer zurückkehrt und ihn zum Stück bringt, kommt hier aber erheblich größere Bedeutung zu als bei der Nachsuche auf Hochwild oder bei der Schweißarbeit mit anderen Hunderassen.

Riemenarbeit

Grundlage erfolgreicher Schweißarbeit ist zunächst auch hier die Suche am Schweißriemen. Dabei gehen wir ähnlich vor, wie dies bereits im allgemeinen Teil und für die Nachsuche auf Hochwild geschildert wurde. *Ein Vorstehhund wird nur dann sicherer und verläßlich auf der Rotfährte, wenn er nicht allein im Verbellen oder Verweisen richtig abgeführt ist, sondern wenn er zunächst einmal am Riemen zu arbeiten gelernt hat.*

Beim Abrichten auf der künstlichen Schweißfährte von Rehwild haben wir unserem Hund Oberflächlichkeiten aberzogen. Bei den ersten Nachsuchen von Rehwild, das im Feuer lag oder in Sichtweite zusammengebrochen war, gehen wir zunächst selbst unter dem Wind und ohne die Schweißfährte zu kreuzen zum erlegten Stück, also noch bevor wir unseren Hund herbeiholen. Die Stellen am Wildkörper, aus denen das Stück schweißt – in der Regel also Einschuß, Ausschuß und Äser – bestäuben wir mit gemahlenem Pfeffer oder pulverisiertem Paprika. Dann erst kehren wir zum Hund zurück.

Wir führen unseren Hund so heran, daß er Wind bekommt, und lassen uns dann von ihm am Riemen hinführen. Ist das Stück nach kurzer Flucht verendet, untersucht der Hund zunächst den Anschuß und arbeitet sodann am Riemen auf der Schweißfährte bis zum verendeten Stück. Unter Lob belohnen wir ihn mit einem Leckerbissen. Dann nehmen wir ihm die Schweißhalsung ab, docken den Riemen auf, legen dem Hund die gewöhnliche Halsung an und nehmen ihn an die längere Suchleine (Feldleine).

Dann bekunden wir Interesse am Wild, nähern uns dem Stück, gehen um es herum und tun dabei so, als würden wir uns um den Hund überhaupt nicht kümmern. Unser Hund fühlt sich an der langen Feldleine frei. Wenn er das Stück bewindet, schreiten wir nicht ein. Sobald er aber beginnt, Schweiß zu

Riemenarbeit — die Grundlage jeder erfolgreichen Schweißarbeit, grundsätzlich auch auf Rehwild!

lecken, ermahnen wir ihn scharf: »Pfui! Was ist das?! Pfui!« Dabei reißen wir ihn an der Leine, was im Zusammenwirken mit dem gemahlenen Pfeffer, mit dem wir das Stück vorher präpariert haben, den Hund dazu bringt, daß er zum zweiten Male keinen Schweiß mehr lecken will. Zumal dann, wenn wir zu alledem unseren Hund auch noch beim Stück 10—15 Minuten »down« machen lassen. Trotzdem verfahren wir zur Sicherheit beim zweiten und dritten Stück in gleicher Weise.

Wenn kräftige Hunde zum verendeten Stück kommen, versuchen sie dies anfangs zu apportieren, zumal wenn es sich um ein schwächeres Stück handelt. Sie fassen

das Stück, beuteln es und versuchen es wenigstens wegzuziehen. Dies dürfen wir natürlich nicht erlauben, rügen solches Verhalten entsprechend und ziehen den Hund weg.
Manche Hundeführer schütteln das Stück, bewegen das verendete Reh unter gleichzeitiger Aufmunterung: »Gib Laut! Gib Laut!« um damit ihren Hund zum Verbellen zu bewegen. Das ist nicht richtig. Bewegungen des Stückes erwecken beim Hund Aggressionsreflexe, die sich im Zupacken und Rupfen äußern. Vielmehr versuchen wir mit dem Zuspruch »Faß! Faß!« zu erreichen, daß er das Reh an der Drossel greift. Lautgeben ist dagegen doch ein Verständigungsmittel, mit dem ein Mitglied des Rudels die anderen Artgenossen herbeiruft, vorab den Führer des Rudels, damit es zur Teilung der Beute kommen kann. So hat sich der Vorfahr unseres Jagdhundes verhalten, und so machen es freilebende Wölfe heute noch.
Wie aber soll unser Hund den Führer seines Rudels herbeirufen wollen, wenn dieser ja *da* ist, das Reh bewegt und sich näher bei diesem aufhält als der Hund selbst?! Dabei könnte es im Gegenteil geschehen, daß der Hund seinen Führer anfällt. Einige Hunde, robuste Charaktere mit ausgeprägtem »Kopfhundinstinkt«, verteidigen schließlich ihre vermeintliche »Beute« sogar gegen ihren eigenen Herrn, zumal dann, wenn dieser »Rudelführer« schwach ist und sich dem Hund gegenüber nach dem Gesetz des Rudels nicht durchzusetzen vermag.
Nach der Prüfungsordnung für die Verbands-Gebrauchsprüfung (VGP) von Vorstehhunden muß der Hund seinen Führer am wenigsten 6 Meter lang abgedockten Schweißriemen bis zum Stück führen. Eine solche Arbeit wird nur dann mit der Note »sehr gut« bewertet, wenn der Hund sicher und konzentriert die Fährte hält. Fehler dabei sind z. B. folgende: der Hund arbeitet zu hastig und mit hoher Nase, er faselt, folgt Verleitfährten, muß vom Führer dauernd ermuntert oder korrigiert werden, oder er zeigt überhaupt wenig lustbetontes Interesse an dieser Arbeit.

Das Totverbellen

Sobald wir unseren Hund als zuverlässigen Riemenarbeiter abgerichtet haben, darf er vom ersten Wundbett ab frei als Verbeller arbeiten. Dies setzt allerdings voraus, daß er die Wundfährte auch ohne Riemen sicher zu halten versteht, daß er krankes Wild im Bedarfsfall lauthals hetzt, daß er es niederzieht und abwürgt und das verendete Stück bis zum Herbeikommen seines Führers totverbellt.
Auch wenn unser Hund einen »lockeren Hals« hat und gerne lautgibt, so bedeutet das noch lange nicht, daß er bei einem verendeten Stück ebenso unmittelbar, ausdauernd und freudig verbellen wird, wie er dies beim Abrichten an der aus-

gestopften Rehdecke gezeigt hat. Daher benützen wir jede Möglichkeit, jedes erlegte Stück dazu, daß bei ihm der Hund lautzugeben gewöhnt wird, und sei es auch ohne natürliche oder künstliche Schweißfährte.

Wenn der Hund am Riemen die ersten Totsuchen durchgeführt hat, lassen wir ihn lautgeben. Beim erstenmal nur kurze Zeit, dann jeweils länger. Trotzdem können wir nicht erwarten, daß unser Hund sofort das erste Stück verbellen wird, das er nach einer Hatz niedergezogen hat.

Aus diesem Grunde trachten wir ein Reh in offenem Gelände zu schießen und zwar so, daß es nach 100–150 Schritten zusammenbricht. Nach Ablauf der Wartezeit legen wir den Hund am Anschuß zur Fährte und folgen dieser am Schweißriemen etwa 80–100 Schritt. Dann verkürzen wir den Riemen, nehmen unserem Hund die Halsung ab, und wenn er sich dann dabei ruhig verhält, schicken wir ihn mit einem Wink und dem Befehl »Such das Reh!« auf die Schweißfährte.

Dann beobachten wir unseren Hund beim Ausarbeiten der Fährte, ob er mit der Nase am Boden arbeitet und ob er, nach Erreichen des Stückes, lautgibt; tut er das nicht, fordern wir ihn durch Zuruf auf: »Gib Laut! Gib Laut!« Unser Hund wird dann zweifellos zu verbellen beginnen, und dabei feuern wir ihn an und loben ihn, während wir uns ihm stetig nähern. Wir verlangen allerdings nicht, daß er gleich eine halbe Stunde oder länger verbellen soll. Das Lautgeben ist auch für einen Hund, der es gern tut, eine Anstrengung, und ihm darf nicht seine erste selbständige und erfolgreiche Nachsuche durch übermäßige Anforderungen verleidet werden. Totverbellen soll für ihn nur mit Annehmlichkeiten verknüpft sein, die in jedem Falle – mag sein Lautgeben anfangs gewesen sein wie es mochte – durch Loben, Aufmuntern, Abliebeln und einen guten Brocken ihren Ausdruck finden.

Sobald unser Hund nach Auffinden des verendeten Stückes unverzüglich zu verbellen beginnt, können wir zu jenen Nachsuchen übergehen, die mit einer Hatz verbunden sind und die mit Niederziehen, Abwürgen und Totverbellen enden. Dabei darf uns nicht überraschen, wenn unser Hund nach einer solchen ersten Hatz wieder nicht sofort lautgibt. Er ist durch die Hatz und das Abwürgen einmal körperlich ausgepumpt, zum andern innerlich erregt. Darum trachten wir am Anfang nach Möglichkeit in seiner Nähe zu sein, während der Hund das Stück niederzieht, damit wir ihn, soweit dies dann nötig sein sollte, zum Totverbellen aufmuntern können und damit er auch möglichst lange lautgibt.

Die Richtung weist uns in diesen Fällen einmal der Hetzlaut des Hundes, zum andern das Klagen des gegriffenen Stückes.

Sobald unser Hund auf diese Weise einige Stücke erfolgreich nachgesucht hat, und das unter verschiedenen Umständen und auf unterschiedliche Entfernungen, wird ihm alles, was damit zusammenhängt, zur bekannten Sache und macht auf ihn keinen solchen Eindruck mehr. Unser Hund beginnt so ein selbstsicherer, ausdauernder und zuverlässiger Totverbeller zu werden.

Der Totverbeller ruft seinen Herrn zum gefundenen Wild

Nach der Prüfungsordnung für VGP muß ein Vorstehhund als Totverbeller auf der Schweißfährte zunächst die volle Riemenarbeit von 400 Meter bis zum »letzten Wundbett« leisten. Dort wird er geschnallt und muß auf der um 200 Meter verlängerten Fährte frei zum Stück suchen. Dort angekommen, soll er unverzüglich, und ohne das Stück zu verlassen, mindestens 10 Minuten lang anhaltend verbellen, bis sein Führer zu ihm kommt (siehe Anhang Seite 177).

Das Totverweisen

Die Arbeit des Verweisers entspricht zunächst ganz der des Verbellers, bis er das verendete Stück gefunden bzw. das noch lebende kranke Stück niedergezogen und abgewürgt hat. Dann muß er zu seinem Führer zurückkehren und ihn zum verendeten Stück hinführen.
Beim Totverweisen entfällt das anstrengende Verbellen, und deshalb verläuft auch die Abrichtung für zuverlässiges Totverweisen leichter. Dabei wird ebenso vorgegangen wie bei der Abrichtung eines Totverbellers, allerdings mit dem Unterschied, daß wir unseren Hund, der das verendete Stück erreicht hat, nicht

mit dem Befehl »Gib Laut!« anfeuern, sondern ihn einfach durch Pfiff abrufen. Ebenso verhalten wir uns anfangs, wenn er nach einer Hetze das Stück niedergezogen und abgewürgt hat.

Dem Hund muß natürlich häufig Gelegenheit zu praktischer Arbeit geboten werden, um das Gelernte durch Erfahrung zu festigen. Es ist selbstverständlich, daß es beim Totverbeller wie Totverweiser bei geringem Bestand an Rehwild einer längeren Zeit bedarf, bis unser Hund firm ist. In solchen Fällen ist es angezeigt, die unzureichende Möglichkeit praktischen Einsatzes immer wieder durch Übungen auf künstlichen Schweißfährten zu ersetzen, die wir, wie beschrieben, mit zunehmender Länge anlegen, allmählich auch älter und kälter werden lassen und mit Verleitungen, Haken und Widergängen versehen.

Nach jeder Nachsuche, die mit Hatz, mit Niederziehen und Abwürgen von Rehwild verbunden war, überprüfen wir unseren Hund, sei er nun Totverbeller oder Verweiser, auf einer künstlichen Schweißfährte von einer Länge von mindestens 500 Metern, auf der wir mit Schweiß sparen und die wir 10–30 Stunden auskühlen lassen. Die Ausarbeitung einer künstlichen Schweißfährte ist vor allem in der Schonzeit ein gutes Mittel, die Leistungen unserer Hunde immer in guter Form zu halten.

Auf der Prüfung muß der Hundeführer zuvor anmelden, auf welche Weise sein Hund verweist. Auch der Verweiser muß, wie der Verbeller, zunächst die volle Riemenarbeit leisten und wird dann am letzten Wundbett zur Freisuche auf der verlängerten Prüfungsfährte geschnallt. Vom gefundenen Stück kehrt er dann zu seinem Führer zurück, der am Platz, wo er ihn geschnallt hat, auf den Hund wartet. Nach seiner Rückkehr soll der Hund durch sein Benehmen zeigen, daß er das Stück gefunden hat, und sich bemühen, auf kürzestem Weg seinen Herrn zum Wild zu führen.

Ein guter Totverweiser muß sich bemühen, auf welche Art immer, seinem Führer verständlich zu machen, wo es zum Stück geht, auch wenn der Führer durch Geländehindernisse aufgehalten wird oder Umwege machen muß, wie es in der Praxis oft vorkommt.

Bei der Verweiserarbeit können folgende Mängel auftreten: der Hund gelangt nicht bis zum Wild und kehrt vorzeitig zum Führer zurück; der Hund zeigt seinen Fund zu wenig ausdrucksvoll an und führt seinen Führer unsicher zum verendeten Wild.

Beim *Totverbellen* liegt die Hauptschwierigkeit darin, daß der Hund trotz Erschöpfung und Erregung längere Zeit anhaltend verbellt, wozu in der Praxis ja keineswegs die 10 Prüfungsminuten genügen. Vielmehr muß der Hund oft stundenlang beim Stück ausharren und – dann freilich mit längeren Erholungspausen – immer wieder durch Lautgeben seinen Herrn rufen, bis dieser ihn und das Stück gefunden hat. Das kann schwierig sein, wenn sich die Hatz weit entfernt hatte und wenn der Laut des Hundes durch das Gelände oder durch dichten

Schneebehang in Dickungen gedämpft oder durch andere Geräusche (Rauschen von Wind oder Wasser, Regen, Straßenlärm usw.) übertönt wird.
Beim *Totverweisen* dagegen hat der Hund zunächst in der Abrichtung die Hemmung zu überwinden, die »Beute« zu verlassen und zum Herrn zurückzukehren. Auf diesem Rückweg, wie auch auf dem abermaligen Hinweg mit dem Führer, können weitere Verleitungen auf den Hund einwirken (frische Spuren und Fährten, flüchtiges Wild), denen er widerstehen muß.
Ein Sonderfall beim Totverweisen ist das sogenannte *Bringselverweisen*. Während der gewöhnliche, »freie« Verweiser bei seiner Rückkehr vom Stück durch irgend eine beliebige, im Laufe der Abrichtung gefestigte Verhaltensweise den Fund anzeigt (Hochspringen am Herrn, Fassen des Armes oder Mantelzipfels, aufforderndes Lautgeben, auch Wälzen am Boden o. dgl.), wird der Bringselverweiser anders ausgebildet: Ihm wird vor dem Schnallen von der Schweißhalsung eine leichte Halsung mit dem »Bringsel« umgelegt, das ist ein kleiner Apportierknebel aus Holz oder Leder. Diesen darf er erst am gefundenen Stück in den Fang nehmen und muß ihn apportierend seinem Führer vorweisen, zum Zeichen des Fundes.
Im Rahmen dieses Buches, das sich mit den Grundsätzen der eigentlichen Fährtenarbeit befaßt, kann auf die Einzelheiten der systematischen Abrichtung der Totverweiser und -verbeller nicht näher eingegangen werden; dafür gibt es eine reichhaltige Spezialliteratur.

Das Hetzen von Rehwild

Hetzen soll unser Hund lauthals. Diese Bedingung wird in der Regel erfüllt; denn auch solche Hunde, die den Hasen stumm jagen, werden hinter krankem Rehwild gewöhnlich fährtenlaut. Sichtlaut ist das mindeste, was wir verlangen müssen. Überhaupt hetzt jeder Hund Rehwild gerne.
Im Prinzip geht es darum, daß die *erste Hatz* unseres jungen Hundes *nicht zu lang* ist. Für einen schnellen, ausdauernden und zähen Vorstehhund bietet eine Hatz auf krankes Rehwild keine Schwierigkeiten. Ein solcher Hund wird auch ein Stück mit einem sehr schlechten Schuß bald einholen.
Vor dem Schnallen des Hundes müssen wir uns, zumal in der ersten Zeit, gründlich überlegen, ob das Stück bereits so krank sein kann, daß es unser Hund bald einzuholen und wenigstens zu stellen vermag. Gerade bei der ersten Hatz ist diese Überlegung besonders wichtig, denn es gibt auch Vorstehhunde, die wegen ihrer Weichheit für Niederziehen und Abwürgen keine ausreichend starken Anlagen mitbringen. Vor allem sind es oft kleine, unerfahrene Hündinnen.
Wenn wir durch Abnahme der Schweißhalsung unseren Hund zur Hatz schnallen, sollen wir bemüht sein, bei den ersten Hetzen so nahe wie möglich an den Platz heranzukommen, wo unser Hund das Stück eingeholt hat, es niederzieht

oder zunächst vielleicht nur stellt. Die Richtung weist uns dabei sein Hetzlaut. Dem folgen wir so schnell wie möglich.

Wenn der Hetzlaut abreißt, so bedeutet das in der Regel, daß der Hund das kranke Stück niederzieht. Dabei hören wir das Stück auch klagen.

Unwahrscheinlich ist, daß der durch die Hatz und das Niederziehen ermüdete Hund sein erstes Stück sofort verbellen wird. Wir müssen geduldig sein und warten. Wenn allerdings unser Hund auch nach 10 Minuten noch nicht meldet, rufen wir ihn an mit: »Laut! Laut! Gib Laut!« Sobald der Hund unsere Stimme vernimmt, fängt er wenigstens zu winseln an. Durch erneutes Zurufen feuern wir ihn an und loben ihn gleichzeitig. Langsam nähern wir uns in Richtung seiner Stimme und wiederholen dabei von Zeit zu Zeit: »Laut! Gib Laut!« Unser Hund bekommt auf diese Weise am Verbellen neuen Geschmack, und laut meldet er schließlich den Tod des Stückes. Sobald er unser aber ansichtig wird, hört er auf zu verbellen, und da müssen wir ihn zu erneutem Lautgeben anfeuern. Wir gehen schließlich zu ihm, loben und belohnen ihn überschwänglich.

Ist hingegen unser Hund ein *Totverweiser,* bleiben wir am Platz, wo wir ihn geschnallt hatten, und verfolgen aufmerksam den Hetzlaut. Sobald sein Geläut verstummt und das Klagen des Stückes ertönt, warten wir eine Weile. Kommt der Hund nicht selbständig zurück, rufen wir ihn mit einem Pfiff ab. Wenn nötig, wiederholen wir diesen Pfiff einige Male, bis der Hund zu uns zurückkehrt. Dann lassen wir uns zum niedergezogenen und abgewürgten Stück hinführen, loben unseren Hund, liebeln ihn ab und belohnen ihn.

Nach einigen solchen erfolgreichen Hatzen wird sich das geforderte Verhalten gefestigt haben. Höchstens, daß wir unseren Totverbeller, sobald wir in seine Nähe gekommen sind, im Lautgeben noch anfeuern, damit er sich daran gewöhnt, möglichst lange zu verbellen. Deshalb lassen wir uns in den späteren Fällen auch Zeit und nähern uns langsam dem Platz, wo der Hund verbellt. Neben dem Lob und dem Abliebeln des Hundes darf nach erfolgreicher Arbeit niemals die Belohnung mit einem Leckerbissen fehlen[*]).

Bei der ersten Hatz kann es auch vorkommen, daß unser Hund nach einer Weile zu uns zurückkehrt, ohne sich weiter um das Wild zu kümmern. Ursachen für ein solches Verhalten gibt es verschiedene, z. B.: der Hund ist zurückgekehrt, um seinen Führer nicht zu verlieren. So verhalten sich mitunter unselbständige Hunde, besonders solche, die man erst kurze Zeit hat oder die nicht gewöhnt sind,

*) Diese Belohnung kann nach vielfacher Erfahrung erfolgreicher Hundeführer durchaus auch im »Genossenmachen« des Hundes mit der Milz des erlegten Stückes oder mit geronnenem Schweiß bestehen. Wichtig dabei ist nur, daß der Hund diese Belohnung stets *nur aus der Hand seines Führers* entgegennehmen darf und im übrigen während des Aufbrechens abseits abgelegt wird. Nie dürfen wir dulden, daß der Hund sich selbständig am Stück oder Aufbruch zu schaffen macht, während wir Wild aufbrechen und versorgen, oder gar beim Aufbrechen »mithilft« — sonst könnte er leicht später zum Anschneiden verleitet werden.

weit zu suchen. – Ein anderer Hund erschrickt vor dem Stück, sobald es sich ihm stellt, vielleicht hat es ihn auch abgeschlagen. – Bei einer Hatz unter Verhältnissen, die ein Hören schlecht ermöglichten, kann ein Hund, der an sich scharf und schnell ist, schließlich zurückkommen, wenn ihn sein Herr lange nicht findet und er noch nicht an sehr langes Verbellen gewöhnt ist.
In jedem solchen Falle müssen wir unseren Hund nach seiner Rückkehr gründlich untersuchen, besonders am Fang, ob nicht irgendwelche Schweißspuren oder Haare an ihm haften. Dann nehmen wir ihn wieder an den Schweißriemen, und von der Stelle, wo wir ihn geschnallt hatten, arbeiten wir die Schweißfährte am Riemen weiter. Wenn wir den Hund auf ein wirklich ernstlich krankes Stück geschnallt hatten, dann kommen wir so auch zum Ziel, wie früher schon bei Behandlung der Riemenarbeit geschildert.

Was sich sonst noch ereignen kann

Nach dem Niederziehen und Abwürgen muß ein Totverbeller so lange verbellen, bis wir zu ihm kommen; ein Totverweiser hat unverzüglich zu jenem Platz zurückzukehren, wo er geschnallt worden ist, um uns zum verendeten Stück hinzuführen. So verläuft es in der Regel, die Praxis aber beschert uns mitunter einen komplizierteren Verlauf dieser Tätigkeiten.
Manchmal ist der Hund durch eine langwierige Hatz und durch das Niederziehen und Abwürgen so erschöpft, daß er außerstande ist, unverzüglich zu verbellen oder zu uns zurückzukehren. Haben wir unseren Hund richtig abgerichtet, so daß er nach dem Abwürgen das Stück nicht mehr anrührt, brauchen wir nicht unruhig zu sein. Nach dem Hetzlaut des Hundes wissen wir, wo das Stück ungefähr zur Strecke gekommen sein dürfte. Wir warten deshalb ab, bis sich der Hund erholt hat und zu verbellen beginnt oder zu uns zurückkehrt.
Geschieht auch nach längerer Zeit nichts dergleichen, ermuntern wir einen Totverbeller mit dem Zuruf: »Laut! Gib Laut!« Hört er uns und beginnt dann zu verbellen, eilen wir zu ihm und begnügen uns auch mit einem kurzen Verbellen. Kommen wir dann zum Hund und zum Stück, geben wir unserer Freude Ausdruck mit außergewöhnlichem Lob, Abliebeln und einem guten Brocken.
Ähnlich verhält es sich beim Totverweiser. Wir warten seine Wiederkehr ab, und wenn die nach etwa 10–15 Minuten nicht erfolgt, holen wir ihn mit Pfeifen herbei. Inzwischen hat sich unser Hund etwas erholt, und wenn er dann unseren Pfiff hört, wird er herbeikommen und uns zum Stück führen, wo er das übliche Lob empfängt.
Es kann auch vorkommen, daß das Stück Rehwild dauernd vor uns flüchtig ist. Wollten wir ein solches Stück mit unserem Hund am Schweißriemen nachsuchen, würde dies unerträglich lange Zeit beanspruchen. Über Nacht wollen wir, wegen

des schwülen Wetters, die Nachsuche nicht verschieben, und somit bleibt als einziger annehmbarer Ausweg, den Hund zur Hatz zu schnallen. Auf jeden Fall wird es eine lange Hatz über große Entfernung, je nach der Verletzung des Stückes.

Langen Hatzen, zumal dann, wenn vorzeitig mit der Nachsuche begonnen wurde, oder bei Vorderlaufschüssen, bei denen man im übrigen *nur einen erfahreneren Hund* hetzen lassen sollte, erschöpfen den Hund übermäßig, oft so sehr, daß er vor Schwäche umfällt und liegen bleibt. Da bleibt nichts anderes übrig als zu warten und zu warten, bis sich endlich unser Hund meldet oder zu uns zurückkehrt. Es darf uns also nicht überraschen, wenn in solchen Fällen unser Hund auf vorhergehendes Aufmuntern, sei es durch Anrüden oder mit dem Pfiff, überhaupt nicht reagiert.

Selten zwar, aber möglich ist es, daß Hunde, die den Sommer über mit Erfolg Rehwild gehetzt und niedergezogen haben, mit einem Male beim Stöbern ein gesundes Stück Rehwild reißen. Für gewöhnlich handelt es sich in solchen Fällen um schwache, häufig um kümmernde Stücke. *Es wäre ein großer Fehler, wollten wir unseren Hund dafür strafen.* Es besteht die Gefahr, daß ein deshalb bestrafter Hund künftig zwar angeschweißtes Rehwild hetzen wird, aber sich weigert es niederzuziehen. Hat es sich im vorliegenden Falle wirklich um ein kümmerndes oder altkrankes Stück gehandelt, verdient der Hund Lob, Belohnung, aber *keinesfalls Strafe!*

Das gleiche kann sich bei einem Reviergang ereignen, wenn unser Hund, der frei bei Fuß gegangen ist oder in Sichtnähe seines Führers sich bewegen durfte, auf die Fährte eines kranken Stückes Rehwild stößt. Es ist nur lobenswert, wenn er sich dieser annimmt, das Wild hetzt und niederzieht und es dann verbellt oder verweist.

Die freie Suche

Bei der freien Suche arbeitet unser Hund die Schweißfährte bereits vom Anschuß an frei bis zum verendeten Stück, gegebenenfalls bringt er es erst zur Strecke, um nach dem Niederziehen entweder totzuverbellen oder zu verweisen. Eine solche freie Suche ähnelt der Verlorensuche bei Niederwild. Auch bei dieser wird der Hund am Anschuß angelegt und arbeitet dann auf der Wundspur des angebleiten Niederwildes bis zum Platz, wo es verendet liegen blieb oder wo er es einholen konnte. Soweit dann Haar-Niederwild noch lebt, würgt er es ab und bringt es verendet seinem Herrn. Wenigstens soll es so sein!

Einige Hundeführer schätzen diese freie Nachsuche des Vorstehhundes auf Rehwild hoch ein, bewerten sie als Spitzenleistung schlechthin und ordnen sie weit höher ein als die Arbeit am Schweißriemen. Allgemein wird als Vorteil der

freien Suche angeführt, daß der Hundeführer dabei Zeit und Mühe spart. In unwegsamem Gelände ist diese Form der Nachsuche manchmal unvermeidbar.
Demgegenüber sind andere erfahrene Rüdemänner gegen die freie Nachsuche. Nach ihrer Meinung wird ein Hund, der eine Schweißfährte frei arbeitet, verdorben. Bereits der Umstand, daß er schon am Anschuß geschnallt wird, beeinflußt seine Arbeit ungünstig. Aus Ungeduld, um endlich hinter dem kranken Wild einherstürmen zu können, untersucht er den Anschuß nur oberflächlich. Aus dem selben Grunde arbeitet er ebenso flüchtig auch auf der Fährte selbst, indem er sich nicht auf sie konzentriert; er arbeitet überhastet und eignet sich damit verschiedene Fehler an. Stößt er dabei auf gesundes Rehwild, läßt er sich leicht verführen und hetzt nun, seinem Jagdinstinkt gemäß, dieses gesunde Stück. Dabei ist auch nicht ausgeschlossen, daß er er es schließlich fängt.
Ich stimme mit den Gegnern der freien Suche überein, denn ihre Einwände sind berechtigt, wozu ich noch weitere Gründe anfügen kann.
Soweit es um die *Unvermeidbarkeit* freier Nachsuche in unwegsamem Gelände geht, so ist dies nur ein scheinbar berechtigter Grund. Reviere mit ungangbarem Gelände stellen im Vergleich zu den normalen Revieren einen unbedeutenden Anteil dar, zumindest außerhalb des Hochgebirges und ausgedehnter Moorgebiete. Soweit einzelne unwegsame Partien vorhanden sind, so können wir, sobald wir uns bei der Riemenarbeit bis zu ihnen vorgearbeitet haben, ruhig unseren Hund schnallen. Wir wissen dann wenigstens einigermaßen, wohin die Hatz geht, während bei der freien Suche vom Anschuß an der wartende Hundeführer ratlos ist, wenn die Hatz erst einmal außer Hörweite geht. Jedenfalls läßt sich der vermeintliche Vorteil einer freien Suche auf der Schweißfährte nicht dadurch begründen, indem man Ausnahmefälle ins Treffen führt.
Eines jeden Jägers Pflicht ist es, dafür zu sorgen, daß jedes angeschweißte Stück Wild so schnell wie möglich zur Strecke kommt. Auf welche Art er dies erreicht, ist unwesentlich. Angeschweißtes Wild wird nicht deshalb nachgesucht, um die Schönheit und Vollkommenheit der Leistung des Hundes vorzuführen, sondern damit seine Leiden abgekürzt werden und dabei der Wert des Wildprets erhalten bleibt. Dies muß das Grundmotiv bei jeder Art von Nachsuche bleiben.
Freie Suche erspart dem Hundeführer aber nur *scheinbar* Zeit und Mühe. Wie die Praxis zeigt, ist es nach jeder Hatz nötig, den Hund auf künstlichen Schweißfährten am Riemen zu gewissenhafter Arbeit anzuhalten. Auf diese Weise werden Fehler ausgemerzt, die sich beim Hetzen einbürgern. Am Riemen konzentriert sich der Hund aufs neue auf seine Arbeit auf der Schweißfährte, unterliegt nicht seinem Hetztrieb, arbeitet wieder bedächtig und sicher. Deshalb müssen wir unseren Hund auf diese disziplinierte Art für jede freie Suche vorbereiten.
Die freie Suche vom Anschuß an hat übrigens neben der Möglichkeit, auch gesundes Rehwild – oder überhaupt auch anderes Wild – zu hetzen, noch weitere Nachteile. Eine Schweißfährte mit dem Hund am Riemen zu verfolgen, dient auch dazu, daß sich der Hundeführer davon überzeugen kann, ob das Wild

schwer angeschweißt ist und ob es ratsam ist, das kranke Stück jetzt zu verfolgen oder ob es zweckmäßiger erscheint, die Nachsuche auf längere Zeit zu unterbrechen. Eines der wichtigsten Kennzeichen für die Festsetzung der richtigen Wartezeit ist der Schweiß. Wir dürfen nicht vergessen, daß Rehwild auf den Schuß mit modernen Geschossen nicht so eindeutig zeichnet, wie dies in früheren Zeiten der Fall war. Dabei gibt es Verletzungen, die erst im weiteren Verlauf der Fluchtfährte zu schweißen beginnen, und andere, bei denen wir überhaupt erst im Wundbett Schußzeichen finden. Andere Verletzungen gibt es, die zwar am Anschuß Schweiß hinterlassen, aber eine lange und mühevolle Nachsuche erfordern.

Bei Weichschüssen erkennt man verhältnismäßig schwer, ob es sich um einen Schuß ins Gescheide oder um einen glatten Pansenschuß handelt. Dazu benötigt man bestimmte Erfahrungen in der Beurteilung des Schweißes auf der Fährte. Dies alles sind Faktoren, die maßgeblich über Erfolg oder Mißerfolg entscheiden, die ein Hundeführer aber nie in Erfahrung bringt, der seinen Hund bereits vom Anschuß weg zur freien Suche schnallt.

Beim Rehwild ist eine freie Nachsuche vorab in jenen Fällen vorteilhaft, in denen dem angeschweißten Stück der Hungertod droht (Äserschuß) und dann, wenn andere Versuche, des kranken Stückes habhaft zu werden, erfolglos geblieben sind. Aber auch in diesen Fällen genügt ein normaler Totverbeller oder Totverweiser, er muß nur scharf und ausdauernd hetzen.

Wenn trotzdem jemand seinen Hund regelmäßig für freie Suche angeschweißten Wildes verwenden will, dann nur unter folgenden Voraussetzungen:

Grundsätzlich schnallen wir unseren Hund *niemals bereits am Anschuß,* sondern erst auf der Schweißfährte, wenn wir uns durch Prüfung der vorgefundenen Schußzeichen, vorab des Schweißes, über die Art der Verletzung eine Meinung gebildet haben und wenn sich unser Hund an die Fährte geradezu angesaugt hat. Mit der freien Suche beginnen wir erst dann, wenn die bei bestimmten Verletzungen notwendige *Wartezeit* verstrichen ist.

Nach jeder freien Nachsuche hat der Hund *am Riemen* eine künstliche Schweißfährte auszuarbeiten. Auf gleiche Weise trainieren wir unseren Hund in der Schonzeit des Rehwildes.

Besonderheiten bei der Nachsuche auf Schwarzwild

Schwarzwild ist anders

Das Schwarzwild nimmt eine Sonderstellung unter dem Schalenwild ein. Das äußert sich sowohl in seinem Körperbau wie in seinem Verhalten. Während alle übrigen Schalenwildarten – sowohl die Geweihträger wie die Hornträger – als *Wiederkäuer* viele gemeinsame oder ähnliche Merkmale und Eigenschaften aufweisen, unterscheidet sich das Schwarzwild als ein Angehöriger der *nicht wiederkäuenden* Paarhufer in vielem grundsätzlich von ihnen.
So sind Wildschweine *Allesfresser* mit ausgesprochener Vorliebe für tierische Nahrung – von Würmern, Schnecken und Insektenlarven über Mäuse und Vogelgelege bis zum jungen Rehkitz. Ja, sie zeigen sogar Anklänge an das Verhalten von Raubtieren, wenn sie geschwächtes oder schwer krank im Wundbett sitzendes Wild reißen. Ein Stück Fallwild oder ein abends angeschweißtes und dann in der Dickung verendetes Stück Wild wird von einer Rotte Sauen über Nacht manchmal fast restlos aufgefressen; auch vor »Kannibalismus« schrecken die Sauen dabei nicht zurück.
Ihren gewöhnlichen Fraß – Kleintiere, Wurzeln, Eicheln, Bucheckern – suchen die Sauen durch Brechen im Waldboden. In der Feldflur können sie großen Schaden anrichten, wenn sie z. B. nach Kartoffeln brechen oder milchreifes Getreide und Mais als bevorzugten Fraß aufnehmen. Aber auch frisches Gras und Klee werden von Schwarzwild regelrecht »abgeäst«, hauptsächlich im Frühjahr. Diese vielseitige Ernährungsweise spiegelt sich auch im Aufbau des kräftigen Gebisses wider, wobei die wehrhaften Eckzähne – das »Gewaff« – besonders beeindrucken.
Der gedrungene Körperbau und die dicke, mit groben Borsten bedeckte Schwarte bestimmen die äußere Erscheinung des Schwarzwildes. Unter seinen Sinnesleistungen stehen Geruch und Gehör an den ersten Stellen, dagegen äugt Schwarzwild recht schlecht. Es lebt das ganze Jahr über gesellig in Rotten – mit Ausnahme der älteren Keiler, die als Einzelgänger nur in der Rauschzeit, im Spätherbst und Winter, zu den Rotten treten. Bemerkenswert ist schließlich noch die große Vermehrungskraft des Schwarzwildes: die Bache bringt jährlich bis zu 8 Frischlinge zur Welt.

Schwarzwild ist unter allen unseren Wildarten die *wehrhafteste.* Nicht allein die Keiler, sondern auch Überläufer und Bachen können scharf und rücksichtslos angreifen. Wird Schwarzwild in die Enge getrieben, gereizt oder verwundet, greift es auch den Menschen an. Es kommt vor, daß ein Mensch einen Frischling einfängt und dieser klagt. Sofort stürmt die Bache herbei.
Bei der Nachsuche auf angeschweißtes Schwarzwild muß oft mit der Möglichkeit eines Angriffs gerechnet werden.
Hat der Jäger keinen Hund dabei, wird der Keiler plötzlich und ohne Vorwarnung angreifen. Allenfalls wetzt er vorher mit den Waffen. Gelingt es nicht, einen angreifenden Keiler mit einem guten Fangschuß zu stoppen, bleibt nichts anderes übrig als schleunigst den nächsten Baum zu erklimmen oder einen steilen Felsblock, einen Holzstoß oder dergleichen. Ist auch diese Möglichkeit nicht geboten, lassen wir den Angreifer knapp heranstürmen und springen dann zur Seite. Der Urian vermag nämlich nicht, einmal in Fahrt, seine Richtung plötzlich zu ändern, stürmt vorbei und flüchtet dann in der Regel weiter, ohne noch einmal zu wenden. Ansonsten ist es das beste, sich in gestreckter Lage mit dem Bauch dicht an den Boden zu pressen, die Arme angelegt, und bewegungslos liegen zu bleiben, sich einfach tot zu stellen. In solchem Falle greifen Wildtiere, auch Raubtiere, üblicherweise den Menschen nicht an; vielleicht deshalb, weil diese Lage des Menschen dem Tier völlig unbekannt ist.
Im Gegensatz zu seiner Wehrhaftigkeit *klagt* Schwarzwild häufig. Frischlinge, Überläufer und Bachen können laut und langandauernd klagen, wenn sie vom Hund gegriffen werden. Ebenso klagen sie bei einer Schußverletzung. Dem gegenüber klagen hauende Schweine nur ausnahmsweise.

Schärfe und Vorsicht

Welche Eigenschaften muß ein Hund haben, den wir für die Nachsuche auf Schwarzwild verwenden wollen? Er muß *scharf* sein, um dem Schwarzwild zu Leibe zu rücken und es ausdauernd zu stellen. Er muß fähig sein, gestelltes Wild an den Platz zu binden, indem er es von hinten faßt. Desgleichen aber muß er *schnell* sein, *wendig* und *beweglich.*
Es ist aber auch nicht gut, wenn der Hund *zu viel Schärfe* hat. Ein überscharfer Hund, der sich in einen Keiler blind verbeißt, ist früher oder später geliefert. *Zu wenig* scharfe Hunde wiederum sind für die Nachsuche auf Schwarzwild unbrauchbar. Darum eignen sich für diese Aufgabe eher zwar scharfe, aber *vorsichtige* und zugleich *bewegliche* und *ausdauernde* Hunde. Schwarzwild ist unerschrocken und macht unvorhersehbare und heftige Ausfälle, die für unseren Hund sehr gefährlich werden können. Deshalb muß der Hund wendig und beweglich sein, um rechtzeitig ausweichen zu können.

Auch unter dem Schwarzwild gibt es Unterschiede. Die einen Keiler sind wütende Choleriker, andere wieder Phlegmatiker, die sich so schnell nicht aus der Ruhe bringen lassen. Immer aber ist Schwarzwild unseren Hunden gefährlich. Besonders gefährdet sind große Hunde, und das um so mehr, je schwerer und schärfer sie sind. Wenn wir daher Schweißhunde und Vorstehhunde bei der Nachsuche auf Schwarzwild verwenden, dann möglichst nur am Riemen; beim Hetzen und Stellen von Schwarzwild würden sie großer Gefahr ausgesetzt sein. Zum Stellen und Decken angeschweißten Schwarzwildes sind am besten rabiat scharfe Hunde, wie z. B. manche Terrier. Auch unter ihnen geben wir den Vorzug aber jenen Hunden, die zwar scharf sind, aber – sei es von Natur aus oder durch die Erfahrung der Praxis – auch vorsichtig genug.

Schleudert ein Keiler einen solchen Draufgänger mit dem Wurf in die Luft, bekommt er Verstand – wie man zu sagen pflegt – und arbeitet künftig vorsichtiger. Zu scharfe Hunde, die sich in gestelltes Schwarzwild blind verbeißen, kommen früher oder später dabei um. Zu massige Hunde laufen Gefahr, geschlagen zu werden, wenn sie beim Ausfall eines Keilers keinen Platz zum Ausweichen haben oder an ein Hindernis prallen, das es ihnen unmöglich macht, sich genügend weit abzusetzen.

Aufgabe eines Hundes, der Schwarzwild gestellt hat, ist, den angeschweißten Schwarzkittel so lange an den Platz zu binden, bis sein Führer herankommt. Deshalb greift er an, weicht immer wieder zurück und verbellt die Sau. Solches Benehmen unseres Hundes reizt auch einen gewaltigen Urian, einen Phlegmatiker sogar, schließlich dermaßen, daß er mit jähem Ausfall auch gegen einen kleinen Hund zum Gegenangriff übergeht, um den er sich zunächst »verächtlich« überhaupt nicht gekümmert hatte. Da muß dann der Hund blitzschnell ausweichen und erneut angreifen. Dieser kritische Augenblick des Ausweichens wird für unseren Hund mitunter verhängnisvoll. Verspätet sich der Hund in solcher Situation nur um einen Augenblick, ist er meist verloren. In solchen Fällen ist es besser, wenn zwei Hunde die Sau stellen. Sie unterstützen sich gegenseitig dadurch, daß, während der Keiler den einen angreift, der andere zupackt.

Schwarzwild, ob gesund oder krank, stellt sich verhältnismäßig leicht. Je stärker der Schwarzkittel ist, desto eher stellt er sich. Ein starker Keiler, der im Lager sitzt, läßt sich nicht ohne weiteres hochmachen, zumal nicht von einem kleinen Hund. Eine Rotte Sauen, die ein Hund gestellt hat, bleibt nicht lange beisammen, sondern ein Stück nach dem andern wird mit dem stellenden Hund ausbrechen. Nur wenn man auf Schwarzwild viel mit Hunden jagt, bleibt die Rotte beisammen und nimmt Abwehrstellung ein.

Sobald unser Hund Schwarzwild verbellt, nähern wir uns ähnlich wie bei anderem Schalenwild, also schnell, leise und mit gutem Wind. Dem »Keif« müssen wir uns unter Beachtung besonderer Vorsicht und unter peinlicher Ausnützung guten Windes nähern, denn sobald Schwarzwild der Nähe des Menschen gewahr wird, macht es sich dünn oder bricht unter Getöse aus.

Der Schuß auf Schwarzwild

Viele Eigenschaften, die beim wiederkäuenden Schalenwild für sein Verhalten im Schuß und nach dem Schuß maßgebend sind, sind beim Schwarzwild völlig anders, und aus diesem Grunde unterscheiden sich auch seine Reaktionen.
Von unseren heimischen Schalenwildarten ist das Schwarzwild jene mit der größten *Schußhärte;* denn es ist robust gebaut und ist fähig, unter ungünstigsten Lebensbedingungen zu existieren. Schwarzwild hat viel Weiß, eine zähe und dicke Schwarte und grobe Borsten, die, durch Wetzen an harzigen Malbäumen zusammengeklebt, den Durchschlag eines Geschosses erschweren. Deshalb braucht Schwarzwild nicht allein einen guten Schuß, sondern auch ein Geschoß von angemessenem Kaliber. Kleinkalibrige, moderne Geschosse haben zwar hohe Rasanz, sind aber für die Jagd auf Schwarzwild ungeeignet. Kaliber von 6 mm und darunter muß man als völlig unbrauchbar abwerten, auch wenn mit ihnen einzelne ausgezeichnete Schützen verhältnismäßig gute Ergebnisse erzielen. Auch bei gröberen Kalibern sind Nachsuchen verhältnismäßig länger und schwieriger. Schießen wir auf ein Stück Schwarzwild in der Dickung, sind massige Geschosse von guter Durchschlagskraft oder aber auch Flintenlaufgeschosse vorteilhaft.
Es liegt allerdings nicht nur an der Patrone, sondern auch am Schützen. Der muß mit seiner Waffe geradezu verwachsen sein, sei es Büchse, Flinte oder Drilling. Er muß schnell feuerbereit und ein routinierter Schütze sein, zumal bei winterlichen Drückjagden, bei denen Schwarzwild immer verhältnismäßig schnell den Jäger anläuft. Erst recht natürlich beim Angriff eines gereizten Schwarzkittels. In allen anderen Fällen richten wir uns nach folgenden Regeln:
Beim Schuß auf Schwarzwild zielen wir weder auf den Kopf noch auf den Hals. Die hohen Halswirbel am Genick und vor allem die Federn (Kammborsten) auf ihm geben eine irrige Vorstellung und lassen das Blatt größer erscheinen, als es in Wirklichkeit ist. Dadurch kommt es dann vor, daß der Schuß zu hoch sitzt und zum Krellschuß wird, nach dem ein Stück Schwarzwild zwar zusammenbricht, bald aber wieder hoch und flüchtig wird. Holen wir es dann nicht mit einem guten Fangschuß ein, ist es verloren. Sonst gibt es dabei auch Wildpretschüsse oder überhaupt nur Streifschüsse. Beim Schuß auf Schwarzwild bewährt sich immer wieder der alte Grundsatz: lieber tief aufs Blatt antragen.
Auf den Kopf eines Hauptschweines schießen wir nicht, denn der Schädelknochen ist so stark, daß an ihm ein Geschoß abgleiten kann. Nur wenn uns ein Schwarzkittel angreift und wir aus unmittelbarer Nähe schießen, kann ein Schuß auf den Kopf Wirkung zeigen; übrigens bleibt uns ja auch bei einem Frontalangriff nichts anderes übrig.
Kommen wir auf einen Keiler zu Schuß, den unser Hund verbellt, zielen wir auch deshalb nicht auf seinen Kopf, weil er ihn immerwährend bewegt, was ein ruhiges und sicheres Zielen und somit auch einen genauen Treffer ausschließt. Desgleichen wird auch bei Schüssen schräg von vorn oder von hinten auf den

»Panzer« das Geschoß leicht abgelenkt. Auch da gilt der alte Grundsatz: nie spitzwinklig auf Schwarzwild schießen, es sei denn, es handelt sich um einen Fangschuß oder die Sau greift an.
Je stärker das Stück ist, einen um so besseren Schuß braucht es, zumal in der Rauschzeit. Da hat ein Keiler mit einer guten Kugel auf dem Blatt noch so viel Lebenskraft, daß er den Schützen angreift. Er kann auch zu anderen Gelegenheiten angreifen, diese Fälle aber sind selten.

Zeichnen und Schußzeichen

Wie schwerwiegend eine Schußverletzung beim Schwarzwild ist, können wir eben deshalb weitaus schwieriger beurteilen als beim übrigen Schalenwild, weil Schwarzwild auf den Schuß nur selten zeichnet. Manchmal quittiert es auch einen guten Schuß nur mit leichtem Zucken. Deshalb fällt es auch erfahrenen und aufmerksamen Jägern schwer, das Zeichnen beim Schwarzwild zu unterscheiden. Wenn demnach eine Sau nach dem Schuß nicht zeichnet, so ist dies noch lange kein Zeichen für einen Fehlschuß.
Ein untrügliches Zeichen dafür, ob ein Stück gefehlt oder angeschweißt ist, gibt uns aber der Pürzel: Wenn Schwarzwild nach dem Schuß den Pürzel wirbelt und ihn bei der Flucht hochstellt oder mit ihm wedelt, ist es gesund, gefehlt oder nur unbedeutend angekratzt. Läßt es aber den Pürzel hängen, ist es angeschweißt. Ein baumelnder Pürzel ist also meist das Zeichen für eine schwere Verwundung. Welcherart diese ist, läßt sich allerdings daraus nicht erkennen.
Deutlich zeichnet Schwarzwild nur bei *Knochenschüssen,* so wie anderes Schalenwild zu zeichnen pflegt.
Sicheres Zeichen für einen Treffer ist auch das *Klagen.* Schwarzwild klagt nämlich verhältnismäßig häufig, und das nicht allein bei Laufschüssen und anderen Verletzungen eines Knochens, sondern oft auch bei schnell tötenden Kammerschüssen. Dies ist allerdings nicht immer der Fall, so daß es vorkommen kann, daß selbst bei derartigen Treffern Schwarzwild nicht klagt. Schwarzwild kann auch dann klagen, wenn ihm der Zugriff eines Hundes droht oder wenn es von einem Hund gepackt wurde, den es nicht mehr abzuschlagen vermag.
Um festzustellen, wo die Kugel sitzt, kann uns auch der *Kugelschlag* helfen. Weil man zur Jagd auf Schwarzwild meist größere Kaliber verwendet oder auch Flintenlaufgeschosse, ist der Schlag des Geschosses auf den Wildkörper besser hörbar als bei hochrasanten kleinkalibrigen Geschossen. Diesen Kugelschlag kann bei einiger Achtsamkeit jeder Schütze vernehmen, und so wird er zum sicheren Hinweis auf die Lage des Treffers.
Alois Mikula beschreibt in seinem Buch »Die Arbeit des Hundes bei der Jagd« den Kugelschlag folgendermaßen: »Bei einem Treffer auf die Kammer klingt

der Kugelschlag wie ein kräftiger Faustschlag auf den Körper des Wildes. Ähnlich klingt auch ein Schlegelschuß. Weichschüsse klingen dumpfer, von einem gewissen Schmatzen begleitet. Knochenschüsse vernimmt man als hartes Anklopfen, ähnlich dem Aufschlag eines Geschosses auf Holz. Sind beim Schwarzwild Muskelpartien getroffen, vernimmt man ein helles Klatschen. Je stärker ein Stück ist und je gröber das Kaliber, um so stärker der Kugelschlag. Bei Nebel ist er besonders gut zu hören.«

Schwarzwild beginnt gerade bei guten Schüssen erst nach einigen Fluchten vom Anschuß zu schweißen, und da pflegt zum Anfang verhältnismäßig wenig Schweiß zu liegen. Angeschweißtes Schwarzwild wechselt mitunter noch unglaublich weit. Fast immer flüchtet es so lange, bis die Kräfte schwinden. Darum sind Nachsuchen auf Schwarzwild, das nicht tödlich getroffen ist, sehr mühsam. Wie weit Schwarzwild auch mit guten Schüssen zu flüchten vermag, zeigen u. a. auch diese beiden Beispiele aus der Praxis:

Ein Überläufer wird nach dem Schuß flüchtig, ohne zu zeichnen. Am Anschuß fand man nur kurze Borsten, nach mehreren Metern Schweiß in der Fährte. Über 600 Meter erstreckte sich die Nachsuche. Der Schuß saß am Blatt, das Geschoß hatte die Lunge durchschlagen und die Leber berührt, ohne eine Rippe zu fassen. Und der zweite Fall: Ein Überläuferkeiler wird nach dem Schuß ohne sichtbares Zeichnen flüchtig. Der Anschuß bietet einige abgeschossene Borsten, die Fährte etwas dunklen Schweiß. Erst 400 Meter vom Anschuß wurde er gefunden, mit einem Leberschuß ohne Ausschuß.

Diese Beispiele zeigen die Lebenskraft und Zähigkeit des Schwarzwildes. Es vermag selbst nach tödlichen Verletzungen noch weite Strecken fortzuwechseln.

Soweit Schwarzwild im Schuß überhaupt zeichnet, tut es dies in vielen Fällen unterschiedlich von der Art, wie das übrige Schalenwild Treffer quittiert. Im Gegensatz dazu kann es aber auch Schußzeichen bieten, die selbst manchen erfahrenen Schwarzwildjäger stutzen lassen, wie z. B. folgendes: Ein Überläufer, in voller Flucht von der Kugel erreicht, stellt sich auf den Kopf wie ein rollierender Hase, bleibt am Kopf stehen, schlägt dabei mit den Hinterläufen und dreht sich. Das Geschoß hatte knapp hinter den Lichtern den Kopf durchschlagen.

Schwarzwild zeichnet etwa so:

Schuß ins Gehirn: Dabei stürzt es zu Boden und bleibt im Feuer.

Schuß auf das Haupt: Durchschlägt das Geschoß eine Schlagader oder das Gebrech *und* die Drossel, ist der Treffer tödlich. Bei getroffener Schlagader schweißt das Stück sehr stark. Ist der Kopf nur leicht getroffen, pflegt ihn das Stück schräg zu halten und zu schütteln. Ist ein Kiefer verletzt, versucht Schwarzwild, wenigstens in den ersten Stunden, den Schmerz dadurch zu mildern, daß es das Gebrech in feuchtem Boden, im Winter in Schnee kühlt. (Bloße Gebrechschüsse, also ohne gleichzeitige Verletzung von Schlagader oder Drossel, gehören zu den übelsten Schußverletzungen, ebenso wie Äserschüsse beim übrigen Schalenwild. Da Sauen wesentlich härter sind und als Nicht-Wiederkäuer lange Zeit Hunger

ertragen, haben sie bis zum endlichen Hungertod aber noch mehr und länger zu leiden.) Im allgemeinen sucht angeschweißtes Schwarzwild mit Vorliebe fließendes und stehendes Wasser auf. Im sumpfigen Wasser suhlt es gerne.
Schuß auf den Hals: Ist der Hals nur leicht getroffen, desgleichen auch bei Schüssen durch die Drossel, hält Schwarzwild den Kopf bei der Flucht ebenfalls schräg und schüttelt ihn. Bei einem Durchschuß des Schlundes liegt für gewöhnlich wenig Schweiß und dieser ist dunkel und schmutzig, denn es sind ihm meist Pflanzenteile beigemengt. Der Schweiß liegt in der Fährte. Im Gegensatz dazu schweißt Schwarzwild bei einem Wildpretschuß durchs Genick anfangs sehr, allmählich weniger, bis es ganz zu schweißen aufhört.
Kammerschüsse (Blattschüsse): Ein *hoher Blattschuß*, auf die Lunge, ist zwar tödlich, Schwarzwild vermag aber mit einer solchen Verletzung noch weite Strecken zurückzulegen. Die Nachsuche nach einem derart angeschweißten Stück ist wegen Mangel an Schweiß meist schwierig. Das Stück schweißt sehr wenig, weil der Schweiß im Körper verbleibt. Soweit er austritt, wird er zum Großteil von den Borsten aufgesogen. Der Schweiß ist dabei blaßrot und schaumig. Bei Hochblattschüssen überschlagen sich zumal junge Stücke häufig. Bei Lungendurchschüssen reißt Schwarzwild das Gebrech auf, schließt es aber sofort wieder, oder es senkt den Wurf zu Boden und wirft sich dann mit einer Flucht nach vorn. Dabei hat es dann den Kopf tief gesenkt, so daß es mit dem Wurf tief über den Boden dahinfährt.
Ähnlich wie das übrige Schalenwild, quittiert es *Herzschüsse* mit einer heftigen Flucht geradeaus, prallt dabei gegen Bäume und Sträucher, dabei blasen starke Stücke und schlagen hin und wieder mit ihrem Gewaff während der Flucht rund um sich. An Bäumen plätzen sie dabei die Rinde weg; dabei entstehen helle Schrammen, an denen Schweiß aus dem Gebrech haftet. Dies alles sind Zeichen tödlicher Verletzung. Bei Herzschüssen liegt nicht immer Schweiß am Anschuß, sondern erst in einer Entfernung von ein paar Schritten.
Leberschuß: Die Wirkung solcher Schüsse ist ähnlich jener bei Treffern in die Lunge. Sie hängt davon ab, in welchem Ausmaß die Leber zerstört wurde. Ist zugleich auch die *Milz* getroffen worden, schweißt das Stück stärker. In Ruhe gelassen, verendet es etwa nach 6 Stunden im Wundbett. Schweiß von der Milz ist braun, dick bis klebrig.
Weidwundschüsse: Auf einen Weidwundschuß zeichnet Schwarzwild normalerweise nicht, und wenn, dann kaum erkennbar. Lediglich einen Treffer in die Weichen, in die Dünnungen, quittiert schwaches Schwarzwild mit dem Ausschlagen der Hinterläufe. und das nicht immer. Nach einem Weidwundschuß flüchtet Schwarzwild so, als wäre es gesund, und verliert für gewöhnlich sehr wenig Schweiß. Sehr langsam wird es krank, weswegen man einige Stunden warten muß. Müden wir weidwund geschossenes Schwarzwild vorzeitig auf, geht es viele Kilometer und sucht kein Wundbett mehr auf. Der Schweiß ist dabei wäßrig, grünlich oder bräunlich.

Nierenschuß: Dabei kommt es darauf an, in welchem Maße die Nieren zerstört sind und welche Organe überdies noch in Mitleidenschaft gezogen sind. Für alle Fälle bedarf ein so getroffenes Stück Schwarzwild einer beachtlichen Wartezeit, um ordentlich krank zu werden. Der Schweiß ist dabei von dunkelroter Farbe und fällt in großen Tropfen.
Schüsse auf die Wirbelsäule: Wurde das Rückgrat durchschossen oder das Rückenmark verletzt, bleibt Schwarzwild am Platz. Es setzt sich dabei auf die Keulen, dabei hebt es den Wurf und öffnet für eine Weile das Gebrech.
Bei einem Treffer in einen oberen *Wirbelfortsatz* (Feder, Dorn) oder bei einem Schlag an den Wirbel von unten geht Schwarzwild auch zu Boden, bald aber wird es wieder hoch und flüchtet. Da ist es nötig, schnell entschlossen einen guten Fangschuß anzubringen, andernfalls ist jede Nachsuche vergebens, wie dies bei Krellschüssen auch bei anderem Schalenwild zu sein pflegt.
Schüsse spitz von vorn oder hinten: Hierbei ist entscheidend, ob und wie dabei lebenswichtige Organe getroffen wurden. Demgemäß wird Schwarzwild reagieren und schweißen.
Laufschüsse: Wenn Schwarzwild im Schuß einknickt, ist dies ein Zeichen dafür, daß ein Lauf abgeschossen wurde. Bei *Vorderlauf*schüssen wird es sich unverzüglich zusammenreißen und so schnell wie ein gesundes Stück flüchtig werden. Dabei legt es den abgeschossenen Lauf an; sobald es dann in Troll oder Schritt übergeht, wird er nachgeschleppt.
Ist ein *Hinterlauf* abgeschossen, zeichnet Schwarzwild merkbarer und um so deutlicher, je höher der Laufknochen abgeschlagen wurde. Nach einer solchen Verletzung zieht Schwarzwild schwerfällig fort, trotzdem häufig sehr weit.
Bei einem reinen Wildpretschuß auf den *Schlegel* schweißt Schwarzwild zu Beginn sehr kräftig, allmählich weniger, bis es völlig aufhört Schweiß zu verlieren. Bei Knochenschüssen liegt selbstverständlich wenig Schweiß.
Nachsuche auf Schwarzwild mit Laufschuß ist in jedem Fall mühevoll, weil sich ein Stück mit dieser Verletzung nicht gern stellt, eigentlich nur dann, wenn es keine andere Möglichkeit mehr hat. Dabei stellt es sich eher einem kleinen als einem großen Hund.
Schmerzhafte Treffer: Wir haben bereits erwähnt, daß Schwarzwild auch dann oft *klagt,* wenn es nicht an einem Knochen getroffen ist.
Streifschüsse und Fehlschüsse: Solche Schüsse zeigt Schwarzwild zuverlässig mit seinem Pürzel an. Ein angeschweißtes Stück erkennen wir leicht daran, auch wenn es mit der Rotte flüchtet, daß es den Pürzel hängen läßt. Gesunde Schwarzkittel tragen den Pürzel bei der Flucht hochgereckt.

Am Anschuß
Knochensplitter

Auf der Schweißfährte

Haben wir nach Prüfen des Anschusses und Ablauf der angemessenen Wartezeit unseren Hund zur Schweißfährte gelegt, gehen wir ähnlich vor wie bei der Nachsuche auf Rotwild. Die Fährte verfolgen wir mit dem Hund am Riemen möglichst nur in übersichtlichem Gelände. Führt die Schweißfährte in eine Dickung, so sollten wir diese zunächst *umschlagen,* um den Auswechsel zu finden. Steckt das kranke Stück noch in der Dickung, und ist damit zu rechnen, daß es noch nicht verendet ist, so sollte die Dickung mindestens an den Hauptwechseln mit Schützen umstellt werden, bevor wir die Nachsuche fortsetzen. Wir können dann mit erhöhter Vorsicht am Riemen weiter nachhängen oder den Hund gleich am Einwechsel in die Dickung schnallen.
Schwarzwild zu hetzen und dann zu stellen, ist immer gefährlich für den Hund. Haben wir uns zur Hatz entschlossen, nehmen wir unserem Hund die Halsung ab und geben ihn frei. Sobald wir seinen Standlaut hören, eilen wir zu ihm. Dabei mache ich abermals ausdrücklich darauf aufmerksam, daß wir uns dem Standlaut nur *schußfertig* nähern dürfen, und nur unter *gutem Wind,* absolut *leise* und unbeobachtet. Wenn nämlich der Hund unsere Gegenwart bemerken

Zügige Riemenarbeit mit dem Gebirgsschweißhund auf überschneiter Schweißfährte

sollte, würde er seine Aufmerksamkeit uns und nicht der Sau zuwenden, was ihm leicht das Leben kosten könnte. Ein blitzschneller Ausfall des Keilers würde nicht lange auf sich warten lassen. Würde aber das Stück Schwarzwild unsere Gegenwart wahrnehmen, könnte es uns angreifen. Deshalb ist es außerordentlich wichtig, daß weder der Hund noch das kranke Stück von unserer Annäherung etwas bemerkt. Nur wenn unser Hund mit seinen Attacken auf die Sau so beschäftigt ist, daß er ihr allein seine ganze Aufmerksamkeit zuwenden muß, können wir uns mit langsamen Bewegungen auf den Fangschuß vorbereiten und im geeigneten Augenblick schießen.

Haben wir die Sau ordentlich krank werden lassen, können wir uns auch mit dem Hund am Riemen ihrem Wundbett nähern. Auch Schwarzwild sitzt im Wundbett wie Rotwild, d. h. mit dem Haupt der Richtung zugewandt, aus der es gekommen ist. Ist es weidwund geschossen, hat es normalerweise den Kopf auf den Boden gelegt und hebt ihn erst, nicht immer, bei unmittelbarer Gefahr. Befinden wir uns also in Nähe des Wundlagers, dürfen wir mit dem Fangschuß nicht zögern. Sobald uns der Keiler eräugt, windet oder vernimmt, zögert er nicht und wird unter Wetzen und Blasen hoch. In diesem Augenblick müssen wir schon schießen.

Steckt ein krankes Stück in einer Dickung, kreisen wir diese ein und bestätigen mit unserem Hund am Riemen, daß sich das Wild noch in der Dickung aufhält. Dann schnallen wir unseren Hund auf der Fährte und warten am Dickungsrand ab. Sobald er das Stück zu verbellen beginnt, versuchen wir den Bail unter

Beobachtung größter Lautlosigkeit und Vorsicht zu erreichen, um einen guten Fangschuß anzubringen.
Begreiflicherweise ist es weitaus schwieriger als im freien Gelände, sich einem in der Dickung steckenden Wild zu nähern und einen guten Schuß anzubringen. Nachteilig wirken sich dabei verschiedene Hindernisse, schlechtere Erkennbarkeit, die verhältnismäßig kurze Schußentfernung, die Bewegungen des kranken Stückes und des Hundes aus.
So verhalten wir uns, wenn wir einen Stöberhund, Terrier oder Dackel haben. Führen wir aber einen Schweißhund oder einen Vorstehhund, schnallen wir ihn nicht auf der Fährte einer stärkeren Sau in die Dickung. Solche Hunde führen wir auf Schwarzwild, wie bereits erwähnt, grundsätzlich am Riemen und lassen

Am frischen Wundbett: Schnallen zur Hatz

Zur Strecke gebracht

sie möglichst nicht frei arbeiten. Würden sie aber nun in der Dickung nach herkömmlicher Weise am Riemen arbeiten, wäre dies für den Hund wie für uns selbst höchst gefährlich. Entschließen wir uns also, der Schweißfährte am Riemen in eine Dickung nachzuhängen, müssen wir folgendermaßen vorgehen:
Vor dem Eintritt in die Dickung nehmen wir dem Hund die Halsung ab, stecken sie in die Tasche und legen beide Enden des Schweißriemens in die linke

Hand. So bildet der Riemen eine große Schlinge, die wir unserem Hund um den Hals legen. Der Hund wird sich in den Riemen legen, der nun nur noch die Hälfte der ursprünglichen Länge aufweist, und so dringen wir langsam in die Dickung ein. Sobald wir uns nun der im Lager sitzenden Sau nähern, die wir entweder sehen oder hören, lassen wir sofort beide Enden des Schweißriemens fahren und geben damit dem Hund wie uns Bewegungsfreiheit. So wird der Hund beweglicher, verstrickt sich nicht in den Riemen und kann ausweichen. Wir bereiten uns derweil zum Fangschuß vor und haben auch dann Erfolgsaussichten, wenn uns der Keiler annehmen sollte. Dies alles hängt natürlich sehr von den Gelände- und Bewuchsverhältnissen ab. Aber selbst bei günstigster Situation sind, wie die Praxis lehrt, Überraschungen nicht ausgeschlossen. Das alles müssen wir bedenken, ehe wir uns dazu entschließen, mit einem Schweißhund oder Vorstehhund eine in der Dickung im Wundbett sitzende grobe Sau aufzusuchen.

Hat ein anderer Jäger das kranke Stück angeschweißt und begleitet er uns dann entweder allein oder mit weiteren Jägern bei der Nachsuche, wartet der Hundeführer mit seinem Hund (Stöberhund, Terrier oder Dackel) an der Stelle, wo die Sau in die Dickung gewechselt ist, bis sich die übrigen Schützen an den Hauptwechseln vorgestellt haben. Dann erst schnallt der Hundeführer seinen Hund und macht sich selbst schußfertig. Bricht die Sau nicht aus der Dickung und bannt sie der Hund an den Platz, hat der Hundeführer das Recht vorzugehen, sich dem Standlaut zu nähern und den Fangschuß zu geben. – *Grundsätzlich gilt bei jeder Nachsuche, daß* nur *der Hundeführer den Standlaut angehen darf, um den Fangschuß zu geben. Alle übrigen Schützen haben – genau wie bei einer Treibjagd – unbedingt auf ihrem Stand zu verbleiben und dürfen nur schießen, wenn ihnen das Wild anläuft.* Jedes andere, eigenmächtige Verhalten der vorgestellten Schützen würde schwerste Unfallgefahren hervorrufen.

Aus der Praxis für die Praxis

Ungeduld bringt Mißerfolg

Die eigentlichen Schweißhunde, das sind der Hannoversche und der Gebirgsschweißhund, zumal wenn sie älter sind und dabei natürlich richtig abgerichtet und geführt, wissen sich mit den verzwicktesten und längsten Nachsuchen Rat, auch dann, wenn die Fährten des angeschweißten Wildes 24, 30, ja 40 Stunden alt und älter sind. Das kann man von den meisten übrigen Jagdhunden, die viel für freie Verlorensuche verwendet werden, nicht behaupten. Nur solche Hunde, die nach dem Vorbild der eigentlichen »Spezialisten« auf diesem Gebiet abgerichtet und geführt werden, gelangen unter Führung erfahrener Rüdemänner zu Leistungen, die jenen der Schweißhunde nahekommen. Leider sind solche Hunde mehr oder weniger Ausnahmen, wenngleich sie doch die Regel sein sollten. Nach meiner Ansicht ist solche Minderleistung im wesentlichen dadurch verursacht:
Die Hunde werden meist auf *zu warmen* Fährten gearbeitet, soweit man sie überhaupt auf Fährten gesunden Wildes abrichtet. Auch künstliche Schweißfährten – was ich als den Hauptfehler ansehe – werden *viel zu frisch* gearbeitet. Es wird, wenn überhaupt, zu wenig lang gewartet, bevor eine Nachsuche begonnen wird. Vor allem Anfänger und weniger erfahrene Hundeführer machen häufig den Fehler, daß sie ihren Hund zu bald zur Fährte des angeschweißten Wildes legen. Zu dieser Unüberlegtheit werden sie von der Ungeduld verführt, schnell zu erfahren, wie sie mit ihrem Jagderfolg dran sind, oder sie tun es aus Sorge, ihr Hund könnte später die Fährte nicht mehr erfolgreich zu Ende bringen. Das Ergebnis ist in der Regel genau das Gegenteil, nämlich der Verlust des Stückes. Das Wittrungsvermögen unserer Jagdhunde ist nämlich durchaus so fein, daß sie ohne weiteres auch Fährten zu arbeiten vermöchten, die 30 und mehr Stunden alt sind. Dazu bedarf es lediglich einer geeigneten Abrichtung und richtigen Führung.
Das beweisen viele Ergebnisse aus der Praxis, Erfolge und Mitteilungen von Hundeführern, die mit ihren Hunden auf künstlichen Schweißfährten gearbeitet haben, die älter als 30 Stunden waren. Nicht zuletzt die Ergebnisse der Verbands-Schweißprüfungen (VSwP) in den letzten 15 Jahren haben bewiesen, daß Hunde aller Rassen, entsprechende Einarbeit und Förderung vorhandener Anlagen vorausgesetzt, zu Leistungen auf bis zu 48 Stunden alten künstlichen

Schweißfährten fähig sind, die man ihnen früher nicht zugetraut hätte. Solche Einarbeit und Übung ist aber eine Grundvoraussetzung für dementsprechende Bewährung in der Praxis, auf der natürlichen Wundfährte.
Solche Hunde bedürfen selbstverständlich einer richtigen Führung und müssen auch die Gelegenheit bekommen, sich in dieser Arbeit unter verschiedenen Bedingungen regelmäßig zu bewähren, denn die Praxis ist für jeden Jagdhund, gleich welcher Verwendungsart, die beste Lehrmeisterin.
Die Praxis ist auch die beste Schule jedes Jägers und Hundeführers. Nur ist dabei doch ein gewisser Unterschied. Während unser Hund nur auf seine eigene Praxis angewiesen ist, sammelt der Hundeführer auch Erfahrungen aus der Arbeit anderer Kollegen, soweit sie ihm zur Kenntnis gelangen. Beinahe jede Nachsuche bringt interessante und lehrreiche Erkenntnisse. Auch erfahrene Jäger und Rüdemänner finden dabei manches Lehrreiche, sei es auf dem Gebiet der Schußwirkung, der Schußzeichen und des Verhaltens des Wildes, des Fährtenlesens u. ä. Um wieviel nützlicher und lehrreicher ist dann der Verlauf einer solchen Nachsuche für den weniger erfahrenen Führer, vorab für den Anfänger.
Aus diesem Grunde erwähne ich nun einige interessante Arbeiten auf der Rotfährte.

Ein Meisterstück

Ein Hirsch, den mein Freund am Abend weidwund geschossen hatte, war in einen Hang gezogen, in dem immer nur nach mehreren zehn Metern ein Tropfen Schweiß zu finden war und wo in der Nacht lebhafter Brunftbetrieb geherrscht hatte. Die Nachsuche konnte erst am nächsten Morgen beginnen, und zwar mit einem bekannten Schweißhund, den seinerzeit der verdienstvolle Rüdemann und hirschgerechte Jäger Forstverwalter F. Konrád abgeführt und durch umsichtiges Eingehen auf seine Eigenart zu Leistungen unvorstellbarer Virtuosität gebracht hatte.
Vom Anschuß an hatte sich »Harras« in die Richtung gewandt, die der beschossene Hirsch eingeschlagen hatte. Kein einziges Mal hatte er sich geirrt oder hätte, um die Fährte wieder zu finden, umkehren müssen. Dann kam eine Stunde, die uns vorkam wie das Durchtasten durch einen Irrgarten. Der Hirsch aber war in seltsamen Windungen ohne Unterbrechung weitergezogen, wobei er sich in der Luftlinie nicht besonders weit vom Anschuß entfernte. Irrtümlicherweise kam ich dadurch zur Vermutung, »Harras« hätte noch andere Fährten angefallen und sich von der Fährte des kranken Hirsches abbringen lassen, denn überall fanden sich Sprengfährten von dem nächtlichen Brunftbetrieb. Aber der Hundeführer legte ausdauernd und ruhig Bruch für Bruch an jene Stellen, wo sich dann und wann doch ein Tröpfchen Schweiß zeigte.

Der Hund, seiner Sache völlig sicher, tüftelte hartnäckig bergauf, bergab im Hang die Fährte aus. Es war dies eine bewunderungswürdige Leistung, und nach einigen Kilometern fanden wir schließlich den Hirsch in einem Hohlweg verendet vor, an einem Platz, wo ihn, in Anbetracht der Lage des Anschusses, niemand gesucht hätte. Er war noch warm und geschmeidig und war offenbar erst knapp vorher verendet. Hundertfünfzig Kilogramm Wildpret und eine hervorragende Trophäe waren der Lohn dafür, was ein vollendet abgerichteter und gut geführter Schweißhund mit seinem Führer, mit dem er vollkommen eingespielt ist, auch unter schwierigsten Umständen zu leisten vermag.

Freie Suche

Im Morgendämmer hatte ich hastig einem Rehbock die Kugel angetragen, der im Einziehen war und in schräger Richtung über eine kleine Wiese einem dichten Jungwuchs zustrebte. Ohne besonderes Zeichnen sprang der Rehbock ab. In der Dickung aber klapperten mit einem Male Steine, was bei einem gesund flüchtigen Stück selten vorkommt, da es Hindernissen, wie z. B. einem Haufen Steine, die man von der Wiese in den Wald getragen hatte, ausweicht. Schweiß war keiner zu finden. Der Forstverwalter aber holte für alle Fälle seine berühmte Kurzhaarhündin »Afra«.

Die hocherfahrene und bewährte Hündin war es gewohnt, auf Rehwild vom Anschuß an in freier Suche der Rotfährte zu folgen, also ein Verfahren, das besondere Erfahrung voraussetzt und das deshalb für Anfänger und weniger intensiv eingearbeitete Hunde keinesfalls zu empfehlen ist.

Vom Anschuß weg, an dem sie nach etwa zwei Stunden angesetzt worden war, verschwand sie eilig in die Dickung – und dann war Stille. Wir warteten über eine halbe Stunde.

»Der ist offensichtlich gefehlt«, meinte der Förster. »Gehn wir heim!« Kaum gesagt, ertönte vom benachbarten Tal die tiefe, heisere Klage eines offenbar älteren Stückes Rehwild.

»Afra« hatte die Wundfährte unbeirrt gehalten und ohne Rücksicht auf Entfernung und Zeit das Stück gefunden. Sie faßte den Rehbock, der tatsächlich noch lebte, am Rand eines Haferfeldes, wo er ins Wundbett gegangen war. Bei näherer Untersuchung zeigte sich ein Schußbruch im Bereich des Sprunggelenkes am Vorderlauf.

Kurz vor der Blattzeit begegnete mir ein noch grauer Bock, der aus einem Altholz herausäugte. Es blieb nichts anderes übrig, als einen Schuß in den steilen Hang zu riskieren, andernfalls könnte der Bock im nächsten Moment im Wirrwuchs des Unterholzes verschwinden. Auf einigen Blättern fand ich dann leicht abgestreiften Schweiß, der allerdings bald aufhörte. Der Bock war in eine un-

durchdringliche Dickung geflüchtet, durch die es einfach unmöglich war, einem Hund am Riemen zu folgen.
Mein Freund Dr. Kolař nahm daraufhin seinem Cockerspaniel »Misko« die Halsung ab und setzte ihn am letzten Schweiß an. Es dauerte nicht lange und der Hund verbellte den in der Dickung gestellten Bock.
Man konnte aber nicht hineinsehen, ja nicht einmal auf den Knien hätte es einer geschafft, zu dem kranken Bock vorzudringen, ihm den Fangschuß zu geben oder ihn abzunicken. Nach fünf Minuten bewegte sich der Rehbock bergab zum Fluß, durchrann ihn und verschwand im jenseitigen Kiefernwald, der durchsetzt war mit vergrasten Inseln und Bombentrichtern aus dem letzten Krieg. Diese Krater waren dicht von Gestrüpp überwuchert. Aber nirgendwo Schweiß! Nicht einmal auf einem lehmigen Waldweg fanden wir Eingriffe. Der Hund hatte am Fluß den Anschluß verloren und sich wieder bei uns eingefunden.
So wurde es nötig, den Cocker zum Fluß zurückzuführen und ihn auf der trockenen Nadelstreu vorsuchen zu lassen. Das war nicht einfach, zumal über dieses Gelände am Morgen auch anderes Wild gewechselt war. Nach zwei Versuchen fiel der Hund energisch eine Fährte an, die aber zu unserer Verwunderung hangaufwärts führte. Die Hoffnung, den angeschweißten Bock zur Strecke zu bringen, sank abermals, denn ein ernsthaft krankes Stück zieht gewöhnlich lieber in eine Mulde, zum Fluß oder in die nächste dichte Deckung.
Und dann ging es zwischen Gruppen von Sträuchern im Zickzack, bis dann mit einem Male »Misko« konzentriert über den Rand einer tiefen Grube, eines Bombenkraters, markierte und erstarrte. Also war doch noch nicht alles verloren. Der Rehbock hatte sich in die Sträucher eingestellt und es war völlig unmöglich festzustellen, was für einen Schuß er hatte. Was bleibt da zu tun?
Während wir noch so zu Rate gingen, verzog sich der Bock kaum hörbar auf der uns abgewandten Seite aus der Kuhle und verschwand abermals. Dies ließ aber der inzwischen wieder an den Riemen gelegte Cocker nicht zu und drückte in mir, der ich inzwischen die nächste Deckung umgangen hatte, langsam zu. Auch dieser Rehbock – den meine Kugel hochblatt getroffen hatte, wie dies häufig dann zu sein pflegt, wenn das Stück bis zum Rücken in hohem Kraut steht – wäre ohne diesen Cockerspaniel hoffnungslos verloren gewesen.
Prof. Dr. Wenzel Dyk, der Autor dieser beiden Schilderungen über freie Nachsuchen, fügt hinzu: »Vom Schweißhund über den Vorstehhund bis zum Cockerspaniel kann jeder voll leistungsfähige Hund außerordentlichen Anforderungen gerecht werden, kann den Prozentsatz unnötiger Verluste reduzieren und vermag unvergeßliche Trophäen zu bewahren. Die Jagd auf Schalenwild ohne einen zuverlässigen Gehilfen ist in Wahrheit wirklich nur das halbe Erlebnis.« Mit diesem Wort stimme ich voll und ganz überein. Und was in dieser Hinsicht ein kleiner Foxterrier zu leisten vermag, das schildert die nächste Beschreibung einer Nachsuche mit hohen Anforderungen auf einen starken Keiler, die uns Förster Oldřich Suchý beschrieben hat.

An wehrhaftem Wild

Gegen Morgen war etwa 15 Zentimeter Neuschnee gefallen. Als ich in die Kanzlei der Forstverwaltung kam, erfuhr ich, daß ein starker Keiler gekreist sei. Es war bereits nach zwei Uhr nachmittags, als wir die etwa acht Hektar große Dickung zum Teil umstellt hatten. Ein Forstwart ging andrücken, der Revierförster und der zweite Forstwart waren im Hang hinter Streuhaufen postiert, ich am oberen Rand der Dickung. Etwa nach einer Stunde hörten wir Rufen, es kam vom Weg in der Mulde. Ich ging hinunter, wo die anderen bereits standen. Der Keiler war nicht ausgewechselt. Im Treiben gab es eine Fülle von Fährten des Keilers, ihn aber herauszudrücken, war nicht gelungen.
Der völlig durchnäßte Forstwart wollte heimgehen. So bot ich mich an, es zu versuchen. Beide Forstwarte schickte ich in den Hang und den Förster an den Weg am unteren Ende des Treibens. Eine Weile wartete ich ab, dann drang ich in die Dickung ein. Nach etwa zwanzig Minuten kam ich zu einem Lager und ein Stück weiter zum zweiten, das noch warm war. Die Fährte führte bergab zum Weg. Auf ihr spürte ich weiter. In dem Augenblick fiel unten im Tal ein Schuß, dann ein zweiter und dritter. Eilig erreichte ich den Weg, auf dem mir der Förster von unten entgegenkam. Er berichtete, er habe auf etwa achtzig Schritt auf den Keiler geschossen. Der Basse sei hochflüchtig dahergekommen. Mit dem ersten und zweiten Schuß habe er gefehlt, nach dem dritten Schuß aber sei das Stück seltsam eingeknickt. Am Anschuß war der Förster noch nicht gewesen, hatte aber dort, wo der Keiler einen Graben überfallen hatte, Schweiß gefunden.
Wir untersuchten den Anschuß. Dort lag ziemlich viel hellroter Schweiß. Im weiteren Verlauf der Fährte Eingriffe von nur drei Läufen. Inzwischen waren die anderen gekommen, und gemeinsam gingen wir dann der Schweißfährte entlang zum »Ersten Tal«, wo wir annahmen, daß unser Keiler in der großen, sehr verfilzten Dickung stecken dürfte. Schließlich mußten wir aber feststellen, daß er diese Dickung nur durchwechselt, die Straße überfallen und Richtung auf einen Fichtenbestand genommen hatte. Es begann bereits zu dämmern, und so gingen wir dem Talweg entlang zur Straße und heimwärts. Schließlich lag ja Schnee, und am nächsten Morgen konnten wir den Bassen leicht nachsuchen.
Über Nacht schneite es dazu. Ich machte mich für die Nachsuche zurecht. Ich nahm meinen Foxterrier »Elan« und Vlada seine Jagdterrierhündin »Aida«. Wir erreichten den Ort der gestrigen Ereignisse. Die Fährte war stellenweise zugeschneit. »Elan« wurde angelegt und verfolgte sie, stellenweise markierte er Schweiß. Der Keiler hatte aber auch die Fichtenabteilung durchwechselt, über die Straße zur »Steinernen Hütte«, hatte den Kamm überquert und Richtung auf das »Storchennest« genommen. Dann schlug er einen Haken nach rechts, den Hang entlang, wechselte etwa einen Kilometer nach der Schichtlinie und wandte sich dann zu Tal. Dort überquerte er den »grünen Weg«, machte unten am Fluß

Mit zornig gesträubten Borsten wehrt die Sau den stellenden Hund ab.

wieder kehrt und zog zum »Museumschlag«. Dort kam ein anderes Schwein auf seine Fährte, die uns schließlich in eine große, sehr dichte Fichtenabteilung führte. In diese Dickung einzudringen war unmöglich. Wir kreisten sie ein und stellten fest, daß nur eine Fährte wieder herausführte.

Weil diese Parzelle die Form eines Dreiecks hatte, stellten wir uns jeder an eine Seite, und nach Verabredung schnallte Vlada seine »Aida«. Etwa nach fünf Minuten meldete sich der Hund. Es war dies allerdings weder Standlaut noch Hetzlaut. Nach der schnellen Platzveränderung des Hundes schlossen wir, daß er kein Schwarzwild hetzte. Als es dem Hündchen nach etwa einer halben Stunde immer noch nicht gelungen war, das Wild aus dem Jungwuchs herauszujagen, entschloß ich mich, meinen »Elan« zu schnallen. Ich legte ihn zur Fährte, nahm ihm die Halsung ab und rüdete ihn an. Daraufhin verschwand der Hund unter den Fichtenschirmen. Nach einer Weile ertönte sein regelmäßiger und tiefer Standlaut. Ich wartete, aber sein Verbellen tönte stets vom gleichen Platz.

Daraufhin drang ich in die Dickung. Es war sehr schwierig voranzukommen. Stellenweise mußte ich auf den Knien verschneite Äste unterkriechen. Es ging mir viel zu langsam. Währenddem meldete andauernd mein braver Hund. Nach einigen Minuten war ich endlich bis etwa auf fünfzehn Schritt herangekommen. Ich entsicherte den Drilling, rückte noch ein paar Schritte näher, da sah ich »Elan«, der auf kurze Entfernung den Bassen verbellte, der sich in einer kleinen Mulde eingeschoben hatte. Nur der rückwärtige Teil seines Rückens, der unter einer verschneiten Jungfichte hervorragte, war zu erkennen. Da hatte mich

Große, schwere Hunde werden dabei mehr gefährdet als kleine, wendige Teckel oder Terrier.

»Elan« gesehen und griff den Schwarzkittel an den Keulen an. Blitzschnell wandte sich der Keiler und nahm den Hund an. Der wich aus und lief direkt zu mir. In wenigen Sekunden war der Basse auf drei Schritte heran. Vorbereitet war ich darauf, und so blieb nichts anderes übrig, als spitz zu schießen. Zuerst die Kugel und fast gleichzeitig das Flintenlaufgeschoß aus dem linken Lauf. Die Schüsse klangen wie einer.

Die furchtbare Gewalt warf den angreifenden Keiler zurück. Der mächtige Wildkörper überschlug sich und rutschte langsam von einer Bodenerhebung herunter. Sofort war der Hund über ihm und zerrte ihn wütend. Als er daraufhin zu walgen anfing, verbellte er ihn von neuem. Dann verfing sich die Sau an einem Stämmchen, ihre Bewegungen ließen nach bis sie erloschen; der Basse war verendet. Nur »Elans« Knurren war noch zu hören. Ich rufe nach dem Förster. Inzwischen untersuchte ich den Keiler. Ein starkes hauendes Schwein, kohlschwarz mit herrlich leuchtendem Gewaff, wie es bisher hier sehr selten erbeutet worden war.

Der Förster kam heran, und gemeinsam zogen wir den Bassen aus der Dickung. Das war eine sehr harte Arbeit, denn er wog 125 Kilogramm! Endlich hatten wir ihn unten am Weg. Hinter uns war im Schnee eine tiefe rote Rinne geblieben. Dann erst konnten wir das Stück untersuchen. Gestern hatte ihm der Förster einen Hinterlauf sehr tief durchschossen. Damit war der Keiler mehr als sieben Kilometer gegangen, ehe er ein Wundbett annahm. Die Fangschüsse lagen auf der Stirn, fünf Zentimeter voneinander entfernt.

Anhang

Die folgenden Auszüge aus den Prüfungsordnungen für *Verbands-Gebrauchsprüfungen (VGP)* und für *Verbands-Schweißprüfungen (VSwP)* des Deutschen Jagdgebrauchshund-Verbandes sollen dem Jäger und Hundeführer zeigen, welche Leistungen von unseren Jagdgebrauchshunden bei der Arbeit auf der Schleppe von Niederwild und auf der künstlichen Schweißfährte als Vorbereitung auf den Einsatz in der Praxis verlangt werden. Einen Hund auf diese Prüfungen vorzubereiten, heißt gleichzeitig auch, ihm das Rüstzeug für den »Ernstfall« im Revier zu vermitteln. Natürlich muß zur schulmäßigen Abrichtung und zum Prüfungserfolg noch stetige praktische Erfahrung, »leistungsfördernde Führung« kommen, wenn Höchstleistungen auf natürlicher Wundspur und Schweißfährte erreicht werden sollen.

Ähnliche Anforderungen wie die hier aufgeführten werden in den entsprechenden Prüfungsordnungen für Gebrauchs- und Schweißprüfungen auch von den Spezialzuchtvereinen für Stöberhunde, Erdhunde und Bracken gestellt.

VGP – Haarwildschleppe

Die Arbeit auf den Haarwildschleppen wird mit Fuchs und mit Hase oder Kanin geprüft.

Das Wild wird von dem mit etwas Bauchwolle bezeichneten Anschuß möglichst mit Nackenwind an einer Leine mindestens 300 m weit mit Einlegung von zwei Haken geschleppt. Dann wird das geschleppte Stück bzw. ein frisches Stück der gleichen Wildart niedergelegt.

Die Haarwildschleppen gehören zur Waldarbeit, sie sind daher im Wald zu legen.

Die Schleppen sind für jeden Hund unmittelbar vor seiner Prüfung von einem Richter herzustellen, sie sollen möglichst gleichwertig sein.

Das zum Bringen bestimmte Stück darf am Ende der Schleppe nicht in eine Bodenvertiefung oder hinter einen Baum gelegt werden.

Nach dem Auslegen des frischen Stückes hat sich der Schleppenzieher in Verlängerung der Schleppe zu entfernen und sich so zu verbergen, daß er vom Hunde

nicht eräugt werden kann. Dort muß er das geschleppte Wild sofort von der Schleppleine befreien und frei vor sich hinlegen. Er darf dem Hunde nicht verwehren, das geschleppte Stück zu bringen, falls dieser zu ihm kommt und es zum Bringen aufnimmt.
Der Führer kann verlangen, daß seinem Hund das geschleppte Stück zum Bringen niedergelegt wird. Falls er hiervon Gebrauch machen will, hat er dies den Richtern vor Beginn der Arbeit mitzuteilen.
Das zur Schleppe verwandte Haarwild soll möglichst frisch geschossen sein. Vor allem soll das niedergelegte Stück sauber und darf nicht unansehnlich sein.
Der Führer darf die ersten 20 m der Schleppe am Riemen arbeiten, dann muß er den Hund schnallen und stehenbleiben. Danach darf er den Hund lediglich durch Bringbefehl beeinflussen.
Unter Arbeit auf den Schleppen ist zu beurteilen, ob und wie der Hund die Schleppe in nasenmäßiger Verbindung zu ihr hält, ob er finden und bringen will und ob er das Wild seinem Führer überhaupt zuträgt.
Der Führer darf seinen Hund im ganzen dreimal auf den Schleppen ansetzen. Ein Hund, der ein Stück Nutzwild beim erstmaligen Finden nicht bringt, scheidet aus der Prüfung aus.

VGP – Verlorenbringen von Federwild

Die Arbeit am geflügelten Huhn (Fasan) ist zu bewerten, wenn der Hund das Geläuf eines geflügelten Huhns (Fasans) ausarbeitet, das Huhn (Fasan) findet und seinem Führer bringt. Das Verlorensuchen und -bringen eines frisch geschossenen Huhns (Fasans) ist zu bewerten, wenn das Huhn (Fasan) in eine Deckung fiel, ohne daß der Hund das Fallen eräugte.
Für diese Prüfung wird dem Führer die ungefähre Stelle bezeichnet, an der das Huhn (Fasan) fiel. Der Führer hat seinen Hund etwa 40 m vor dieser Stelle zum Verlorensuchen zu schnallen und darf hinter dem quer suchenden Hund hergehen. Der Hund soll – wie beim Buschieren – kurz vor dem Führer suchen und soll durch beherrschte Gangart und Gebrauch seiner Nase erkennen lassen, daß er verlorenfinden will.
Die Bewertung dieser Leistung soll sich danach richten, wie sich der Hund auf diese Aufgabe einstellt. Falls der Hund weder ein geflügeltes Huhn (Fasan) auf dem Geläuf ausarbeitete noch ein frisch geschossenes Huhn (Fasan) verlorenfand und seinem Führer brachte, muß seine Leistung im Bringen von Huhn (Fasan) auf der Schleppe geprüft werden.
Diese Schleppe ist von einem Richter 200 m weit auf bewachsenem Boden mit Nackenwind unter Einfügung von zwei stumpfwinkligen Haken zu legen. Der Hund darf das Legen der Schleppe und das Verstecken des Richters nicht äugen können.

An das Ende der Schleppe muß der Richter das möglichst frisch geschossene Huhn (Fasan) frei – nicht verdeckt oder in eine Bodenvertiefung – ablegen. Danach hat er sich in gerader Verlängerung der Schleppe zu entfernen und so zu verbergen, daß ihn der arbeitende Hund nicht eräugen kann. Im übrigen sind die Bestimmungen für die Arbeit auf den Haarwildschleppen sinngemäß zu beachten.

Verlorenbringen auf natürlicher Wundspur

Die Verbandsvereine können die Ergebnisse der Verbands-Gebrauchsprüfungen durch Prüfungen im Verlorenbringen auf der natürlichen Wundspur des Hasen oder Fuchses ergänzen. Diese Prüfungen müssen gelegentlich einer Jagd (Treibjagd, Suchjagd usw.) erfolgen.

Das Ideal eines Verlorenbringers ist der Hund, der, auf die Wundspur eines bei der Jagd krankgeschossenen Hasen oder Fuchses gesetzt, der kranken Spur folgt, bis er den verendeten Hasen (Fuchs) auf der Spur findet oder den sich drückenden Hasen (Fuchs) sticht, ihn energisch hetzt und greift und den gefundenen oder gegriffenen Hasen (Fuchs) schnell und sicher seinem Führer bringt.

Es kann nur die sichere und willige, an Haltung und Benehmen des Hundes erkennbare Arbeit auf der Wundspur, nicht aber das Bringen nach Freiverlorensuche für das Bestehen dieser Prüfung gewertet werden.

Nachdem der Hund mit entsprechendem Kommando auf der Wundspur angesetzt ist, sind weitere Zurufe oder Befehle nicht gestattet. Eine Arbeit ist nur dann als ausreichend für das Bestehen dieser Prüfung anzusehen, wenn der Hund dem kranken Hasen (Fuchs) auf der Spur mindestens 300 m gefolgt ist. Grundsätzlich soll der Hund zwei Arbeiten von mindestens 300 m Länge auf der Spur leisten, jedoch kann auch bei einer solchen Arbeit das Leistungszeichen »Vbr.« zuerkannt werden, sofern der Hund nicht bei anderen – kürzeren oder erfolglosen – Arbeiten negative Spurleistungen zeigte (Faseln, Freiverlorensuche).

Bei einer Verlorenbringerprüfung müssen mindestens zwei Verbandsrichter tätig sein. Ihr Urteil erfolgt unter gewissenhafter Beachtung der vorstehenden Richtlinien nach freiem Ermessen. Die Richter haben bei der Verlorenbringerprüfung auch festzustellen, ob der Hund spurlaut, sichtlaut oder stumm jagt.

VGP – Schweißarbeit

Zum Abstecken, Auszeichnen und Legen der künstlichen Schweißfährten muß ein hierin besonders erfahrener Richter – Sonderrichter Schweiß – eingesetzt werden. Die Fährten sind im Walde zu legen. Bei Geländeschwierigkeiten ist es gestattet, die Fährte bis zu einer Länge von etwa 100 m auf freiem Felde beginnen

zu lassen. Die Entfernung zwischen den einzelnen Fährten muß überall mindestens 120 m betragen.
Beim Auszeichnen der Fährte ist nach etwa 100 m und 300 m je ein Haken einzulegen und nach etwa 200 m eine geeignete Stelle zum Anlegen eines Wundbettes kenntlich zu machen. Das Ende der Fährte für die Riemenarbeit ist nach 400 m deutlich zu kennzeichnen und hier beim Legen der Fährte ein zweites Wundbett herzustellen. Für die freie Arbeit des Totverbellers und -verweisers wird von diesem zweiten Wundbett aus die Fährte mindestens 200 m weiter ausgezeichnet.
Die künstlichen Schweißfährten können im Tropf- oder Tupfverfahren hergestellt werden. Die Tropffährten sind mit durchsichtigen Tropfflaschen, die Tupffährten mit einem etwa 6 qcm großen und etwa 2 cm dicken Schaumgummistück zu legen. Der Schweiß für die Tupffährte ist in einem offenen, zum Eintauchen und Abstreifen geeigneten Gefäß mitzuführen.
Der verwendete Schweiß soll frisch sein. Falls nicht genügend Wildschweiß zur Verfügung steht, kann frisches Hammel- oder Rinderblut verwendet werden. Die Verwendung von Schweiß oder Blut, das in frischem Zustand tiefgekühlt wurde, ist zulässig. Chemische Zusätze zum Frischhalten sind mit Ausnahme von Kochsalz unzulässig.
Beim Legen der Fährte darf vom Richter und seinen Gehilfen nur *eine* Spur ausgegangen werden. Der Fährtenleger mit der Tropfflasche bzw. dem Tupfstock muß *stets als Letzter* gehen. An den hierfür bezeichneten Stellen – bei etwa 200 m und 400 m – sind Wundbetten anzulegen, die unauffällig (also nicht etwa mit einem Bruch!) zu markieren sind. In gleicher Weise ist am Ende der 600 m langen Fährte für die Totverbeller und -verweiser ein drittes Wundbett anzulegen.
Alle bei der Auszeichnung der Fährten angebrachten Kennzeichen müssen so unauffällig sein, daß sie dem Hundeführer keinen Hinweis auf den Verlauf der Fährte geben können. Es ist streng darauf zu achten, daß die Schweißfährte beim zweiten bzw. dritten Wundbett wirklich aufhört und nicht durch Unachtsamkeit weitergeführt wird. Die Tropfflasche bzw. der Tupfschwamm muß deshalb hier in einen wasserdichten Rucksack o. ä. gesteckt werden. In der Folge darf kein Schweiß verlorengehen.
Für die 400 m lange Fährte darf nicht mehr als $1/4$ l Schweiß, für die weiteren 200 m der freien Arbeit des Verbellers bzw. Verweisers nicht mehr als $1/8$ l Schweiß verwandt werden. Die Schweißfährten müssen *mindestens zwei Stunden* und sollen nicht länger als fünf Stunden stehen.
An das Ende der künstlichen Schweißfährte wird ein Stück Schalenwild gelegt, das einen Kugelschuß aufweisen und möglichst frisch geschossen sein soll. Das betreffende Stück ist frei hinzulegen, nicht in eine Bodenvertiefung hinter einem Baum o. ä. Die Aufbruchstelle und sonstige Verletzungen (mit Ausnahme des Ein- und Ausschusses) müssen sorgfältig vernäht sein.

Für den Riemenarbeiter ist das Stück Schalenwild im zweiten Wundbett bei 400 m, für den Verbeller und Verweiser im dritten Wundbett bei insgesamt 600 m niederzulegen.

Jeder Hund, auch der Verbeller und Verweiser, hat eine Riemenarbeit in Länge von 400 m mit zwei Haken zu arbeiten, die in gleicher Weise und unabhängig von einer evtl. noch zu arbeitenden freien Fährte zu bewerten ist. Der Schweißriemen muß während dieser Arbeit in seiner ganzen Länge abgedockt und muß mindestens 6 m lang sein. Grundsätzlich ist er in der Mindestlänge von 6 m zu geben, darauf haben die Richter den Führer aufmerksam zu machen. Beachtet der Führer trotzdem diese Vorschrift nicht, kann die Riemenarbeit höchstens mit »genügend« bewertet werden.

Bei der Riemenarbeit kommt es darauf an, wie der Hund die Schweißfährte hält. Er soll sie *ruhig, konzentriert und zügig,* jedoch *nicht in stürmischem Tempo* arbeiten. Die gebrauchte Zeit bleibt in jedem Fall bei der Bewertung der Riemenarbeit außer acht.

Es ist höchste Aufgabe der Richter, die Hunde herauszustellen, die den Willen zeigen, die Fährte zu halten und fortzubringen, und die bemüht sind, durch Bogenschlagen ihre Fährte wiederzufinden, wenn sie abgekommen sind. Der Führer darf den Hund vorübergehend anhalten oder ablegen, um selbst nach Schweiß zu suchen, er darf den Hund auch durch Vor- oder Zurückgreifen oder sonstige gerechte Hilfen unterstützen. Nur in diesen Fällen sollen die Richter stehenbleiben, niemals aber dürfen die Richter warten, wenn sie an den Markierungszetteln oder sonstwie feststellen, daß der Hund sich verschossen hat, ohne daß es der Führer merkt. Vielmehr sollen die Richter auch in einem solchen Fall dem arbeitenden Hund folgen und seine Arbeitsweise beobachten.

Die Richter sollen den Führer nur dann korrigieren, wenn er an dem Benehmen seines Hundes nicht erkennt, daß der Hund seine Ansatzfährte verloren hat.

Bei der Riemenarbeit darf der Hund zweimal zurückgenommen und neu angelegt werden. Als erneutes – das Prädikat minderndes – Anlegen gilt nur das Zurücknehmen des weit (etwa 60 m) abgekommenen Hundes durch die Richter. Verbessert sich der abgekommene Hund selbständig, so ist dies dem Hund als Pluspunkt anzurechnen. Korrigiert der Führer seinen abgekommenen Hund, gilt dies nicht als neues Anlegen. Eine wiederholt notwendig werdende Führerkorrektur ist jedoch ein Zeichen mangelnder Sicherheit des Hundes und mindert das Prädikat.

Totverbeller und -verweiser werden am zweiten Wundbett geschnallt. Sie müssen dann das im dritten Wundbett ausgelegte Stück Schalenwild in Freiverlorensuche finden.

Während der freien Arbeit seines Hundes muß der Führer mit den ihn begleitenden Richtern am zweiten Wundbett bleiben, er darf sich dem Hund nicht durch weitere Zurufe, Pfiffe oder andere Zeichen bemerkbar machen. Führer und Richter müssen hier 10 Minuten abwarten, ob der arbeitende Hund verbellt

oder verweist. Beim Totverbeller ist der Aufenthalt so lange auszudehnen, daß die Richter feststellen können, ob der Hund auch anhaltend genug verbellt (mindestens 10 Minuten). Der am Stück beobachtende Richter muß, nachdem er sich von dem ordnungsgemäßen Niederlegen des Stückes überzeugt hat, einen Stand wählen, von dem aus der Hund ihn, die Wildträger und evtl. Zuschauer weder eräugen, wittern oder sonstwie bemerken kann, er aber in der Lage ist, genau zu beobachten, wie sich der Hund am Stück verhält (wie er verbellt, verweist, ob er anschneidet usw.). Sobald dieser Richter seinen Stand eingenommen und dies durch ein verabredetes Signal angezeigt hat, muß der Führer seinen Hund schnallen. Kommen Verbeller oder Verweiser bei der freien Arbeit nicht zum Stück, so dürfen sie vom zweiten Wundbett aus zweimal neu angesetzt werden.
Der Totverbeller muß, nachdem er gefunden hat, beim Stück bleiben und innerhalb der nächsten 10 Minuten laut werden. Dann soll der Hund, allein auf sich gestellt, mindestens 10 Minuten lang seinen Führer rufen. Er muß in jedem Fall zu erkennen geben, daß er genau weiß, daß er das Stück nicht verlassen darf. Das Verbellen bis zu 10 Schritt neben dem Stück ist nicht als Verlassen des Stückes zu werten. Kurzfristiges Verstummen des Hundes, um Atem zu schöpfen oder um in die Richtung zu äugen, in der er seinen Führer vermutet, darf dem Hund nicht als Fehler angerechnet werden.
Der Totverweiser muß das gefundene Stück alsbald verlassen, um zu seinem Führer zurückzukehren und ihm durch sein Benehmen anzuzeigen, daß er gefunden hat. Dann muß er seinen Führer frei zum Stück führen.

Verbands-Schweißprüfung (VSwP)

Bei der Verbands-Schweißprüfung darf die *Fährtenlänge nicht unter 1000 Meter* betragen. Die Fährte muß im Walde liegen, eingeschlossen etwa vorhandene Blößen, Kahlschläge, Waldwiesen usw. An Schweiß darf je Fährte auf 1000 Meter *nicht mehr als ein Viertelliter* verwendet werden. Die Fährten müssen über Nacht gestanden haben. *Stehzeit deshalb nicht unter 20 Stunden.* Es darf nur Schalenwildschweiß verwendet werden, und zwar auf einer Prüfung für sämtliche Fährten nur Schweiß derselben Wildart. Chemische Zusätze zum Frischhalten von Schweiß sind unzulässig, soweit es sich nicht um das übliche, oft nicht vermeidbare Kochsalz handelt. Zulässig ist die Verwendung von Schweiß, der in frischem Zustand – innerhalb von spätestens 12 Stunden nach seiner Gewinnung – tiefgekühlt wurde. Bei der Herstellung der Schweißfährten ist sowohl das Tupf- als auch das Tropfverfahren zulässig. Wie aber bei einer Prüfung die gleiche Schweißart verwendet werden muß, so müssen auch die gewählte Herstellungsart (Tupfen oder Tropfen) und möglichst auch das Gelände (Boden, Bodendecke und Bodenbewuchs) einheitlich sein.

Zu einer Verbands-Schweißprüfung sind Angehörige aller Jagdhundrassen zuzulassen. Das Mindestalter am Prüfungstage wird auf 24 Monate festgesetzt.
Die Fährten werden so jagdnah wie möglich gelegt – mit je einem rechtwinkeligen Haken nach etwa 200, 400 und 800 Meter. Fährtenlinie im ganzen leicht gewellt. Außer den Haken sind auf der Fährte zwei Wundbetten anzulegen – durch Festtreten des Bodens und verstärkten Schweiß sowie mit schweißverklebten Rißhaarbüscheln zum Verweisen.
Markierungen dürfen nur für die Richter erkennbar sein, und zwar soll der Revierkundige zusammen mit dem Richter, der am Legen der Fährten verantwortlich teilnimmt, die Richtpunkte festlegen.
Zu führen ist der Hund bei der Arbeit an mindestens 6 Meter langem, in ganzer Länge abgedocktem, gerechtem Schweißriemen und gerechter Schweißhalsung. Der Führer muß mit seinem Hunde selbständig zum Stück gelangen. Die Richter dürfen ihn lediglich darauf aufmerksam machen, daß der Hund von der Fährte abgekommen ist – dies aber erst dann, wenn der Hund offenbar einer Verleitung folgt oder abirrt, ohne daß es dem Führer auffällt, und wenn nicht mehr zu erwarten ist, daß dieser oder der Hund selbst auf die Ansatzfährte zurückgreift. Der Hund darf nicht öfter als dreimal von der Fährte abkommen, ohne daß er sich nach längstens 80 bis 100 Meter selbst verbessert oder der Führer aus eigenem Entschluß mit dem Hunde vor- oder zurückgreift.
Zu leisten ist in allen Fällen reine Riemenarbeit. Ihre Bewertung ist allein maßgebend für die zu erteilende Note. Es darf aber ein Hund auch als Totverbeller oder als Totverweiser geführt werden. In diesem Fall muß die Fährte am Prüfungstag (nach der Verlosung der Fährten) zusätzlich um 250 Meter verlängert werden, so daß der Hund nach 1000 Meter Riemenarbeit an einem Wundbett geschnallt werden kann.
Zweck der Verbands-Schweißprüfung ist, die Prüfungsbedingungen möglichst jagdnah zu gestalten – mit dem Ziel, die Ausbildung unserer Hunde für gerechte Arbeit nach dem Schuß zu fördern und für die Zucht die Hunde zu ermitteln, die für Spur- und Fährtenarbeit besonders veranlagt sind.
Für die Ausbildung und Prüfung unserer Hunde ist die künstliche Rotfährte unersetzlich. Als Prüfungsmittel kann sie aber ihren Zweck nur dann erüllen, wenn

1. die zu verwendende Schweißmenge gering ist;
2. die Fährte vor Beginn der Arbeit so lange gestanden hat, daß nach Ausschaltung der menschlichen Beifährte nur der Schweiß noch leitend ist;
3. die Länge der Fährte gewisse Ansprüche an den Durchhaltewillen des Hundes stellt;
4. die Fährte durch ein Gelände führt, in dem regelmäßig Wild zu wechseln pflegt und so Verleitungen nicht fehlen – wie in gut besetzten Revieren auf übernächtiger Fährte.

Maßgebend für die Beurteilung der Leistungen ist die reine *Riemenarbeit;* sie gilt mit Recht als die *Grundlage jeder Schweißarbeit.* Damit allen Prüflingen bei ausreichenden Verleitungen möglichst gleiche Arbeitsgelegenheiten geboten werden können, sollen Verbands-Schweißprüfungen nur in großen Forsten mit guten Wildständen durchgeführt werden.
Das Abstecken sowie das Tupfen oder Tropfen der Fährten sind der Einfachheit halber und zur Vermeidung unnötiger Störungen im Revier in einem Arbeitsgang vorzunehmen, und zwar so, daß ein Revierkundiger – grundsätzlich nicht der begleitende Richter! – die Richtpunkte der Fährten notiert und der Fährtenleger in Sichtweite folgt. Unbedingt erforderlich ist, daß ein Richter der betreffenden Gruppe weisend und kontrollierend am Legen der Fährten teilnimmt, sofern er es nicht vorzieht, die Fährten selbst zu legen. Der Revierkundige, der den Verlauf der Fährten notiert, gegebenenfalls auch skizziert, und, wo nötig, markiert hat, muß am Prüfungstage auch der Revierführer der Gruppe sein. Alle am Fährtenlegen Beteiligten sollen Gummistiefel tragen. Die Fährten können auf einem Teil der Strecke – möglichst unter Benutzung eines Wildwechsels – durch dickungsähnliche Bestände führen, die aber nicht so dicht und breit sein dürfen, daß die Richter nicht mehr die Möglichkeit haben, die Arbeit des Hundes zu kontrollieren.
Das Tupfen der Fährten geschieht mit einem an einem Stock befestigten, etwa sechs Quadratzentimeter großen, zwei Zentimeter dicken Schaumgummistück. Der auf ein Viertelliter abgemessene Schweiß wird in einem offenen Gefäß mitgeführt. Nach Eintauchen des Tupfers wird dieser am Rand des Gefäßes leicht abgestreift. Das Eintauchen ist zu wiederholen, wenn beim Auftupfen die Schweißmenge zu gering wird. Nach Eintauchen und Abstreifen des Tupfers wird mit diesem in gewöhnlichem Gang etwa bei jedem zweiten Schritt der Boden (Bodendecke) erst leicht und allmählich stärker berührt. Anzuraten ist die Mitnahme eines sicher verschlossenen Reserve-Schweißbehälters für den Fall, daß der Fährtenleger stolpern und den Inhalt des offenen Gefäßes verschütten sollte. Das Tropfen der Fährten geschieht mit durchsichtiger, kontrollierbarer Tropfflasche. Der Verlauf der Fährten ergibt sich aus den vom Revierkundigen notierten Richtpunkten sowie, wo nötig, aus unauffälligen, nur für die Richter kenntlichen Markierungen. Alle hundert Meter kann am Wurzelanlauf eines Baumes eine rote, mit Schweiß betupfte Reißzwecke angebracht werden, die vom Führer als Schweiß betrachtet und gemeldet werden darf.
Das ausgelegte Stück muß sorgfältig vernäht sein. Zuschauer dürfen bei der Arbeit nur auf etwa vorhandenen Wegen folgen, damit die Fährte nicht vertreten ist, falls der Führer die Absicht hat, ein Stück zurückzugreifen. Es ist wünschenswert, für die Lenkung der Zuschauer und ihre Unterrichtung durch Erläuterungen bei jeder Gruppe einen geeigneten, als Schweißjäger erfahrenen Gehilfen einzuteilen.
Der Führer soll sich mit Brüchen versehen, um im Verlauf der Arbeit Schweiß,

Wundbetten und sonstige Anhaltspunkte, die ihm für ein etwaiges Zurückgreifen wichtig erscheinen, verbrechen zu können. Gegebenenfalls können sich die Richter durch den Führer Schweiß oder sonstige Pirschzeichen zeigen lassen, nachdem sie der Hund verwiesen hat. Bei der Bewertung einer Arbeit ist für die Richter nicht die gebrauchte Zeit ausschlaggebend. Zu beurteilen ist in erster Linie die Arbeitsweise des Hundes: Fährtenwille, Ruhe, Sicherheit und Selbständigkeit, die Art und Weise, wie sich der Hund bei Verlust der Ansatzfährte durch Bogenschlagen, durch Vor- oder Zurückgreifen selbst zu helfen weiß, ob er Schweiß zeigt und ob er sich beim Abkommen auf eine Verleitungsfährte selbst verbessert oder zurückgenommen werden muß. Dem Führer bleibt es überlassen, nötigenfalls zurückzugreifen, vorzusuchen oder zu umschlagen. Er darf auch die Arbeit durch Ablegen eines Hundes vorübergehend unterbrechen und diesen durch gerechte Hilfen unterstützen. Um dem Hunde in der Beurteilung gerecht zu werden, gilt es zwar, das Verhalten des Führers und seine Führungsweise zu beachten; für die endgültige Bewertung können aber nur die Leistungen des Hundes maßgebend sein.

Auch beim Richten muß Jagdnähe bewahrt, also im Verhalten der Richter alles vermieden werden, was dem Führer die Arbeit in einer Weise erleichtern oder erschweren könnte, die mit den Anforderungen praktischer Schweißarbeit und dem idealen Zweck der Prüfung unvereinbar wäre.

Alle Richter und der Revierführer müssen der Arbeit des Prüflings auch dann mit angemessenem Abstand folgen, wenn der Hund von der Fährte abgekommen ist. Es gilt ja in jedem Falle festzustellen, ob und wie sich der Hund selbst verbessert oder ob und wann der Führer erkennt, daß der Hund einer Verleitung folgt oder die Ansatzfährte aus sonstigen Gründen verloren oder verlassen hat.

Will der Führer mit dem Hunde zurück- oder vorgreifen, so muß er sich die Fährte selbst suchen, gegebenenfalls durch Vorsuche. Keinesfalls darf ein Richter sie ihm zeigen! (Andernfalls würde der Hund auf diese Weise neu angelegt werden, was bei der Bewertung der Arbeit zum Ausdruck kommen müßte.) Die Richter bleiben auch dabei zusammen und folgen dem Führer in angemessenem Abstand. Keiner von ihnen durfte dort stehenbleiben, wo der Hund, bevor er verschoß, noch recht gehabt hatte.

Erst wenn der Hund die Fährte etwa 100 Meter verlassen hat, ohne daß der Führer das merkte und der Hund sich selbst zurechtzufinden suchte, wird er abgerufen und neu angelegt.

Literaturverzeichnis der tschechischen Originalausgabe

BÁČA, JAN: Abrichtung unserer Jagdhunde – individuelles Abführen, Prag 1967*)
BÁČA, JAN: Unser Hund, Prag 1971*)
BÁČA, JAN – BÁČA, IVO: Physiologie höherer Nerventätigkeit beim Abrichten des Hundes, Prag 1956*)
FISCHER-TRAMMINGEN, M. v.: Der kleine Jagdgebrauchshund, Minden/BRD.
JUGL, VIKTOR: Der Schweißhund, seine Haltung, Führung und Verwendung, Prag 1954*)
KNOLL, RICHARD – BÁČA, JAN: Der vielseitige Vorstehhund (3. ergänzte Auflage), Prag 1966*)
KOLLEKTIV: Die Jägerei, Prag 1966*)
MIKULA, ALOIS: Die Arbeit des Hundes bei der Jagd, Prag 1955*)
RAESFELD, FERDINAND VON: Das Deutsche Weidwerk, Berlin 1931
SERVIT, ZDENĚK – HOLUB, ANTONIN: Die nervliche Regulierung, Prag 1955*)
TINBERGEN, N.: An objektivistic Study of the Behaviour of Animals, Leiden 1942
YOUNG, STANLEY P. – GOLDMANN, EDWARD A.: The Wolves of North America, Washington 1944

*) in tschechischer Sprache

Literaturverzeichnis der deutschen Bearbeitung

ANDREAS, K.: Gerechte Jagdhundschulung, BLV München 1974 (4. Auflage)
BANSEN, H.: »Verwundt danach!«, BLV München 1967
FRIESS, R.: Unsere Jagdhunde, BLV München 1960 (2. Auflage)
FRIESS, R.: Sünden rings um die Schweißarbeit, BLV München 1960
LUX, H.: Der Jagdteckel, P. Parey, Hamburg 1974 (3. Auflage)
LUX, H.: Vorstehhunde, Stöberhunde und Bracken auf der Schweißfährte, P. Parey, Hamburg 1970
TABEL, C.: Der Jagdgebrauchshund, BLV München 1973 (3. Auflage)

Abbildungsnachweis

Behnke (Seite 116, 117) – Kaiser (172) – Niesters (161–164) – aus Nüßlein, Jagdkunde, BLV München (34, 40, 53, 84, 87) – Rolfs (171) – Schendel (61) – Schmidt (69, 71) – Niestle (2) – Tönges (51) – v. Treuenfels (142) – Winsmann (77) – alle übrigen Abbildungen sind aus der tschechischen Originalausgabe übernommen.

Sachregister